变电设备多维度状态检修典型案例选编

代正元　韦瑞峰　方　勇　王清波　等　编著

哈爾濱工業大學出版社

内 容 简 介

全书共包括 5 章。第 1 章为变压器状态检修典型案例选编，包含 11 个案例解析；第 2 章为 GIS 与罐式断路器状态检修案例选编，包含 5 个案例解析；第 3 章为金属氧化物避雷器状态检修案例选编，包含 4 个案例解析；第 4 章为电容型设备状态检修案例选编，包含 8 个案例解析；第 5 章为高压开关柜状态检修案例选编，包含 9 个案例解析。

本书所选设备“医案”类型丰富多样、案例内容具体翔实，将状态检修理论与变电工程实践相结合，对变电设备全生命周期管理工作具有较强的参考性和实用性。本书可为变电运维管理人员和技术人员提供分析思路与经验参考，亦可作为教育培训辅助资料使用，还可为变电设备故障智能诊断、多信息融合大数据分析的状态评估方法、机器深度学习算法或数字孪生技术等研究，提供鲜活、翔实的设备状态规律表达样本。

图书在版编目（CIP）数据

变电设备多维度状态检修典型案例选编 / 代正元等编著. — 哈尔滨：哈尔滨工业大学出版社，2023.3（2024.6 重印）

ISBN 978-7-5767-0549-2

Ⅰ. ①变… Ⅱ. ①代… Ⅲ. ①变电所－电气设备－检修 Ⅳ. ①TM63

中国国家版本馆 CIP 数据核字（2023）第 027029 号

策划编辑　王桂芝

责任编辑　张　荣　刘　威

出版发行　哈尔滨工业大学出版社

社　　址　哈尔滨市南岗区复华四道街 10 号　邮编 150006

传　　真　0451-86414749

网　　址　http://hitpress.hit.edu.cn

印　　刷　辽宁新华印务有限公司

开　　本　720 mm×1 000 mm　1/16　印张 15.5　字数 287 千字

版　　次　2023 年 3 月第 1 版　2024 年 6 月第 2 次印刷

书　　号　ISBN 978-7-5767-0549-2

定　　价　99.00 元

前　言

传统的故障事后检修、定期预试检修，已经满足不了国民经济对电网安全稳定运行的需求，不能最大限度地利用电力资源。一方面，对于大部分状态良好的设备“检修过度”，消耗了大量的人力、物力资源，还增加了误操作风险。另一方面，对少部分潜在故障存在“检修不足”现象，增加了电网非计划停电风险。在设备不停电状态下，对“声、光、电、磁、热、化学产物”等多源异构的关键参量进行带电检测或在线监测的“状态检修”模式，是我国电网检修技术发展的必然趋势。目前，国家电网和南方电网的各个单位都在广泛开展状态检修技术的研究和应用。

本书以作者的变电设备状态检修工作成果为基础，对近几年检修涉及的 500 余例案例进行分类、归纳后，精选出其中具有代表性的案例进行介绍，通过具体的数据、图谱，从状态感知、诊断评估、运检策略、停电检修、预防措施等方面进行案例剖析。

全书共包括 5 章。第 1 章为变压器状态检修典型案例选编，包含 11 个案例解析；第 2 章为 GIS 与罐式断路器状态检修案例选编，包含 5 个案例解析；第 3 章为金属氧化物避雷器状态检修案例选编，包含 4 个案例解析；第 4 章为电容型设备状态检修案例选编，包含 8 个案例解析；第 5 章为高压开关柜状态检修案例选编，包含 9 个案例解析。

本书所选设备“医案”类型丰富多样、案例内容翔实，将状态检修理论与变电工程实践相结合，注重经验的提炼与分享，对变电设备全生命周期的管理工作具有参考价值。本书可为变电运维管理人员和技术人员提供分析思路与经验参考，亦可作为教育培训辅助资料使用，还可为变电设备故障智能诊断、多信息融合大数据分析的状态评估方法、机器深度学习算法或数字孪生技术等研究，提供翔实的设备状态规律表达样本。

本书由代正元、韦瑞峰、方勇、王清波、邹璟、段永生、路智欣、施涛、徐肖庆、冉玉琦、陈振江、陈欣、李骞、李援、张国志、白添凯、杨进、董伟、白双全、赵荣普、杨俊波、胡鹏伟、张诣、李毅勇、胡纾溢共同撰写。

由于作者经验和技术水平有限，书中难免存在疏漏和不足之处，敬请读者批评指正。

作　者

2023 年 1 月

目　录

第1章　变压器状态检修典型案例选编

【案例1】基于油中溶解气体分析技术为主的500 kV××变电站500 kV 2号主变A相高温过热故障（分接开关触头松动变形）状态检修案例

（一）案例摘要

500 kV××变电站2号主变压器（书中简称主变）A相，油中溶解气体在线与离线数据都稳定在一定范围，总烃超过150 μL/L，但产气速率未超过注意值，其他状态正常，状态评价级别为注意。

2015年5月16日2号主变停电预试检修后送电，油中总烃和乙炔浓度异常增长，在线监测系统发出报警信号。监测到变压器异常状态参量后立即现场取样，实验室复测确认异常状态。

随后结合历史试验数据、运行情况及国内同类型变压器经验数据等历史信息，开展全生命周期状态评估，准确、科学地评估设备健康状态，制定了有效的管控措施和检修策略，避免了500 kV主变设备损坏的重大事故，并为彻底消除重大设备风险的项目立项提供了依据。

通过计划停电对该变压器进行更换。在对退役主变进行解体检查时发现，该变压器分接开关静触头整体有变形，动触头压紧弹簧松动，动触头有烧伤、变形现象，油箱底部和分接开关附着较多油泥，绕组及绝缘纸未发现受到腐蚀性硫腐蚀的痕迹。

通过该案例得到的经验：在设备选型阶段应该考虑到，如果U型分接开关本身机械强度不足，在引线布置固定不合理情况下，将导致开关静触头受力过大，发生位移变形。在安装验收阶段，如果长途运输过程中内部螺栓发生松动，安装验收时应该认真检查紧固。

【关键词】油中溶解气体分析技术；在线监测；高温过热；分接开关触头；U

型分接开关。

（二）状态感知

在2015年5月15日以前，500 kV××变电站2号主变油中溶解气体在线与离线数据都稳定在一定范围，其中乙炔和总烃超标，但无异常增长趋势。

2015年5月16日500 kV××变电站2号主变停电预试检修后送电，A相油中溶解气体在线监测数据异常变化——油中总烃和乙炔浓度异常增长。化验专业人员立即开展油中溶解气体离线分析，该主变 A 相总烃含量[1]由 686.1 μL/L 增长至934.5 μL/L，乙炔含量由0.5 μL/L增长至2.4 μL/L，5月15日至5月16日总烃绝对产气速率达354.11 mL/d。该主变A相、C相的在线与离线油中溶解气体均无异常变化。

根据《变压器油中溶解气体分析和判断导则》（GB/T 7252—2016）和中国南方电网有限责任公司企业标准《电力设备检修试验规程》（Q/CSG 1206007—2017）得出结论：500 kV 2号主变A相总烃、C_2H_2浓度均超过注意值；总烃绝对产气速率超过注意值，经横向对比和纵向对比，该变压器油中溶解气体测试结果均发生异常变化，确认设备内部存在故障。

应急管控措施：带电监测专业每天查看一次在线监测数据，收集设备各类状态信息并开展状态综合评估；化验专业每周一次取样进行实验室离线分析；运行专业按照Ⅰ级管控周期进行巡视维护及红外测温，并做好随时停电的准备工作。

油中溶解气体在线监测历史数据，见表1.1。油中溶解气体历史数据，见表1.2。

表1.1　油中溶解气体在线监测历史数据　（单位：μL/L）

日期	H_2	CO	CO_2	CH_4	C_2H_6	C_2H_4	C_2H_2	总烃	总可燃气体
2015.05.11	18.16	875.49	22 842.0	325.80	240.30	525.46	0.33	1 091.89	1 985.54
2015.05.12	19.48	919.91	22 737.6	326.50	241.62	529.25	0.47	1 097.84	2 037.23
2015.05.13	21.05	958.53	22 873.5	327.39	241.83	530.68	0.34	1 100.24	2 079.82
2015.05.14	18.10	917.30	19 666.8	321.66	233.94	517.32	0.34	1 073.22	2 008.62
2015.05.15	19.12	926.35	21 973.5	323.42	234.39	516.89	0.32	1 075.02	2 020.49
2015.05.16	47.80	973.48	—	333.51	242.65	549.29	2.10	1 127.63	2 148.59
2015.05.17	51.39	939.58	—	333.07	245.68	555.21	2.43	1 136.39	2 127.36

1　本书中未作特殊说明的“含量”，当单位为μL/L时表示体积比。

续表1.1

日期	H_2	CO	CO_2	CH_4	C_2H_6	C_2H_4	C_2H_2	总烃	总可燃气体
2015.05.18	51.85	934.69	—	334.89	249.47	559.78	2.33	1 146.47	2 133.01
2015.05.19	53.07	944.62	—	336.71	254.67	567.66	2.24	1 161.28	2 158.97
2015.05.20	67.78	945.86	—	340.84	254.66	586.13	2.27	1 183.90	2 197.54
2015.05.21	77.77	954.23	—	343.55	259.45	601.53	2.44	1 206.97	2 238.97
2015.05.22	69.33	935.84	—	337.48	250.67	591.59	2.36	1 182.10	2 187.27
2015.05.23	71.79	955.81	—	338.07	246.66	590.63	2.33	1 178.69	2 207.29
2015.05.24	73.36	957.11	—	340.35	250.42	594.82	2.23	1 187.82	2 218.29
2015.05.25	81.88	950.33	—	346.86	256.41	603.13	2.26	1 208.66	2 240.87
2015.05.26	85.31	946.68	—	349.68	260.43	608.89	2.26	1 221.26	2 253.25
2015.05.27	87.38	937.51	—	351.07	262.71	614.07	2.14	1 229.99	2 254.88
2015.05.28	98.37	925.69	—	356.13	267.55	630.00	2.41	1 256.09	2 280.15

表1.2　油中溶解气体历史数据（气体含量）　　（单位：μL/L）

日期	H_2	CO	CO_2	CH_4	C_2H_6	C_2H_4	C_2H_2	总烃
2015.04.14	8.4	185.2	2 538.0	225.9	135.4	324.3	0.5	686.1
2015.05.16	52.1	197.1	2 526.4	302.6	156.7	472.8	2.4	934.5
2015.06.13	51.7	186.9	2 541.5	308.2	168.3	491.6	2.3	970.4
2015.06.18	48.7	186.1	2 185.2	291.6	139.2	421.5	2.0	854.2
2015.06.21	58.7	184.8	2 441.5	332.5	166.2	510.3	2.3	1 026.3
2015.06.22	59.1	181.5	2 277.5	318.3	156.7	484.2	2.2	961.4
2015.06.23	79.8	184.7	2 407.8	340.5	170.5	528.2	2.3	1 041.5

（三）诊断评估

2015 年 5 月 16 日后，持续对该变压器进行状态收集与分析判断。根据历史试验数据、运行情况及国内同类型变压器经验数据等历史信息，进行有无故障、故障类型、严重程度、发展趋势、可能部位等诊断评估。

1. 产气速率

500 kV××2 号主变 A 相变压器油的密度为 895 kg/m^3，本体绝缘油总质量为 37 000 kg。500 kV××变电站 2 号主变 A 相总烃产气速率见表 1.3。

表1.3 500 kV××变电站2号主变A相总烃产气速率

日期	总烃量/（μL·L^{-1}）	总烃相对产气速率/（%·月$^{-1}$）	总烃绝对产气速率/(mL·d^{-1}）
2015.04.14	686.1	—	—
2015.05.16	934.5	1.24	354.10
2015.06.13	970.4	3.84	1 484.13
2015.06.18	902.8	−2.39	−960.42
2015.06.21	1 026.3	6.71	2 371.03
2015.06.22	961.4	−6.32	−2 683.01
2015.06.23	1 041.5	8.33	3 311.39

2. 三比值法

三比值法分析结果，见表 1.4。

表1.4 三比值法分析结果

分析日期	C_2H_2/C_2H_4	CH_4/H_2	C_2H_4/C_2H_6	三比值编码	故障类型
2015.04.14	0.001	56.371	2.417	021	中温过热（300～700 ℃）
2015.05.16	0.002	26.950	2.396	021	中温过热（300～700 ℃）
2015.06.13	0.005	5.832	3.012	022	高温过热（>700 ℃）
2015.06.18	0.005	5.813	3.017	022	高温过热（>700 ℃）
2015.06.21	0.005	5.961	2.921	021	中温过热（300～700 ℃）
2015.06.22	0.005	5.599	3.057	022	高温过热（>700 ℃）
2015.06.23	0.004	5.386	3.072	022	高温过热（>700 ℃）

3. 特征气体分析法

油中溶解气体具有如下特征：C_2H_4 含量大于 CH_4 含量；C_2H_2 占总烃的 5.5%以下；H_2 占氢烃总量的 27%以下。按照特征气体法判据可知：500 kV ××2 号主变 A 相故障类型为严重过热（>500 ℃）。

一般 $CO_2/CO>7$ 属于固体绝缘正常老化范畴（当怀疑设备故障涉及固体绝缘材料时，一般 $CO_2/CO<3$），本设备 CO_2 和 CO 的比值在 11.72～13.60 之间，可以推断故障未涉及固体绝缘。

从油色谱在线监测数据看，C_2H_2 发生突变后保持稳定，而 C_2H_4 持续增长，判断故障类型由瞬间放电故障发展为高温过热故障。

4. 四比值法

根据四比值法，该主变的故障可能发生在导电回路部分。四比值法分析结果，见表 1.5。

表1.5　四比值法分析结果

日期	C_2H_2/C_2H_4	C_2H_6/CH_4	CH_4/H_2	C_2H_4/C_2H_6	故障类型
2015.05.14	0.00	0.60	26.89	2.40	导电回路过热故障
2015.05.16	0.01	0.52	5.81	3.02	导电回路过热故障
2015.06.13	0.00	0.55	5.96	2.92	导电回路过热故障
2015.06.18	0.00	0.48	5.98	3.03	导电回路过热故障
2015.06.21	0.00	0.50	5.66	3.07	导电回路过热故障
2015.06.22	0.00	0.49	5.39	3.09	导电回路过热故障
2015.06.23	0.00	0.50	4.27	3.10	导电回路过热故障

5. 油中含气量分析

该主变油中的含气量没有超过注意值且无异常变化。油中含气量，见表 1.6。

表1.6　油中含气量　（单位：%）

试验时间	第一次进样	第二次进样	平均值
2015.03.05	2.330	1.980	2.155
2014.01.15	1.810	1.810	1.810
2013.01.16	2.460	2.460	2.460
2012.01.06	2.570	2.570	2.570
2011.02.18	2.430	2.430	2.430

6. 热点温度估算

根据日本的月冈、大江等人提出的温度估算公式，不涉及固体绝缘热分解且超过 400 ℃以上热点温度经验公式为 $T = 322\ \lg(C_2H_4/C_2H_6) + 525$，经计算可得该变压器的热点温度约 680 ℃。

7. 绝缘油简化试验分析

2015 年 6 月 22 日对该主变绝缘油跟踪检测，除了对油中含气量进行分析，还对其绝缘油的油质、含气量进行化验分析，结果显示微水、耐压等试验数据都在正常范围，可初步判断油绝缘良好。常规油质简化分析结果，见表 1.7。

表1.7 常规油质简化分析结果

试验项目	微水/（$mg\cdot L^{-1}$）	耐压/kV	闭口闪点/℃	介损/%	体积电阻率/（Ω·m）
试验数据	10.5	46.3	156.0	0.428	115×109
检测结果	合格	合格	合格	合格	合格

8. 油中腐蚀性硫试验分析

油中腐蚀性硫检测发现：该主变 A 相油中腐蚀性硫的检测结果为“严重腐蚀”。

该主变是无载调压变压器，其分接开关直接浸泡在本体绝缘油中。试验表明，故障跟固体绝缘没有太大关系，所以绝缘损伤可以排除。油中腐蚀性硫极可能与分接开关触头表面形成硫化亚铜，硫化亚铜的导电特性强于绝缘油和固体绝缘且弱于铜，从而增大分接开关触头之间的接触电阻而导致发热。主变 C 相与 A 相为同厂同批次产品，其油中腐蚀性硫的检测结果也为“严重腐蚀”，但主变 C 相自投运以来总烃一直正常，故判断油中腐蚀性硫并不是导致主变 A 相油色谱异常的原因。油中腐蚀性硫的普查结果，见表 1.8。

表1.8 油中腐蚀性硫的普查结果

序号	设备名称	油品名称	腐蚀情况
1	500 kV 2 号主变 A 相	尼纳斯油	严重腐蚀
2	500 kV 2 号主变 B 相	尼纳斯油	非腐蚀性
3	500 kV 2 号主变 C 相	尼纳斯油	严重腐蚀

9. 冷却系统油取样分析

2 号主变 A 相潜油泵油取样分析结果与本体油取样分析结果一致，油质成分与

本体基本一致，从而判断得出：故障属于本体故障，与冷却系统无关。潜油泵油取样分析结果，见表 1.9。

表1.9　潜油泵油取样分析结果　（单位：μL·L⁻¹）

日期	H_2	CO	CO_2	CH_4	C_2H_6	C_2H_4	C_2H_2	总烃
2015.06.18	48.7	181.1	2 185.2	291.6	139.2	421.5	2	854.2
2015.06.25	60.1	183.2	2 207.9	329.8	474.3	153	1.9	959.1

10. 油色谱与负荷的对比分析

通过油色谱在线监测，观察每天色谱数据与主变负荷的关系，发现负荷稍稍增加时，总烃也有一定的增加，可判断总烃在随负荷的增长而增长。6 月 21 日在线监测再次发现总烃陡变，通过查询发现 6 月 21 日主变 35 kV 侧投运电抗器，因此判断故障与负荷有关，故障点在电回路上。

11. 预试情况分析

2 号主变 A 相 1999 年至今的试验数据没有明显变化，变压器的常规预防性试验合格，绝缘性能良好。因此，需要开展诊断性试验或内部检查才能判断故障点。

12. 投运时电压电流情况分析

由于 2 号主变停电预试检修后送电，A 相主变油中总烃和乙炔浓度异常增长，故对送电时的故障录波进行分析。

主变空载投运过程，如图 1.1 所示。主变带负荷过程，如图 1.2 所示。

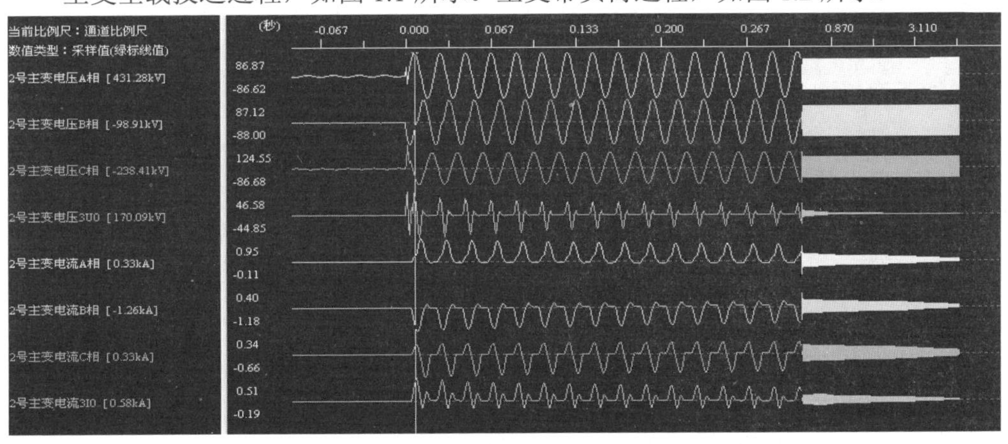

图1.1　主变空载投运过程

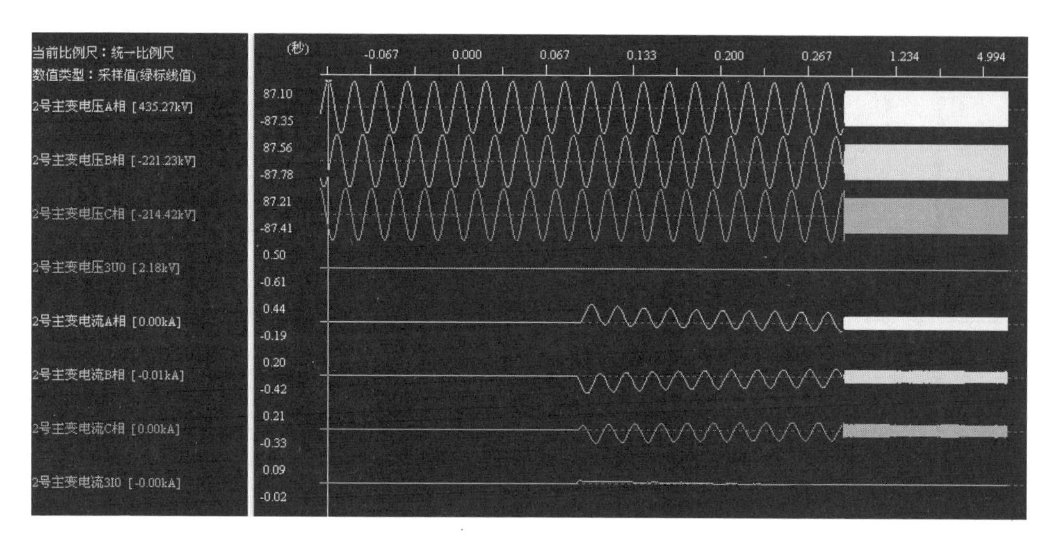

图1.2 主变带负荷过程

从图 1.1 和图 1.2 可以看出，在主变投运过程中，励磁涌流较大，其他电压电流都正常，判断主变内部没有发生绝缘击穿放电，但励磁涌流较大，可能会导致投运时主变振动较大，分接引线或套管引线振动受力较大。

13. 主变历史投运后数据及同厂同期产品数据分析

汇总 2 号主变 A 相自 1994 年投运以来的油色谱数据，从表 1.10 和图 1.3 可以得知，2 号主变 A 相在历史上曾有三次（包括最近一次）发生主变检修投运之后总烃、乙炔陡变的现象。乙炔、总烃陡变之后由于主变负荷不高，又保持相对平稳变化。

同厂同型号同一批次的原 2 号主变 B 相在 2001 年的停电检修试验时，因总烃增长增加了调挡测各挡位直阻的试验项目，在主变送电时故障跳闸，故障分析结论是：分接开关机械强度不够，变压器冲击试验时已有一定程度的损坏，导致运行中开关散架以至发生接地短路事故。

从历史投运后数据分析及同厂同型号同批次产品故障情况分析，更进一步加强了之前的判断，变压器停电检修试验后可能存在剩磁（已做消磁，但不保证主变完全消磁），投运时励磁涌流较大、振动较大，导致分接开关引线拉力较大，且 U 型分接开关本身机械强度不足，易变形导致接触部位接触不良，出现轻微放电。平稳运行时，分接开关接触部位仍然接触不良，主变处于持续性的高温过热。因负荷偏低且相对保持平稳，总烃稳定且无明显增长，故障无恶化趋势。

表1.10　2号主变A相历史发生情况

停电日期	历史描述
1999.01.14	停电检修送电之后，乙炔从 0.4 增长到 2.2
2000.01.11	停电检修送电之后，总烃相对检修前有所降低，但稍后持续性增长，增长幅度不大
2001.01.15	本次检修，对油进行了处理，合格之后送电，没有发生总烃陡变，但总烃在缓慢增长，增长幅度不大
2002.01.15	停电检修送电之后，没有发生总烃陡变，总烃缓慢增长
2003.03.21	停电检修送电之后，没有发生总烃陡变，总烃缓慢增长
2004.01.16	停电检修送电之后，没有发生总烃陡变，总烃缓慢增长
2005.04.22	停电检修送电之后，没有发生总烃陡变，总烃缓慢增长
2007.02.06	停电检修送电之后，没有发生总烃陡变，总烃缓慢增长
2009.03.16	停电检修送电之后，没有发生总烃陡变，总烃缓慢增长
2012.05.15	停电检修送电之后，乙炔从 0.3 突变至 3.14，总烃发生陡变。然后乙炔缓慢下降，总烃也缓慢下降，最后保持在一定范围内上下波动，是否继续保持相对平稳变化，还需要进一步观察分析
2015.05.14	停电检修送电之后，乙炔从 0.5 突变至 2.4，总烃发生陡变，乙炔在 2.4 左右小范围波动

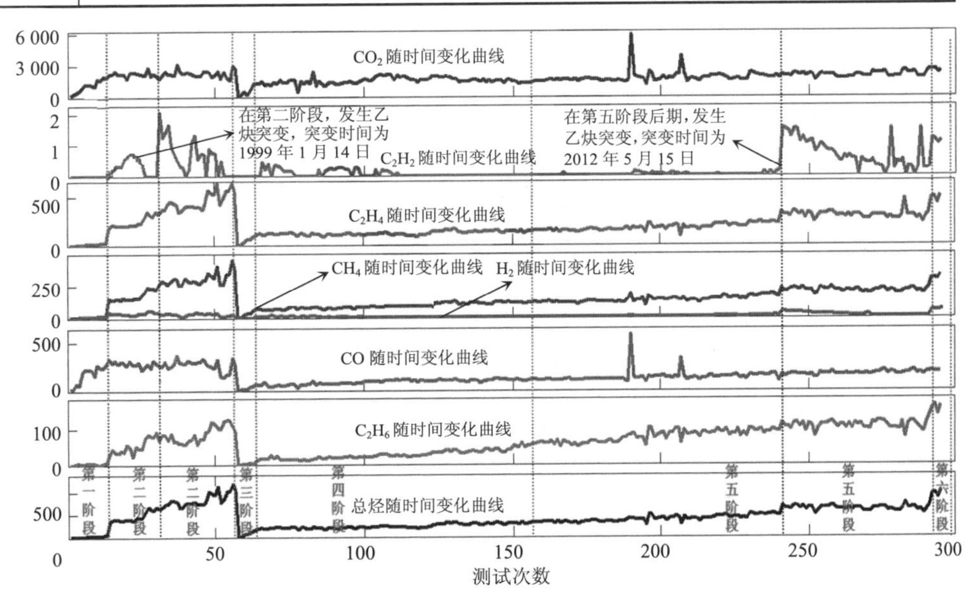

图1.3　2号主变A相油色谱发展历史

（四）运检策略

根据上述状态感知与状态分析，制定了检修运维策略和停电检修时需要注意的事项：

（1）500 kV 2 号主变 A 相停电后再投运时，乙炔及总烃异常增长的情况逐渐频繁，怀疑分接开关已出现变形、触头接触不良的情况。为防止类似于 B 相的主变突发故障情况，建议尽快开展主变内部修理或更换，在问题处理前应尽量避免主变停送电操作。

（2）500 kV 1、2 号主变属于早期的 500 kV 变压器，由于制造经验不足，投运时间较长，出现的问题较多，设备风险较高。应对 500 kV 1、2 号主变共 6 相变压器开展类似于 2 号主变 A 相的全生命周期状态评估，准确、科学地评估设备健康状态和风险，为控制或消除重大设备风险提供依据。

（3）2 号主变 A 相停电检修时，重点检查分接开关触头及引线部位等。

（五）停电检修

2016 年 6 月 28 日，通过计划停电对该主变更换后，故障主变被送回检修试验大厅开展解体研究。主变 A 相分接开关检查情况，如图 1.4 所示。

解体发现 A 相铁芯上端局部有高温过热痕迹（图 1.5），分接开关静触头整体有变形，动触头压紧弹簧松动，动触头有烧伤变形，油箱底部和分接开关附着较多油泥，绕组及绝缘纸未发现受到腐蚀性硫腐蚀的痕迹。

（a）分接开关油泥较多

（b）分接开关静触头压紧弹簧松动

（c）动触头烧伤变形

图1.4　主变A相分接开关检查情况

图1.5　主变A相铁芯

直接原因：该主变故障主要是由于制造工艺及安装验收问题造成分接开关接触不紧密，投运时电动力使引线拉扯分接开关静触头，出现短暂接触部位虚脱放电，放电消失后由于接触不良导致高温过热，后期主变控制负荷，所以总烃保持相对平稳。

根本原因：一是 U 型分接开关本身机械强度不足，且引线布置固定不合理，导致开关静触头受力过大，发生位移变形。目前使用的 DU 型分接开关，加强了机械强度。二是安装验收阶段，主变 A 相变压器由于投产前从意大利经过长时间海运颠簸运输到国内，分接开关螺栓发生松动，安装验收时未认真检查紧固，投运后长期振动导致分接开关螺栓等进一步松动。

（六）预防措施

（1）将状态检修经验反馈到设备全生命周期管理的选型设计、安装验收等环节中：①建议使用加强型 DU 型分接开关。②对于在运的 U 型分接开关，应注意观察分析投运时的色谱数据，检查是否存在分接开关接触不良或变形情况，并适时开展检修或技改为加强型 DU 型分接开关。③监造阶段，验收人员需认真检查分接开关与引线受力情况；安装验收阶段严格按照《验收移交管理业务指导书》管理办法，在器身检查中间验收阶段督促设备生产厂家、施工方严格执行《电气装置安装工程电力变压器、油浸电抗器、互感器施工及验收规范》（GB 50148—2010）中器身检查规定要求。④避免长途运输导致分接开关等部位发生螺栓松动隐患。

（2）在设备状态监测过程中，应该充分发挥各项技术的优点，从不同的维度感知设备状态，整体全面感知、综合分析诊断、辨证论治、标本兼顾，做到设备状态及时掌握、准确管控，减少甚至避免设备非计划停运，提高供电可靠性。

【案例2】基于油中溶解气体分析技术为主的220 kV××变电站220 kV 2号主变裸金属过热故障（分接开关触头偏移）状态检修案例

（一）案例摘要

220 kV××变电站 2 号主变一直在正常状态，运行到 2006 年 8 月 9 日，油中总烃含量异常增长，复测确认状态发生突变。

通过油中溶解气体分析诊断为高温过热故障（不涉及固体绝缘），推测过热的原因有可能为：①分接开关接触不良，触头烧毛或烧伤；②35 kV 套管下部接头螺栓松动发热；③铁芯层间短路或铁芯多点接地。

通过计划停电对该变压器进行试验检修。高压试验发现 35 kV 侧直流电阻试验不合格，其他试验项目都合格且与历史值比较无增长。结合分接开关结构和动作原理分析，进一步确认故障点位置在 35 kV 侧分接开关动触头和“4”静触头。

更换 35 kV 侧分接开关后，各项试验合格，但是用塞尺检查动静触头接触情况时，发现 A 相分接开关上部的 3 个动触环和下部的 2 个动触头与静触头间仍有间隙。最后找到故障的最深层原因并彻底处理。

通过该案例得到的经验：变压器安装和大修时，比较容易忽视用塞尺检查无载分接开关接触情况的项目，而直流电阻和接触电阻试验不能完全反映分接开关的接触情况，所以必须认真执行安装、检修规程的每一个项目。分接开关固定支架设计不合理，安装工艺管理不到位，使小问题最终导致了分接开关烧坏的故障。建议在监造、验收环节严把质量关，以防止类似的缺陷发生。

【关键词】油中溶解气体分析技术；分接开关固定支架；分接开关触头；塞尺检查。

（二）状态感知

2006 年 8 月 9 日，在对 220 kV××变电站 2 号主变油中溶解气体分析中，发现总烃超过注意值，且增长迅速，色谱数据见表 1.11。

表1.11　色谱数据　　（单位：μL/L）

分析时间	H_2	CO	CO_2	CH_4	C_2H_6	C_2H_4	C_2H_2	总烃
2006.02.02	10.86	392.57	1 292.70	35.91	17.58	92.53	0	146.02
2006.08.09	35.18	331.51	1 459.41	105.53	48.72	245.67	0	399.92
2006.08.09（复测）	34.11	341.22	1 478.40	107.00	50.98	239.51	0	397.49

（三）诊断评估

根据 2006 年 8 月 9 日发现故障时的色谱数据分析，其总烃值和产气速率均超过注意值，判断变压器内存在故障。

三比值法编码为“022”，变压器内存在高于 700 ℃高温过热故障。可能涉及的故障：分接开关接触不良，引线夹件螺丝松动或接头焊接不良，涡流引起的铜过热，铁芯漏磁，局部短路，层间绝缘不良，铁芯多点接地等。CO、CO_2 气体含量无明显增长，且 CO_2/CO 大于 3，可知故障不涉及固体绝缘，是裸金属过热故障。

按日本的月冈等提出的超过 400 ℃以上热点温度经验公式，进一步得出故障点温度：

$$322\times\lg(C_2H_4/C_2H_6)+525=751\ (℃)$$

推测过热的原因有可能为：①分接开关接触不良，触头烧毛或烧伤；②35 kV 套管下部接头螺栓松动发热；③铁芯层间短路或铁芯多点接地。

（四）运检策略

油中溶解气体增长迅速，确诊变压器发生内部故障，建议立即停电检查。

（五）停电处理

1. 电气试验

停电后首先开展试验，发现 35 kV 侧直流电阻不平衡率超标，其他预防性试验项目合格，直流电阻试验数据见表 1.12。结合油中溶解气体分析结论与推测，排除铁芯故障，判断故障点在主变低压侧。

表1.12　低压侧直流电阻试验数据

挡位	直流电阻/mΩ			不平衡率Δr/%
	ab	bc	ac	
I	50.25	50.38	50.67	0.83
II	46.41	46.39	48.37	4.2
III	42.69	42.50	43.74	2.8

变压器低压侧接线原理图如图 1.6 所示。

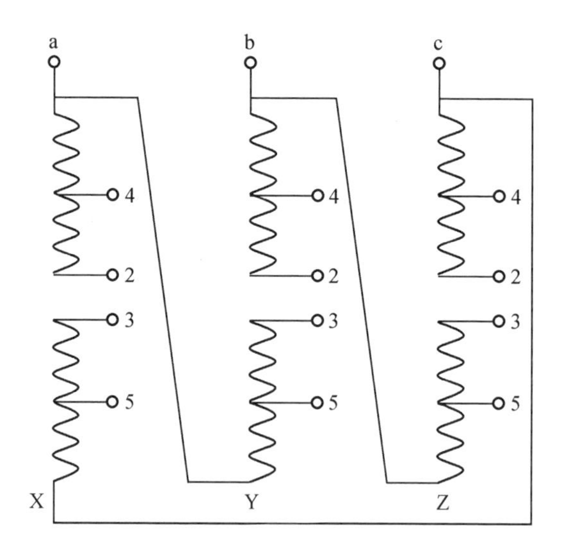

图1.6　变压器低压侧接线原理图

其中 2、3、4、5 为引至无载分接开关的抽头引线，其挡位和抽头连接情况见表 1.13。

表1.13　挡位和抽头连接情况

挡位	抽头连接
I 挡	2～3
II挡	3～4
III挡	4～5

通过原理接线图可以看出，因为 I 挡直流电阻试验合格，可以判断整个线圈和套管下部接头都没有故障，问题出现在抽头引线和分接开关上。结合油中溶解气体分析得出的裸金属过热故障的结论，故障点应该在分接开关动静触头接触部分。

根据试验数据和上面的变压器低压侧接线原理图，可以得到：

$$R_{ab} = R_b // (R_a + R_c) = (R_a R_b + R_b R_c) / (R_a + R_b + R_c)$$

$$R_{ac} = R_a // (R_b + R_c) = (R_a R_b + R_a R_c) / (R_a + R_b + R_c)$$

$$R_{bc} = R_c // (R_a + R_b) = (R_a R_c + R_b R_c) / (R_a + R_b + R_c)$$

$$R_{ac} > R_{ab} \approx R_{bc}$$

通过上面四个式子，可以得出：$R_a > R_c \approx R_b$，所以故障点在 A 相的分接开关动静触头接触部分。

结合设备结构与工作原理进一步分析。

通过主轴带动动触头旋转接触不同的两个静触头，达到调整线圈匝数的目的即调挡。图 1.7 所示为 I 挡位置。老式的鼓形（WDG）分接开关的动触头弹簧是平面螺旋状盘形弹簧，盘形弹簧的弹力分散性大，易老化，在不同分接位置时，弹簧压力可能不同，接触电阻会有变化。当触头弹簧位置变化过大时，可能影响触头的接触电阻，引起触头发热。

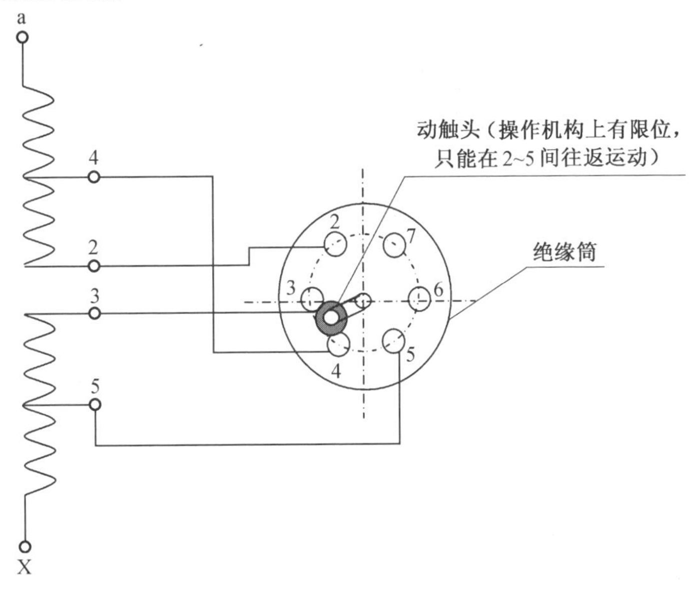

图1.7　低压侧分接开关示意图（以A相为例）

图 1.7 中 2、3、4、5、6、7 为静触头，其中 2、3、4、5 分别接线圈 2、3、4、5 抽头引线；6、7 为空触头，为防止其产生感应悬浮电位分别用引线与 3、4 触头连接。

运行挡Ⅱ挡和Ⅲ挡的直流电阻均不合格，其原因是分接开关一直在Ⅱ挡运行，分接开关动触头靠向“4”静触头的盘形弹簧压力不够，触头滚轮压力不匀使得分接开关动触头与“4”静触头接触不良，从而在强电流的不断通过下引起发热。因为“4”静触头发热，导致它的另一面也被烧伤，所以Ⅲ挡的直流电阻也不合格。建议在吊罩检查过程中，重点检查 35 kV 侧分接开关动触头和“4”静触头。

2. 吊罩检查

2 号主变吊罩后，检查发现确实是 35 kV 侧无载分接开关动触头和“4”静触头严重烧伤，如图 1.8 所示。

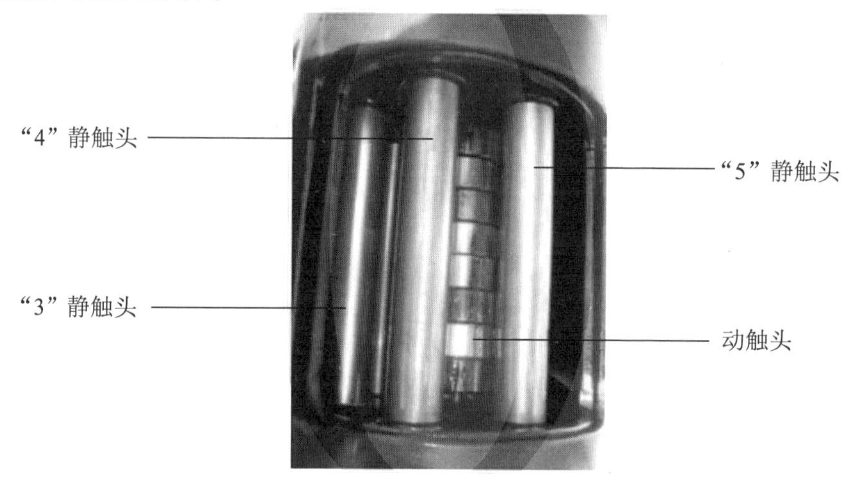

图1.8 分接开关位置为Ⅲ挡

3. 检修处理

确定故障点后，对 35 kV 侧三相无载分接开关进行更换。再次开展电气试验，直流电阻、变比、接触电阻试验均合格。但是用塞尺检查动静触头接触情况时，发现 A 相分接开关上部的 3 个动触环和下部的 2 个动触环与静触头间仍有间隙，0.05 mm 的塞尺很容易就塞进去（未安装前检查合格）。

新装分接开关增加载流量至 1 600 A，共 10 个动触环，每个动触环载流量为 160 A。虽然只有 5 个动触环接触良好，但载流量为 800 A，满足低压侧额定相电流 779 A 的

要求。为彻底查明A相分接开关故障的原因，我们做了进一步检查分析。分接开关的固定方式如图1.9所示。

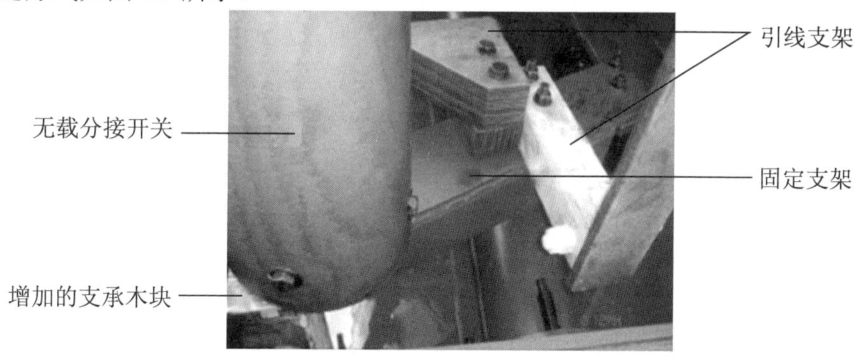

图1.9 A相分接开关固定方式

分接开关靠底部4颗螺栓固定在支架上，上部无固定；而支架一端固定在下夹件上，装分接开关的一端悬空。A相支架中间还支承着2个引线支架，用水平尺检查，悬空端明显向下倾斜；B相、C相支架较短，且未支承其他引线支架，水平良好。

反思安装过程中，当A相分接开关刚放上支架时，明显向外倾斜，几个人同时用力推分接开关顶部使其垂直后，拧紧底部4颗固定螺栓。分接开关动静触头就位于开关顶部，因为安装时用力推顶部后固定，加上粗重的引线拉扯，使动、静触头发生了轻微的偏移、变形，造成了部分动触环与静触头接触不良的现象。最后，用一段压层木支撑起固定支架的悬空端，使支架水平，并再次更换了A相分接开关后，各项试验和用塞尺检查都合格。

4. 小结

原来有故障的分接开关因为固定支架的倾斜，加之安装固定时人为推力，使动、静触头偏移、变形，造成部分动触环与静触头接触不良的现象。而直流电阻试验只要有1个动触环接触良好就不能发现问题，所以出厂、安装时都未发现该问题。该变压器新装时低压侧负荷不大，接触良好的几个动触环也能满足载流的要求；后期变压器低压侧有一段时间接近满载，分接开关载流量不能满足要求而发热氧化，接触更加不好，甚至不能满足低负荷的要求，这样恶性循环逐渐烧坏分接开关。

（六）预防措施

（1）厂家对于分接开关固定支架设计不合理，安装工艺管理不到位，使小问题最终导致了分接开关烧坏的故障。建议在监造、验收环节加强管理，严把质量关，以防止出现类似的缺陷。

（2）用塞尺检查无载分接开关接触情况，及时发现问题，避免分接开关再次出现同样的故障。当变压器安装和大修时，比较容易忽视用塞尺检查无载分接开关接触情况的检查项目，而直流电阻和接触电阻试验不能完全反映分接开关的接触情况，所以必须认真执行安装、检修规程的每一个项目。

（3）利用色谱法来判断变压器内部的潜伏性故障比较灵敏有效，据此工作人员可以及时采取措施，避免事故的发生，达到防患于未然的目的。

【案例3】基于油中溶解气体分析技术为主的110 kV××变电站110 kV 1号主变本体高温过热故障（抽头引线工艺不良）状态检修案例

（一）案例摘要

2008 年 02 月 25 日，110 kV××变电站 1 号主变总烃超过注意值，2 月 27 日复测确认。通过三比值法、特征气体法、四比值法等综合分析诊断，确诊该主变本体内部存在高温过热故障，热点温度大约为 785 ℃，故障涉及固体绝缘材料，故障原因是铁件或油箱出现不平衡电流。

根据诊断评估结果制定了检修运维策略和停电检修时需要注意的事项。

通过计划停电，对该变压器进行直阻、空载、负载试验及长时间满负载红外测温检测，均未发现异常。进行裸器身负载试验，当加到 50%额定电流时，用红外成像仪观察，部分抽头引线连接部位有轻微过热现象。变压器解体拔出线圈后，检查高压、低压、调压线圈均无明显异常。打开抽头引线绝缘包裹，发现抽头引线存在多处焊接不良、引线泡股等工艺缺陷，且最里面的绝缘纸有高温碳化现象。

通过该案例得到的经验：对于变压器，出厂试验及直流电阻等预试项目均不能有效反映此类型故障。在建造、安装、验收等阶段，一定要严格依据中国南方电网有限责任公司《110 kV～500 kV 交流电力变压器技术规范书（通用部分）》中第 5.3.5 条“器身装配”相关工艺规定进行操作和检验。在进行变压器监造时，监造人员要依据变压器技术规范要求对变压器引线压接或焊接质量进行验证。

【关键词】油中溶解气体分析技术；高温过热；引线焊接不良；引线泡股。

（二）状态感知

2008 年 2 月 25 日在周期取样分析工作中，发现 110 kV××变电站 1 号主变总烃超过注意值。2 月 27 日油色谱复测后试验数据与 25 日数据一致，绝缘油击穿电压、油介损、油中含水量、闪点和酸值检测合格，未见明显变化。油中溶解气体分析数据，见表 1.14。

表1.14　油中溶解气体分析数据　（单位：μL/L）

日期	H_2	CO	CO_2	CH_4	C_2H_6	C_2H_4	C_2H_2	总烃	微水
2007.07.02	6.1	513.5	1 576.3	19.0	31.1	9.7	0	58.3	4.2
2008.02.25	55.0	518.1	1 640.5	143.4	33.7	212.5	0	389.3	4.7
2008.02.27	36.1	570.2	1 696.0	134.3	36.7	204.6	0	374.3	4.7

（三）诊断评估

1. 有无故障判定

（1）阈值判断。

按照中国南方电网有限责任公司《电力设备预防性试验规程》（Q/CSG 10007—2004）规定，运行 220 kV 变压器油中溶解气体含量总烃不超过 150 μL/L。

（2）产气速率。

总烃相对产气率 =（389−58.29）/58.29×（1/12）×100=47.25（%/月）；

总烃绝对产气率 =（389−375）/2×（17/0.86）=0.35（mL/d）。

总烃及其相对产气率均超过注意值，且与历史数据对比呈现异常增长，可判断设备存在潜伏性故障。

2. 故障类型诊断

（1）改良三比值法。

改良三比值法分析结果见表 1.15。

表1.15　改良三比值法分析结果

C_2H_2/C_2H_4	CH_4/H_2	C_2H_4/C_2H_6
0	2.6	6.4
0	3.7	5.6
0.005	4.4	6.1

编码：022；故障类型判断：高温过热（高于 700 ℃）。

（2）特征气体法。

2 月 25 日及以后的绝缘油中气体特征：总烃较高；C_2H_4 含量大于 CH_4；C_2H_2 含量占总烃 5.5%以下，H_2 含量占氢烃总含量的 27%以下。

故障类型：依据特征气体法，判定为严重过热故障（高于 500 ℃）。

3. 故障部位推定

（1）四比值法。

四比值法分析结果见表 1.16。

表1.16　四比值法分析结果

CH_4/H_2	C_2H_6/CH_4	C_2H_4/C_2H_6	C_2H_2/C_2H_4
2.6	0.23	6.4	0
3.7	0.27	5.6	0
4.4	0.28	6.1	0.005

故障类型判断：依据四比值法（编码 1010），该发热故障的性质为循环电流或连接过热。

（2）CO_2 和 CO 的比值。

CO_2/CO=3.2，2.97，2.94。

CO_2 和 CO 比值小于 3，所以故障可能涉及固体绝缘材料。

4. 热点温度估算

按日本的月冈等人提出的热点温度经验公式，热点温度为

$$T = 322\lg(C_2H_4/C_2H_6) + 525 = 785\ (℃)$$

5. 综合评价

该变压器存在高温过热故障，热点温度大约为 785 ℃，故障可能涉及固体绝缘材料。故障原因是铁件或油箱出现不平衡电流。

（四）运检策略

（1）建议缩短周期进行跟踪监测，特别要注意产气速率的变化；同时尽快安排停电进行试验检查。

（2）停电检查时，重点检查变压器铁芯硅钢片是否松动变形，以及对抽头引线，

夹件与铁轭末级叠片之间的绝缘间隙等进行详细检查。

（五）停电检修

计划停电后，将该变压器运回检修试验大厅进行解体检查。

首先进行了直阻、空载、负载试验及长时间满负载红外测温检测，均未发现异常。

吊罩后外观检查无异常，然后进行裸器身负载试验，加到 50%额定电流，用红外成像仪观察，部分抽头引线连接部位有轻微过热现象，但因绝缘包裹较厚，且电流较小，发热不明显。随后重点对抽头引线检查。裸器身负载试验，如图 1.10 所示。满负载外壳红外图，如图 1.11 所示。50%负载裸器身红外图，如图 1.12 所示。

图1.10　裸器身负载试验

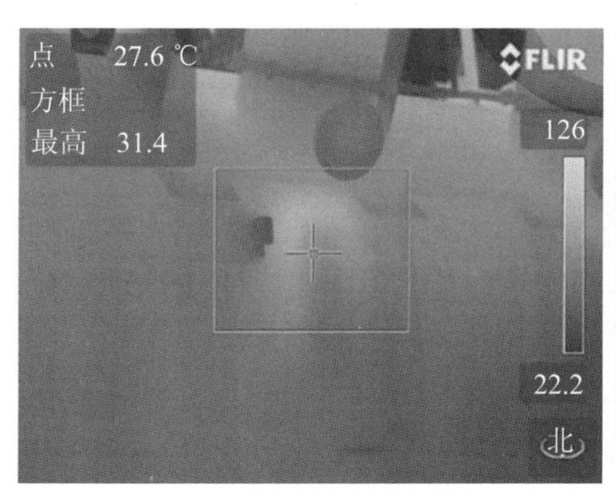

图1.11　满负载外壳红外图（单位：℃）

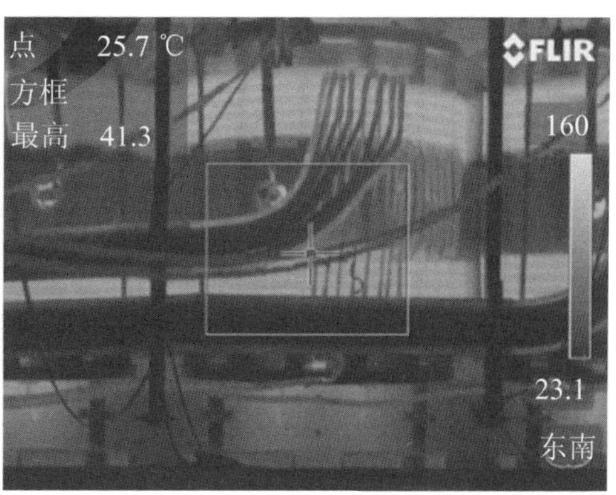

图1.12　50%负载裸器身红外图（单位：℃）

变压器解体拔出线圈后，检查高压、低压、调压线圈均无明显异常。打开抽头引线绝缘包裹，发现多处引线存在焊接不良、引线泡股等工艺缺陷，且最里面的绝缘纸有高温碳化现象。

因为抽头引线存在焊接不良、引线泡股等工艺缺陷，导致载流量不满足要求，在大负荷时发热导致油中溶解气体异常。引线焊接搭接面积不足，如图 1.13 所示。引线泡股，如图 1.14 所示。四股并绕只有三股搭接焊接，如图 1.15 所示。

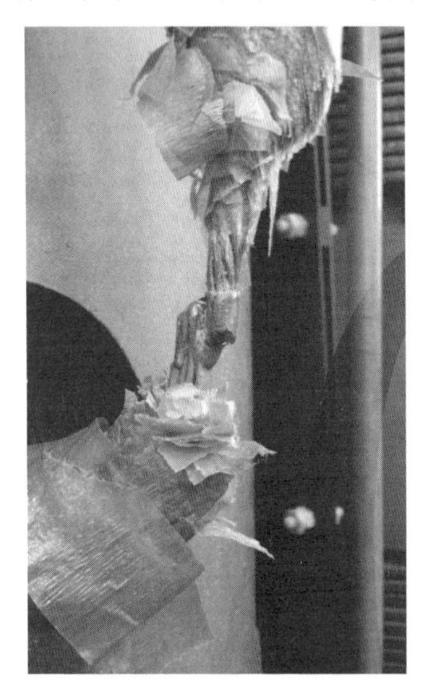

图1.13　引线焊接搭接面积不足

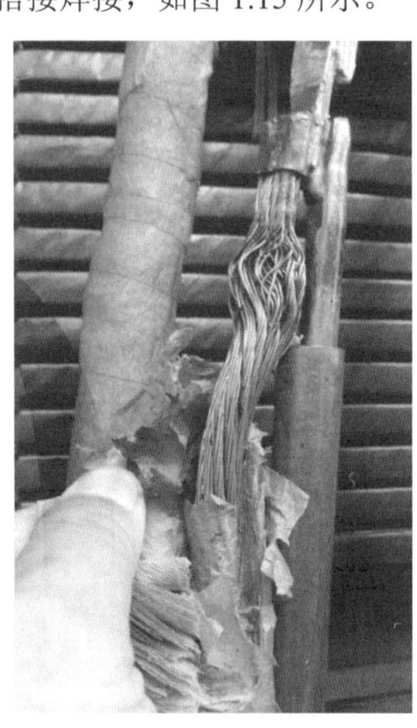

图1.14　引线泡股

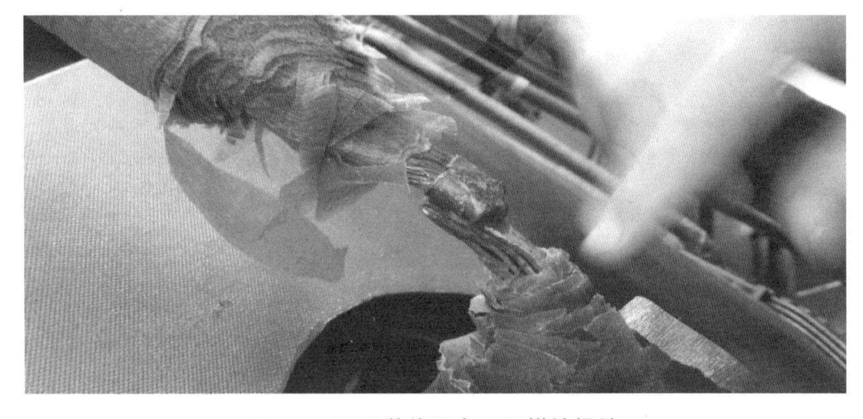

图1.15　四股并绕只有三股搭接焊接

（六）预防措施

通过此次故障检修可知，定期对主变油中溶解气体数据进行监测是检测变压器设备绝缘状态的重要手段，通过对主变油中微量气体变化趋势的分析比较，可有效反映出变压器内部故障的类型及严重程度。

对于变压器，出厂试验及直流电阻等预试项目可能难以有效检出此类型故障，只有在温升试验后对变压器油中溶解气体数据进行监测，才能反映出变压器引线存在的工艺缺陷问题，但温升试验属于型式试验。因此，必须严格依据中国南方电网有限责任公司《110 kV～500 kV 交流电力变压器技术规范书（通用部分）》中第 5.3.5 条“器身装配”相关工艺规定进行相应操作和检查。在变压器监造时，监造人员要依据变压器技术规范要求对变压器引线压接或焊接质量进行验证。

【案例4】基于油中溶解气体分析技术为主的500 kV××变电站500 kV 2号主变B相本体高温过热故障（铁芯局部短路）状态检修案例

（一）案例摘要

500 kV××变电站 2 号主变 B 相一直被评为正常状态。2007 年 5 月 25 日，发现其总烃超过注意值，且增长迅速。

根据综合分析，该变压器内部存在裸金属高温过热故障，具体故障特征为循环电流及（或）连接点过热，极可能是铁芯局部短路产生环流发热或漏磁过大引起变压器内部金属件涡流发热。

根据诊断评估结果制定了检修运维策略和停电检修前需要准备的事项。

通过计划停电，进行解体检查时发现，铁芯并联接地引线插入铁芯的铜片有一片烧断，并且旁边一片有烧蚀痕迹；同时上、下夹件靠线圈侧边缘有过热烧蚀痕迹。

通过该案例得到的经验：对于变压器铁芯接地采用并联接地方式不合理，会导致缺陷发生。建议加强对厂家的监造管理，严把质量关，以防止类似的缺陷发生。对于已确诊的发热故障，四比值法对进一步判断它的故障特征有较高的准确率，可作为分析判断变压器故障的依据。

【关键词】油中溶解气体分析技术；铁芯接地电流；高温过热；四比值法；铁芯并联接地。

（二）状态感知

2007 年 5 月 25 日，在对 500 kV××变电站 2 号主变 B 相油中溶解气体分析中，发现其总烃含量超过注意值，且增长迅速，色谱数据见表 1.17。在 2007 年 2 月曾对该变压器进行停电预试，各项试验合格，未发现异常。

表1.17　油中溶解气体色谱数据　　（单位：μL/L）

分析时间	H_2	CO	CO_2	CH_4	C_2H_6	C_2H_4	C_2H_2	总烃	备注
2007.04.18	5.64	252.36	1 908.23	45.09	14.16	32.69	0	91.94	正常情况
2007.05.25	29.85	257.77	1 835.47	85.86	25.06	109.36	0.70	220.98	发现故障
2007.06.01	34.51	281.42	1 958.56	94.63	28.64	128.46	0.41	252.14	跟踪监测，总烃持续增长
2007.06.14	36.67	258.99	2 090.57	108.58	36.66	152.38	0.52	298.14	
2007.06.20	48.41	269.93	2 312.27	134.85	45.7	194.2	0.33	375.08	
2007.06.29	70.31	246.11	2 298.09	204.72	69.06	250.47	0.89	525.14	
2007.07.05	88.5	262.07	2 343.6	248.89	77.41	336.29	1.08	663.67	35 kV 侧空载运行，总烃持续增长
2007.07.07	95.50	264.97	2 396.66	270.15	89.63	378.68	1.39	739.85	
2007.07.08	92.44	263.97	2 395.53	273.21	90.26	379.29	1.28	744.04	
2007.07.12	109.93	259.46	2 394.43	327.91	455.80	111.84	0.96	896.51	

（三）诊断评估

1. 油中溶解气体分析

（1）三比值法。

三比值法分析结果见表 1.18。

表1.18　三比值法分析结果

日期	C_2H_2/C_2H_4	CH_4/H_2	C_2H_4/C_2H_6	编码	故障类型
2007.05.25	0	2.9	4.4	022	高温过热（高于 700 ℃）
2007.06.01	0	2.7	4.5		
2007.06.14	0	2.96	4.2		
2007.06.20	0	2.8	4.2		
2007.06.29	0	2.9	3.6		

（2）四比值法。

对于过热故障，通过四比值法进一步判断故障特征。四比值法分析结果见表 1.19。

表1.19 四比值法分析结果

日期	CH_4/H_2	C_2H_6/CH_4	C_2H_4/C_2H_6	C_2H_2/C_2H_4	编码	故障类型
2007.05.25	2.9	0.3	4.4	0	1010	循环电流或连接点过热
2007.06.01	2.7	0.3	4.5	0		
2007.06.14	2.9	0.3	4.2	0		
2007.06.20	2.8	0.3	4.2	0		
2007.06.29	2.9	0.3	3.6	0		

（3）$CO_2/CO>7$，所以该发热故障不涉及固体绝缘。

（4）故障诊断。

该变压器内部存在裸金属高温过热故障，故障类型为循环电流及（或）连接点过热。

2. 铁芯接地电流、红外测温、负荷情况、电气试验结果分析

（1）铁芯接地电流：近几个月测量铁芯接地电流，最大为 2 mA，未发现铁芯多点接地产生环流现象，可以排除铁芯多点接地故障。

（2）红外精准测温：未发现明显的过热点，可排除漏磁环流引起油箱发热的故障。

（3）负荷情况：为分析故障，将主变 35 kV 侧无功负荷停运，降低主变负荷，油中溶解气体分析的总烃含量仍然呈迅速增长趋势，说明故障与负荷大小没有相关性。

（4）电气试验：各项试验合格，未发现异常。

3. 综合分析

根据综合分析，该变压器内部存在裸金属高温过热故障，故障类型为循环电流及（或）连接点过热，极可能是铁芯局部短路产生环流发热或漏磁过大引起变压器内部金属件涡流发热。

（四）运检策略

（1）尽快停电检修。

（2）针对铁芯绝缘油道短路烧断接地铜皮缺陷：将铁芯接地方式改为串联接地方式，接地铜皮每侧只插入 3 张硅钢片，即使油道短路，由于所包围的铁芯面积很小，也不会产生很大的环流。同时铁芯重新叠片，更换了烧坏的硅钢片，重新布置油道，在绝缘撑条下增加了一层绝缘纸板，可有效防止油道中部硅钢片叠片边角翘起而短路油道。

（3）针对上下夹件靠线圈侧边缘因漏磁产生涡流过热缺陷：更换上、下夹件，新夹件在发热的部位开槽，减少漏磁通穿过面积，切断涡流路径。

（五）停电检修

变压器吊罩检查情况如下：

（1）铁芯采用并联接地，并联接地引线插入铁芯的铜片有一片烧断，旁边一片有烧蚀痕迹（图 1.16）。

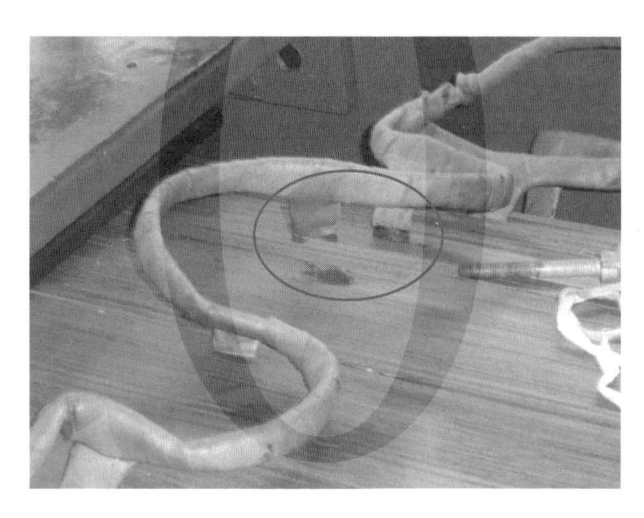

图1.16　铁芯接地片烧断

在拆下铁芯接地引线后，对铁芯各级间绝缘检查，发现故障点处的两极铁芯（两极间为 6 mm 厚的绝缘撑条形成的绝缘油道）的绝缘为零。于是决定拆开铁芯进行检查。铁芯解体检查发现：故障两极铁芯间硅钢片有过热变色现象（图 1.17 中圈注位置）；其中一极铁芯靠油道侧中间的硅钢片边角翘起，有过热烧伤现象（图 1.18 中圈注位置）。

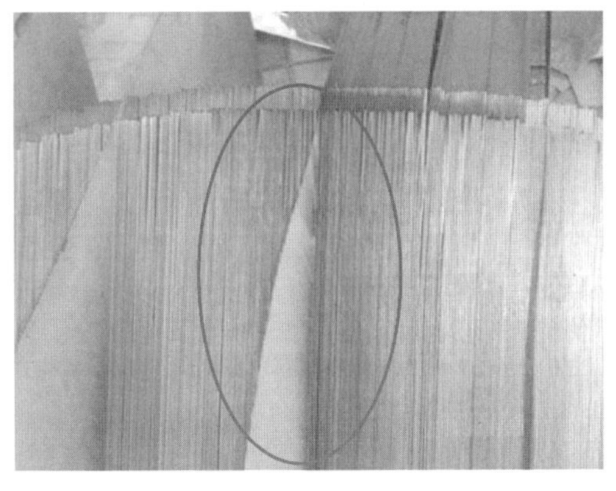

图1.17　硅钢片过热变色

图1.18　硅钢片边角翘起

分析：500 kV 大容量变压器铁芯较厚，由于散热和绝缘的问题，铁芯内部必须设置若干个油道和绝缘纸板，从而铁芯被分成若干个部分。铁芯各部分的接地方式一般有并联接地和串联接地两种，此变压器采用的是并联接地方式，如图 1.19 所示，在每个铁芯部分的中心部位各引出一块接地铜皮，并联接到铁芯引出线上。

铁芯绝缘油道处的硅钢片在叠片过程中，在叠片的接缝和边缘处很容易产生变形和翘起，形成油道间短路现象。对于并联接地方式，若任一绝缘油道间发生短路，如图 1.19 阴影部分所示，abcd 间将形成短路环，造成铁芯局部短路而产生环流。由于接地铜皮插在铁芯的中心，所以短路包围的铁芯面积很大，磁通很多，容易产生较大的短路循环电流，使短路环包围部分的硅钢片和接地铜皮过热，最终将最薄弱的接地铜皮烧断。

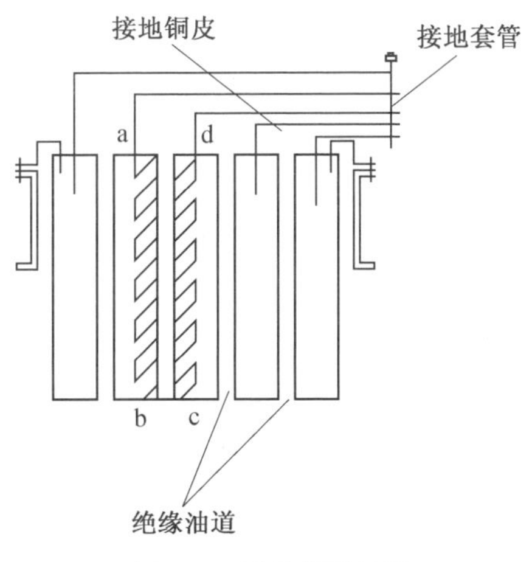

图1.19　铁芯并联接地

（2）上、下夹件靠线圈侧边缘有过热烧蚀痕迹。

分析：大容量变压器产生较大的漏磁，线圈端部为漏磁通最为密集的部位，密集的漏磁通穿过上下夹件的边缘，产生涡流，造成上、下夹件靠线圈侧边缘过热变色（图 1.20 和图 1.21 中圈注位置）。铁芯拉板因采用不导磁钢板，且进行了开槽处理，未发现发热现象。

图1.20　上夹件受热变色

图1.21　下夹件受热变色

（六）预防措施

（1）厂家对于变压器铁芯接地采用并联接地方式不合理，导致缺陷发生。建议加强到厂家的监造，严把质量关，以防止类似的缺陷发生。

（2）利用色谱法来判断变压器内部的潜伏性故障比较灵敏有效，能够让工作人员及时采取措施，避免事故的发生，达到防患于未然的目的。

（3）对于发热故障，四比值法对进一步判断它的故障特征有较高的准确率，可作为分析判断变压器故障的依据。

【案例5】基于红外精准测温技术为主的110 kV××变电站110 kV 2号主变局部过热故障（套管引线接触不良）状态检修案例

（一）案例摘要

本案例为变压器总烃超标案例，通过油色谱数据分析，利用“三比值”法判断确定变压器为过热性故障后，提出采用红外测温的方式定位发热故障点，在主变停

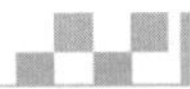

电之前做足准备，有效缩短了停电检修的时间。最后针对这种故障快速定位的方法进行论证与总结，并向厂家及检修人员给出建议。

通过该案例得到的经验：电力变压器油中气体增长的原因是多种多样的，为正确判断故障，可采取多种方法进行测试，根据测试结果再结合历史数据进行综合分析，避免盲目错误判断。在本案例中首先通过油色谱数据初步分析故障原因，然后在主变未停电前进行整体红外测温定位故障点，主变停电后进行电气试验测试确定故障位置，最终顺利解决故障。在此次处理过程中，得益于红外测温精准定位故障点，主变停电前就“对症下药”，提前准备了需更换的套管等备品备件，大大缩短了主变停电时间，提高了检修质量和工作效率。

【关键词】油中溶解气体分析技术；红外测温；套管引线；检修手孔；状态检修。

（二）状态感知

110 kV××变电站 2 号主变压器设备型号为 SFSZ9—40000/110，出厂日期为2002-11-01，投运日期为2003-04-28。

1. 第一次红外测温

2020年5月15日对110 kV××变电站110 kV 2号主变进行红外测温预试定检，发现35 kV侧A相套管本体温度为49.2 ℃，B、C相为39 ℃左右，A相较其他两相高出10 ℃左右，如图1.22～1.24所示。

图1.22 该主变35 kV侧套管红外图谱

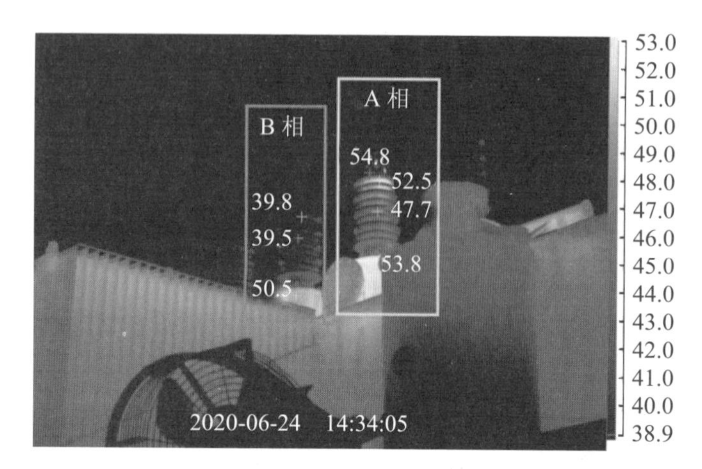

图1.23 复测35 kV侧A相、B相套管侧面热像对比图

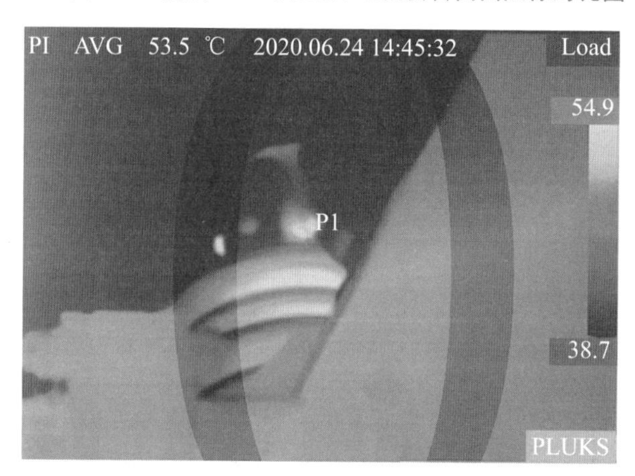

图1.24 复测35 kV侧A相套管上端接线处红外图谱

2. 油中溶解气体分析

红外测温发现异常后，立即安排绝缘油色谱取样分析，分析数据见表1.20。

表1.20 油色谱分析数据 （单位：μL/L）

分析日期	H_2	CO	CO_2	CH_4	C_2H_6	C_2H_4	C_2H_2	总烃
2017.07.28	12.41	755.43	378.72	18.2	1.86	0.24	1.15	21.45
2018.07.12	9.07	759.84	457.19	17.97	2.01	1.04	0.88	21.89
2019.07.08	12.24	806.09	649.83	18.01	3.55	7.14	1.02	29.73
2020.06.22	29.64	751.27	568.01	66.16	14.75	69.06	1.06	151.03

3. 第二次红外测温

2020年6月24日对110 kV××变电站110 kV 2号主变35 kV侧套管进行了跟踪复测。A相套管上柱头热点幅值为53.5 ℃，比B相、C相同位置高15 ℃左右；套管本体热点幅值为47.7 ℃，比B相、C相同位置高出7 ℃左右，套管温度呈现上高下低分布；A相检修手孔位置热点幅值为53.8 ℃，比B相同位置高出3 ℃左右。

（三）诊断评估

1. 红外测温分析

该35 kV侧套管为导杆式，发热部位对应的是套管上柱头、导杆下接线位置。红外测温诊断结论：套管柱头与引流线或金属部件接触不良，套管内导杆下端与接线或金属部件接触不良。

2. 化学检测分析

（1）产气速率。

根据2019年7月8日与2020年6月22日两次油色谱数据，以及相对产气速率计算公式：

$$\gamma_{\mathrm{t}}=\frac{C_{i2}-C_{i1}}{C_{i1}}\times\frac{1}{\Delta t}\times 100\% \tag{1.1}$$

相对产气速率为

$$\gamma_{\mathrm{t}}=38\%/月>10\%/月$$

油色谱各组分增长明显，总烃超过注意值（150 μL/L），总烃相对产气速率超过注意值（10%/月），初步判定主变内部存在故障。

（2）改良三比值法。

根据改良三比值法，编码组合为“022”，故障类型为：高于700 ℃的高温过热故障。典型故障参考：分接开关接触不良；引线连接不良，导线接头焊接不良，股间短路引起过热；铁芯多点接地，矽钢片间局部短路等。

（3）热点温度估算。

根据日本的月冈、大江等人提出的温度估算公式，不涉及固体绝缘热分解且超过400 ℃以上热点温度经验公式为T = 322 lg(C_2H_4/C_2H_6)+525，该变压器的热点温度约 740.88 ℃。

诊断评估总结：该变压器内部存在高于 700 ℃的高温过热故障；原因与故障位置可能为：套管柱头与引流线或金属部件接触不良，套管内导杆下端与接线或金属部件接触不良。

（四）运检策略

（1）建议尽快停电处理，否则故障会继续恶化，可能导致封垫老化，引起进水受潮或丝杆烧蚀，使连接处焊锡熔化流失，造成引线接头开焊或脱落，严重者可导致变压器中压套管爆炸，变压器本体损坏。

（2）停电前加强巡视，缩短周期（每周/次）进行绝缘油取样分析与红外测温，发现异常立即上报。

（3）应进一步进行绕组直流电阻试验验证，若与历史数据对比有明显增长，应进行解体，详细检查套管引出线到绕组接线端整个套管内部电流回路的各部分接触是否良好。

（五）停电检修

1. 停电试验

停电后开展高压试验，绕组、铁芯与铁轭夹件的绝缘电阻试验合格，但 35 kV 侧 A 相绕组连同套管的直流电阻测试发现异常，见表 1.21。

表1.21　35 kV侧绕组连同套管的直流电阻测试结果　（单位：mΩ）

直流电阻测试	A 相	B 相	C 相
出厂值	60.41	60.68	61.07
本次值	65.38	63.39	63.77

2. 检修处理

将变压器油位放至低于中压侧套管手孔处位置后，打开 35 kV 的 A 相套管手孔盖进行检查，发现套管导杆与绕组引线连接处螺栓紧固力不足，导致该位置产生高温过热，使该压紧螺母与垫片、导杆螺纹严重烧蚀，如图 1.25 和图 1.26 所示。另外，在套管顶部导电杆处同样存在压紧力不足导致的高温过热烧蚀现象。

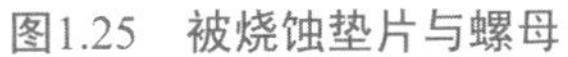

图1.25　被烧蚀垫片与螺母

图1.26　被烧蚀导电杆

检修处理：对引线接头处进行打磨，清除轻微烧蚀的痕迹，同时要防止异物及打磨碎削掉入变压器内；更换包括导电杆在内的新套管，按标准要求安装垫片螺母和紧固螺栓；调整引线及铜带方向，使其与四周升高座外壁间距一致，防止距离过近或贴近外壁导致绝缘强度不足而引起放电；对变压器连同油枕的绝缘油进行热油循环处理，循环总油量不低于变压器油量的 3 倍。

3. 修后试验

处理完成后分别测量了绕组介质损耗、绕组直流电阻和吸收比、绝缘电阻，进行主变本体与有载分接开关油色谱分析等，结果均为合格。

该变压器恢复送电后，变压器的电压、电流及温度等参数均正常；在变压器投运后一周内每日对油进行色谱分析，色谱总烃浓度没有增长，运行正常；之后的两个月内每周对油进行色谱分析，总烃增长速率在规定范围内，说明该变压器总烃超标问题得到彻底解决。

（六）经验总结

（1）若主变压器油色谱分析发现故障类型为过热故障，可通过对主变压器整体和局部的红外测温，快速定位发热故障点，或排除发热点为主变外部套管等位置，便于在主变停电之前采购备品备件，准备好停电检修时所需工具和物资，以节省时间和避免资源浪费。

（2）该主变35 kV侧套管检修手孔过小，安装连接套管与绕组引出线时操作空间狭小，固定扳手等工具难以施展，后续变压器设计时可将该检修手孔适当扩大，以满足实际检修需求。

（3）导电回路中的各连接处在安装、检修过程中应注意锁紧螺栓，建议使用标准紧固力矩。

【案例6】基于油中溶解气体分析技术为主的220 kV××变电站220 kV 2号主变乙炔异常超标（有载调压开关油室内漏）状态检修案例

（一）案例摘要

220 kV××变电站2号主变，一直在正常状态运行，状态评价级别为注意。

该220 kV主变本体油色谱在线监测系统发出乙炔超标报警信号，离线实验室油色谱分析排除在线监测系统误报警可能。为此，设计了一套对变压器油枕、有载调压开关油室、油泵、套管中的绝缘油进行化学分析的研究方案，实施后找到了故障部位和原因。分享变压器有载调压开关状态检修特殊案例，总结经验后提出了用色谱数据判断有载内漏的具体方法。

随后结合运行年限、停电试验、油质简化试验等历史信息，综合分析诊断，评估该主变健康水平：确诊该主变本体内部存在高温过热故障（>700 ℃）。故障属于导电回路过热故障，与固体绝缘、冷却系统无关。最可能的故障类型及部位：分接开关接触不良、引线夹件螺丝松动或接头焊接不良。根据诊断评估结果制定了检修运维策略和停电检修时需要注意的事项。

通过计划停电对该变压器进行更换。对退役主变开展解体检查发现，该变压器分接开关静触头整体有变形，动触头压紧弹簧松动，动触头有烧伤、变形，油箱底部和分接开关附着较多油泥，绕组及绝缘纸未发现受到腐蚀性硫腐蚀的痕迹。

通过该案例得到的经验：在设备选型阶段应该考虑U型分接开关本身机械强度问题，若强度不足且引线布置固定不合理，会导致开关静触头受力过大，发生位移变形。长途运输过程中内部螺栓可能发生振动，安装验收时应该认真检查紧固。

【关键词】油中溶解气体分析技术；在线监测；高温过热；分接开关触头；U型分接开关。

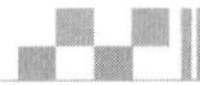

（二）状态感知

2020 年 5 月 14 日，220 kV××变电站 220 kV 2 号主变油色谱在线监测系统报警显示，乙炔含量超过注意值且增长迅速。化验专业人员立即开展现场绝缘油取样，进行化验室分析。离线测试结果与油色谱在线监测结果一致。该变压器历年来检修试验合格，未发现异常。变压器色谱数据，见表 1.22。

表1.22　色谱数据　（单位：μL/L）

分析时间	H_2	CO	CO_2	CH_4	C_2H_6	C_2H_4	C_2H_2	总烃	备注
2019.04.12	5.59	527.81	5 733.16	25.93	8.05	14.56	0.00	48.54	在线监测
2019.05.14	30.43	565.93	6 489.81	28.16	8.77	16.70	9.89	63.52	在线监测
2019.01.15	3.65	685.34	3 100.13	29.69	7.32	13.63	0	50.64	实验室
2019.05.17	28.02	676.93	3 382.03	32.14	7.48	16.65	9.91	68.36	实验室

（三）诊断评估

从油中溶解气体数据可以看出，主要增长的是 C_2H_2 和 H_2，总体上，各气体组分含量不大。参考使用特征气体法或三比值法，判断为放电故障。

此变压器为有载调压、强迫油循环变压器，所以故障位置存在多种可能：变压器本体，有载内漏，油泵故障，有载油枕渗漏到本体油枕，套管故障且内漏到本体。

考虑到放电故障的突然性以及对设备的破坏性，初步评估后给出的策略是立即停电。停电后，第一时间开展高压试验，并对变压器有载调压开关油室、油泵、套管等也进行了取样分析。

1. C_2H_2/H_2 判断

按照《变压器油中溶解气体分析和判断导则》（GB/T 7252—2001）和《变压器油中溶解气体分析和判断导则》（DL/T 722—2014）中推荐的方法，使用 C_2H_2/H_2 进行故障判断。C_2H_2 含量/H_2 含量=0.33，增量 C_2H_2 含量/H_2 含量=0.40，因为 C_2H_2 含量/H_2 含量＜2，所以无法判断有载开关油室是否对本体油造成污染。

随后多次切换有载分接开关，然后对变压器本体油取样，油中溶解气体分析未发现明显增长。

2. 高压试验

停电后，该变压器各项高压试验合格且与历史值相比无异常变化。高压试验后立即在变压器上部、中部、下部三处取样阀进行绝缘油取样，油中溶解气体分析结果与高压试验前一致。变压器本体故障的可能性降低。

3. 油泵油中溶解气体分析

该变压器共有 5 组油泵，分别单独开启油泵运转后取样，分析数据见表 1.23。若油泵绕组存在过热或放电现象，则从油泵处取样分析所得烃类数据应明显高于变压器本体油中溶解气体数据。

表1.23　油泵油中溶解气体数据　（单位：μL/L）

取样位置	H_2	CO	CO_2	CH_4	C_2H_6	C_2H_4	C_2H_2	总烃
1 号油泵	27.46	645.64	3 163.14	29.44	9.46	15.28	7.64	61.83
2 号油泵	32.03	699.26	3 414.3	30.93	7.28	16.47	8.27	62.96
3 号油泵	28.14	653.44	3 325.46	29.25	7.36	16.46	7.48	60.54
4 号油泵	28.19	649.35	3 207.17	29.83	7.24	16.19	8.23	61.5
5 号油泵	48.74	668.53	3 303.51	29.79	7.68	16.75	8.8	63.02

通过取样分析对比，各油泵油中溶解气体数据与变压器本体油中溶解气体数据一致，因此排除油泵故障污染本体油中溶解气体的可能。

4. 套管油中溶解气体分析

该变压器共有 8 支油纸电容型套管，其取样分析数据见表 1.24。油纸电容型套管油独立于变压器本体油，若套管存在故障且密封不良时，有可能渗漏污染变压器本体油。

各套管油中溶解气体数据中，C_2H_2 含量均为 0，故排除套管故障且密封不良而污染本体油中溶解气体的可能。

表1.24　套管油中溶解气体数据　（单位：μL/L）

取样位置	H_2	CO	CO_2	CH_4	C_2H_6	C_2H_4	C_2H_2	总烃
110 kV A 相套管	37.16	604.16	1 406.75	22.62	24.71	1.93	0	49.26
110 kV B 相套管	101.89	535.98	1 207.92	45.99	40.36	1.43	0	87.79
110 kV C 相套管	5.78	309.42	5 826.35	4.95	8.83	66.5	0	80.28
110 kV O 相套管	58.65	620.37	1 292.56	55.57	35	1.1	0	91.67
220 kV A 相套管	111.68	474.71	602.96	19.01	57.09	0.31	0	76.4
220 kV B 相套管	48.99	535.88	1 262.55	14.03	19.76	2.29	0	36.15
220 kV C 相套管	33.96	460.19	1 449.15	20.45	20.87	4.09	0	45.42
220 kV O 相套管	2.83	370.5	4 320.49	10.66	37.77	55.25	0	103.68

5. 油枕油中溶解气体分析

该变压器本体油枕和有载油枕取样分析数据见表 1.25。该变压器本体油枕和有载油枕相邻，中间被铁板隔开。若中间隔板有焊缝或有砂眼或裂纹时，可能会导致有载油枕油渗漏到本体油枕造成污染。

表1.25　油枕油中溶解气体数据　（单位：μL/L）

取样位置	H_2	CO	CO_2	CH_4	C_2H_6	C_2H_4	C_2H_2	总烃
本体油枕	17.45	536.76	2 815.83	26.66	9.21	13.67	5.91	55.45
有载油枕	18.52	50.95	448.68	8.38	1.68	19.65	94.22	123.92

但分析发现，本体油枕油中 C_2H_2 含量低于本体油中 C_2H_2 含量，且远低于有载油中 C_2H_2 含量，故排除有载油枕和本体油枕渗漏污染本体油的可能。

6. 有载开关油室油中溶解气体分析

该有载开关油室和变压器本体油中溶解气体数据见表 1.26。

表1.26　有载开关油室和变压器本体油中溶解气体数据　（单位：μL/L）

取样位置	H_2	CO	CO_2	CH_4	C_2H_6	C_2H_4	C_2H_2	总烃
有载油室（$C_{有载}$）	16 730.88	432.43	1 828.66	1 746.7	112.6	1 989.33	6 800.99	10 649.61
本体（故障前）	3.65	685.34	3 100.13	29.69	7.32	13.63	0	50.64
本体（故障后）	28.02	676.93	3 382.03	32.14	7.48	16.65	9.91	68.36
本体增量（$C_{增}$）	24.37	—	—	2.45	0.16	3.02	9.91	17.72
本体增量/有载开关油	0.001 457	—	—	0.001 403	0.001 421	0.001 518	0.001 457	—

若有载开关油内漏，对各特征气体来说则存在以下关系：

$$C_{增}\cdot(L_{本}+L_{漏})=C_{有载}\cdot L_{漏}$$

$$C_{增}/C_{有载}=L_{漏}/(L_{本}+L_{漏})=常数$$

式中　$C_{增}$——某特征气体在变压器本体中增量；

$C_{有载}$——某特征气体在有载开关油中含量；

$L_{本}$——变压器本体油体积；

$L_{漏}$——有载开关油漏入变压器本体的体积。

因为 $L_{本}$和 $L_{漏}$都分别相等，所以各特征气体的 $C_{增}/C_{有载}$应相等。而此案例中，各特征气体的 $C_{增}/C_{有载}$基本相等，故有载开关油内漏的可能性非常大。

（四）运检策略

根据变压器各部位油中溶解气体检测结果综合分析，有载开关油内漏的可能性较大，检修时，应该重点检查有载开关油室是否存在漏点。

（五）停电检修

根据运检策略，首先将变压器有载开关吊芯，清洁油室并静置一天后，发现有载开关油室底部渗入少量变压器油，即有载开关油室底部存在渗漏点，如图 1.27 和图 1.28 所示。

对存在漏点的有载开关整体更换，并对本体开展真空滤油处理。变压器投运之后，连续密切跟踪三个月，油色谱在线监测和取样化验室分析均未发现异常。验证变压器色谱异常原因是有载开关油内漏污染本体油所致。

由此完成了该变压器故障的状态检修过程：状态感知、诊断评估、制定策略、检修处理、效果验证。

图1.27　有载油室静置前

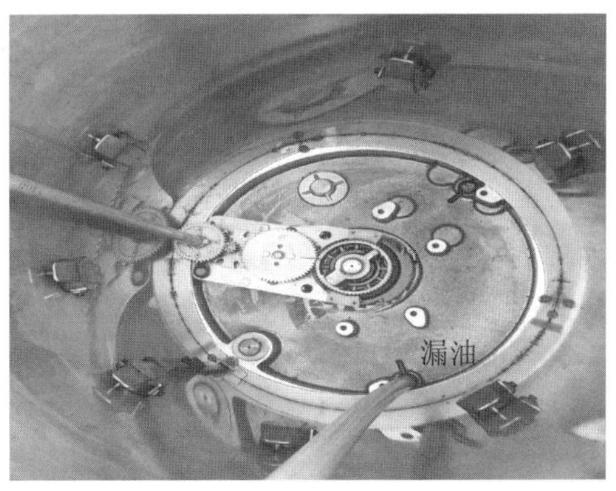

图1.28　有载油室静置后

（六）预防措施

（1）变压器油中溶解气体组分异常时，应结合变压器结构认真分析评估、制定策略，有针对性地指导检修工作。

（2）油中溶解气体分析技术，通常贯穿变压器故障的状态检修整个过程：状态感知、诊断评估、制定策略、检修处理、效果验证，在分析诊断中占据主导地位，应该重视取样时间节点、取样位置的设定。

（3）应用色谱分析来判断有载开关内漏时，除了使用标准中推荐的 C_2H_2/H_2 大于 2 的判据外，建议根据各特征气体的本体增量与有载开关油室的溶解气体含量的比值来判断，即比值 $C_{增}/C_{有载}$基本相等的方法来分析判断。

【案例7】基于油中溶解气体分析技术为主的110 kV××变电站110 kV 1号、2号主变真空有载分接开关乙炔超标（真空有载开关设计缺陷）状态检修案例

（一）案例摘要

在普查中发现 110 kV××变电站 1 号、2 号主变的真空有载分接开关绝缘油乙炔超标，因此进行吊芯检修和换油处理。由于检查、试验均未发现明显异常，且不影响运行，另外厂家出具说明函，说明此现象符合标准（IEC 60214—1：2014），因此综合决定主变恢复运行，继续跟踪监督有载分接开关油室乙炔增长情况。

跟踪复测发现乙炔再次增长、超标。再次停电检查、分析原因，发现分接开关的切换时序不合理，导致切换过程中本不应该承担开断或接通电流的转切触头 J 上出现电弧烧蚀现象，由此给出了合理化建议。

通过该案例得到的经验：在真空有载分接开关验收环节，应要求厂家提供分波形试验报告。

【关键词】真空有载分接开关；油中溶解气体分析技术；乙炔超标；切换时序。

（二）状态感知与检修处理

2019 年，在开展真空有载分接开关油色谱普查工作中，发现 110 kV××变电站 1 号、2 号主变两台 VCM 型真空有载分接开关油样乙炔超过注意值（乙炔含量分别达到 242.15 μL/L 和 306.29 μL/L）。

2019 年 7 月，在厂家技术人员指导下对 110 kV××变电站 1 号、2 号主变的真空有载分接开关吊芯检修和换油处理。

1. 吊芯检查情况

（1）外观检查。

外观检查发现切换开关顶部铜钨触头上有一微小凹坑，疑为放电点（图 1.29），厂家解释可能为切换时触头撞击或弹跳所致，不影响运行。其他真空泡、触头、弹簧机构等检查无异常，未发现明显放电点。

图1.29　切换开关顶部铜钨触头上痕迹

（2）试验检查。

检修前进行直流电阻、绝缘、切换波形试验且无异常。吊芯后对真空泡进行耐

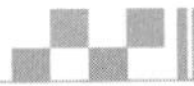

压试验、过渡电阻测试且无异常。装复后再次进行直流电阻、绝缘、切换波形试验，未发现问题。

2. 检查结论

（1）由于检查试验未发现明显异常，现场常规试验均合格，该切换开关暂时不影响运行。

（2）该切换开关经过后期改造，改造时不可能冲洗彻底，有乙炔残留；且该站原有载开关滤油机未拆除，与有载开关连接的阀门未关闭，也有可能是原滤芯中的残油污染导致有载开关油室中乙炔含量超过注意值。

（3）厂家出具说明函，认为从图 1.30（a）所示过程切换到图 1.30（b）所示过程时（图 1.30），当主触头 A 断开电流向主真空泡 V1 支路转移时，由于主真空泡支路串接有机械触头、软连接线等，回路电阻相对较大，负载电流流过此回路时在主触头断口两端会产生一定压降，此压降即为主触头断口上的恢复电压，因此，可能会在主触头上产生细小的火花，从而分解变压器油产生微量乙炔及其他气体，并随开关操作次数的增多逐渐累积。此现象符合标准（IEC 60214—1：2014）。

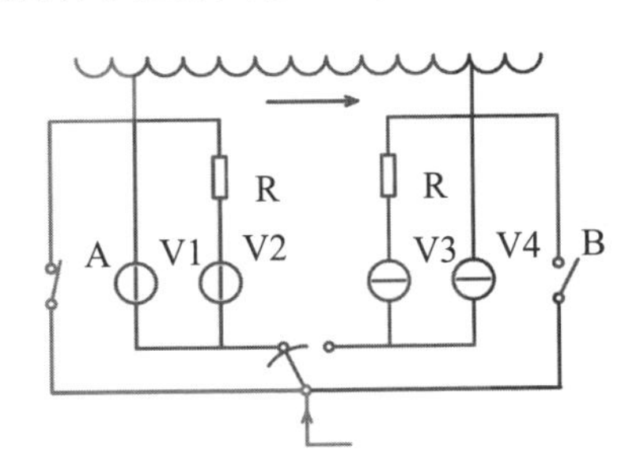

（a）断开侧主触头 A 断

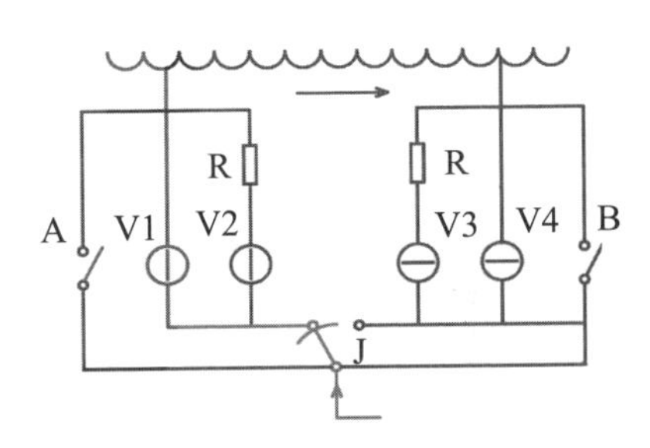

（b）电流转移到主真空管 V1 支路输出

图1.30　VCM型开关厂家对乙炔增长的说明

综合以上 3 点，决定主变恢复运行，继续跟踪监督有载分接开关油室乙炔增长情况。

（三）修后跟踪

110 kV××变电站 1 号、2 号主变真空有载分接开关绝缘油中乙炔含量跟踪情况，见表 1.27。

表1.27 110 kV××变电站1号、2号主变真空有载分接开关绝缘油中乙炔含量跟踪情况

设备名称	取样日期	乙炔含量/（μL·L⁻¹）	备注
110 kV××变电站 1 号主变真空有载分接开关	2019.6.13	242.15	
	2019.7.12	1.00	吊芯检查换油后
	2019.8.20	14.84	
	2019.9.24	21.98	
	2020.3.27	63.26	
	2020.6.23	106.94	
	2020.9.16	130.90	
110 kV××变电站 2 号主变真空有载分接开关	2019.6.13	306.29	
	2019.7.31	1.68	吊芯检查换油后
	2019.8.20	10.49	
	2019.9.24	16.75	
	2020.3.27	84.75	
	2020.6.23	109.24	
	2020.9.16	104.42	

（四）诊断分析

1. VCM 开关切换原理

VCM 型真空切换开关完整的动作程序如图 1.31 所示。触头动作分波形（粗线为复合波形）如图 1.32 所示。

VCM 型真空切换开关的真空管在中性点处串接有机械转切触头 J。真空管与转切触头 J 间采用“先断后通”的动作顺序，保证开断电弧在真空管内熄灭，所以正常情况下转切触头 J 应是无载切换，动作时不会有电弧或火花产生。

同时厂家在设计时，考虑转切触头 J 作为真空管损坏不能灭弧的后备保护，将转切触头 J 选用为铜钨触头，也具备一定的承受电弧烧蚀能力，在真空管因漏气或绝缘下降不能熄灭电弧时，在一定次数内可由转切触头 J 灭弧。

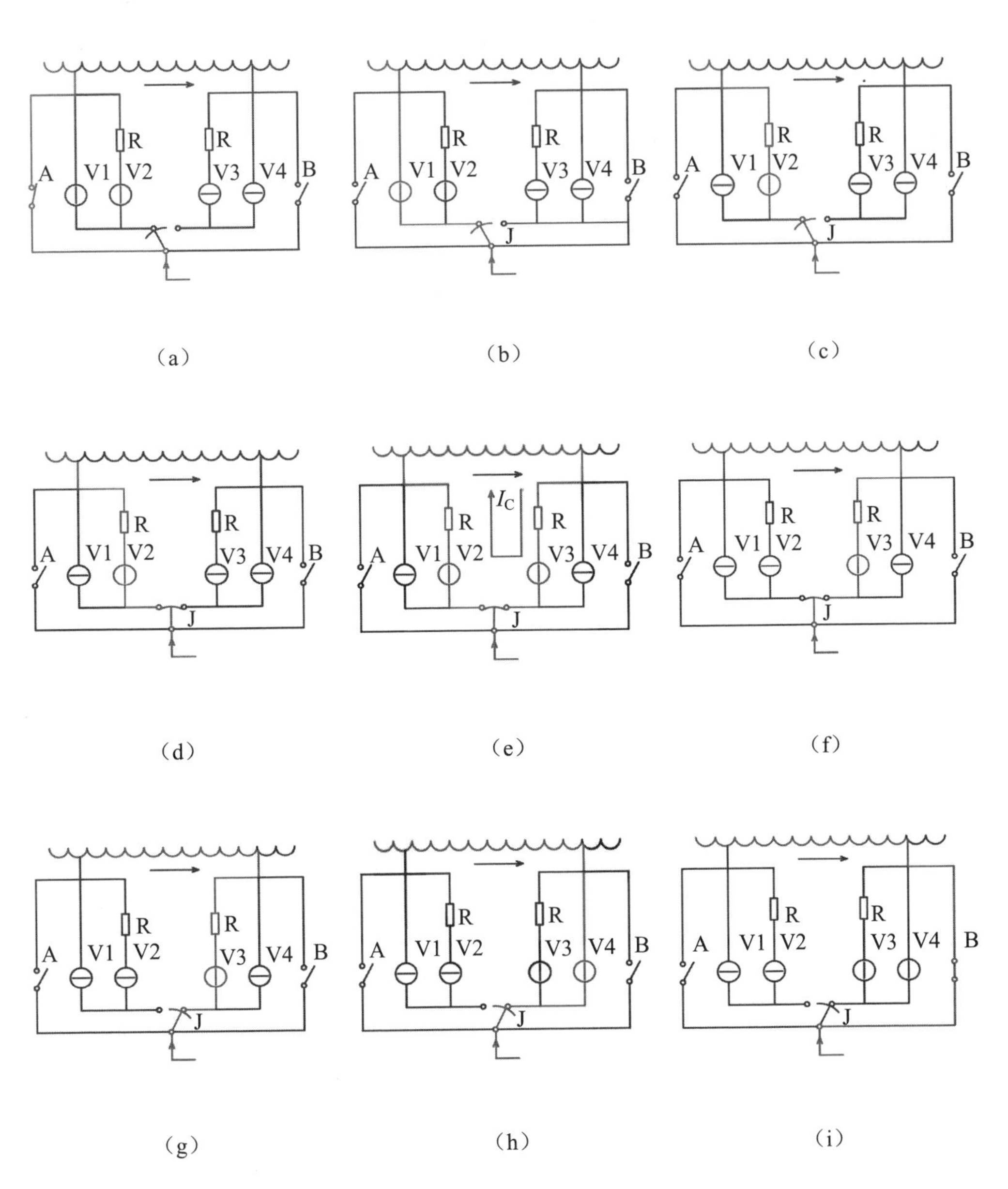

图1.31　VCM型开关完整的动作程序

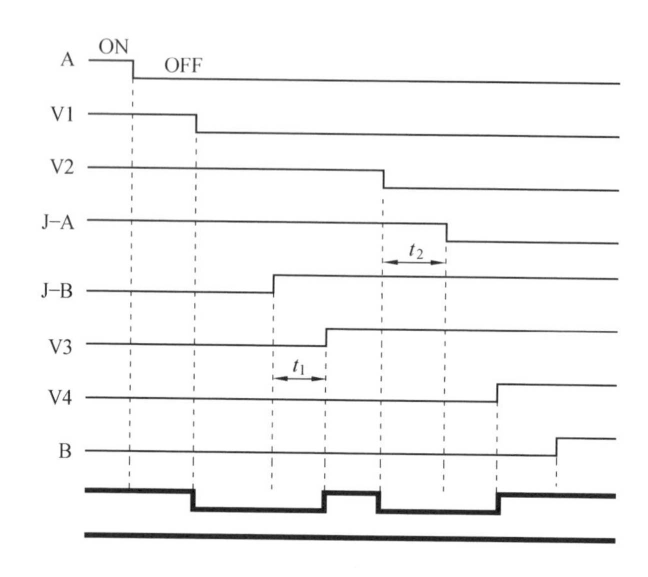

图1.32 触头动作分波形（粗线为复合波形）

2. 乙炔增长分析

正常情况下转切触头 J 上不应出现放电痕迹，但 2 台切换开关吊芯检查均发现转切触头 J 上有轻微放电烧蚀痕迹，显然切换开关出现了缺陷。

从开关切换原理可以看出转切触头 J 发生轻微电弧烧蚀有 3 种可能：

（1）真空管因漏气或绝缘下降不能熄灭电弧，而由转切触头 J 灭弧；因吊芯检查真空管无异常，故排除此可能。

（2）切换开关在切换过程中图 1.31（d）（e）所示的步骤中，切换程序错误，真空管 V3 先于转切触头 J 接通，或转切触头 J 发生弹跳，未完全接通时真空管 V3 已完全接通，即图 1.32 中 t_1 为负值或小于转切触头 J 弹跳时间（触头弹跳时间一般厂家控制为不大于 2～4 ms）。

（3）切换开关在切换过程中图 1.31（f）（g）所示的步骤中，切换程序错误，转切触头 J 先于真空管 V2 断开，或在 V2 真空管内电弧还未熄灭时，切换开关 J 即动作切断电弧，即图 1.32 中 t_2 为负值或小于真空管燃弧时间（$(1.2/2f)$ s=12 ms，其中 f 为频率）。

真空管灭弧是靠电流过零熄弧，所以熄弧最长的时间是半个周波即 10 ms，故在

《电力变压器用真空有载分接开关使用导则》（DL/T 1538—2016）5.3 条转切触头 J 的技术要求中规定“对于转切触头 J 与真空灭弧室配合来完成切换的，在切换过程中转切触头 J 应不开断和接通工作电流，与所串联的真空灭弧室在动作程序上有大于（1.2/2*f*）s 的配合时间。”其中，（1.2/2*f*）s =12 ms。

因为分接开关的切换程序或时间控制出现了错误，导致在切换过程中本不应该承担开断或接通电流的转切触头 J 上出现电弧烧蚀。

厂家在设计时将转切触头 J 作为真空管失效的后备保护，转切触头 J 选用熔点较高的铜钨触头，且前面所分析的 2 个可能中，转切触头 J 上产生的电弧均为桥接环流（环流大小由级电压和限流电阻确定，一般不大），故电弧烧蚀痕迹较轻微，短时间内不会导致开关故障而造成乙炔增长过快。

（五）运检策略

（1）联系厂家，提供一台同规格型号的切换开关芯子（出厂试验合格，重点考察分波形），替换××变电站 1 号主变有载分接开关。

（2）确定厂家是否具备现场测试分波形及调整切换程序时间等的能力，若无则应返厂测试分波形及进行其他试验检查，确定故障原因。

（六）预防措施

列入《南方电网公司反事故措施》的 2012 年 4 月至 2014 年 12 月生产的 ZVM 型真空分接开关频繁发生故障，厂家分析的原因为“2012 年 4 月～2014 年 12 月期间生产的转切触头 J 动静触头接触压力理论值为 94 N。2012 年 4 月，在原转切触头 J 基础上增加了 *R*2.5 圆角，导致弹簧压缩量减小，实际弹簧力仅 90.6 N，偏 94 N±5%下限。该批次转切触头 J 动触头设计压力安全裕度不足，加上弹簧等零部件制造误差致使弹簧压力偏小，运行过程中引发转切触头 J 烧损，进一步导致主载流触头电弧放电、有载开关重瓦斯保护动作。”

转切触头 J 不切换挡位时是不载流的，调挡时在约 60 ms 的切换过程中，实际承受工作电流的时间仅为 30 ms，如此短时间内仅接触压力不足就导致触头烧蚀，理由不充分。从烧蚀痕迹来看像放电烧蚀，估计也存在分接开关的切换程序或时间控制出现了错误，导致在切换过程中本不应该承担开断或接通电流的转切触头 J 上出现电弧烧蚀的情况。但不同于 VCM 型开关的是，ZVM 型开关的转切触头 J 是普通铜材质，不耐高温电弧烧蚀，多次电弧烧蚀后转切触头 J 动静触头不能接触，从而发生大电弧击穿烧损事故。

所以 5 台返厂检修的 ZVM 型真空开关也应要求厂家提供分波形试验报告。

其实真空开关与普通开关的区别，不仅仅是用真空管替代了原普通开关的弧触头，还串入了转切触头 J，真空管和转切触头 J 的配合程序和时间控制很重要。但真空开关诞生以来，由于是新事物，刚开始时相关的设计、制造和验收等规范还不完备，仍承袭普通开关的一套标准，所以出现了一些问题，但目前正在完善中。

从 VCM 和 ZVM 型真空开关的故障分析中可以看出，对于真空开关，分波形验收很重要。以前的复合波形测试和判断是针对普通开关开展的，普通开关由于只有 4 个切换弧触头，结构简单，所以复合波形即能满足要求。但对于真空开关来说，复合波形不能体现出真空管和转切触头 J 的配合程序，所以应检查其分波形是否符合要求。

目前各分接开关厂家的出厂试验报告中，其分波形均不出具具体的示波图和时间，仅仅写试验合格。所以需进一步明确分接开关的验收要求和相应规范，以切实管控设备健康水平。

【案例8】基于油中溶解气体在线监测技术为主的500 kV××变电站500 kV邑劝甲线高抗C相乙炔含量异常（上铁轭放电）状态检修案例

（一）案例摘要

综合利用绝缘油色谱在线、离线数据跟踪，带电监测，超声波局放分析，带电状态下振动测试，铁芯、夹件高频局放测试，停电内检及吊罩检查等多种测试监测手段，对设备故障进行判定。

通过该案例得到的经验：设备状态监测、技术监督中开展各专业协同诊断，基于多源异构数据驱动的设备故障状态感知与辩证论治，在设备状态检修过程中具有重要意义。

【关键词】高压电抗器；乙炔浓度超标；油中溶解气体分析技术；振动测试；高频局放测试

（二）状态感知

2020 年 9 月 2 日发现该设备在线和离线油色谱数据中，乙炔含量超过注意值。为提高对设备状态的管控力度，9 月 3 日后，将油色谱在线监测周期由 1 次/天修改为 4 次/天（检测时间节点分别为每天 7：00、13：00、19：00、1：00）。绝缘油中溶解气体分析数据见表 1.28。

表1.28　绝缘油中溶解气体分析数据　（单位：μL/L）

试验日期	H_2	CO	CO_2	CH_4	C_2H_4	C_2H_6	C_2H_2	总烃	测试方式
2020.06.30	18.29	67.24	195.63	3.12	0.45	1.07	0.00	4.65	离线
2020.09.01	18.20	96.83	266.20	2.71	0.45	0.34	0.00	3.50	在线
2020.09.02	21.24	137.77	502.55	9.91	2.09	6.95	1.96	20.91	在线
2020.09.03	28.32	155.02	534.19	11.05	2.14	7.21	2.17	22.57	在线
2020.09.04	38.40	174.53	469.31	12.38	2.08	7.15	2.10	23.71	在线
2020.09.04	31.59	160.48	486.64	11.03	2.09	7.27	2.16	22.55	在线
2020.09.04	31.49	159.41	486.68	11.47	2.15	7.45	2.23	23.31	在线
2020.09.04	34.59	169.96	492.77	12.09	2.57	7.62	2.24	24.53	在线
2020.09.05	34.32	163.75	502.27	12.10	2.30	7.78	2.36	24.55	在线
2020.09.05	38.72	177.67	518.59	12.22	2.35	8.04	2.43	25.04	在线
2020.09.05	37.11	178.33	533.10	12.20	2.49	8.36	2.43	25.48	在线
2020.09.05	42.55	186.68	610.21	13.40	2.78	9.26	2.79	28.24	在线
2020.09.06	39.00	187.05	574.35	14.63	3.19	9.40	2.74	29.95	在线

该设备的其他绝缘油试验数据（含气量、水分、介质损耗、绝缘强度、闭口闪点等）均合格。投运后历次开展的直流电阻、绝缘电阻、介损、交流耐压、局放等试验数据经分析，未发现异常。

过电压查询：调取 500 kV××变电站 5 km 范围内 6 月 23 日～9 月 5 日期间的雷电定位系统数据，未发现落雷情况。经核实，对侧±500 kV 禄劝换流站直流调试工作已结束，6 月 20 日已正式运行，因此不涉及因直流试验调试引起交流过电压情况。

根据油中溶解气体分析技术判断：总烃不高，乙炔超标且持续增长，C 相高抗内部存在局部放电故障。据此在不停电状态下，开展局部放电检测、振动特性测试，通过多维度的状态感知，帮助诊断分析和决策制定。

1. 局部放电带电测试

2020 年 9 月 5 日至 9 月 7 日，对该高抗开展局部放电超声波、高频电流信号检测。该高抗 C 相超声信号幅值定位点，如图 1.33 所示。

（1）超声波测试与幅值定位。

现场布置接触式超声波传感器，经全方位普测后，确定 C 相高抗现场超声局放幅值最大位置如图 1.33 所示，其幅值大于 100 mV，超声信号图谱如图 1.34 所示。对 A 相（图 1.35）和 B 相（图 1.36）进行全方位普测，所有部位的超声幅值都小于 10 mV，图谱特征基本相同。

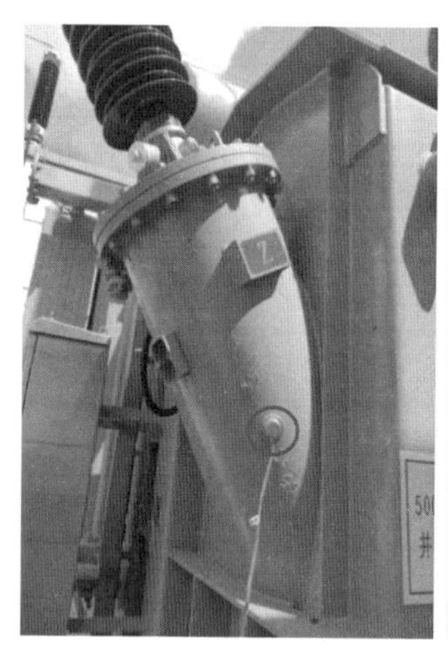

图1.33　该高抗C相超声信号幅值定位点

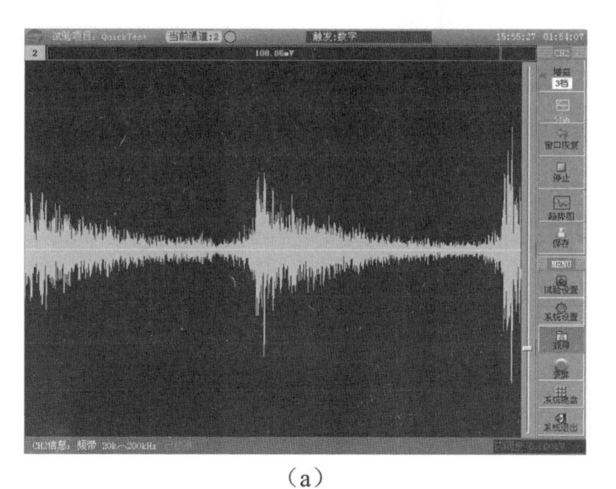

（a）

（b）

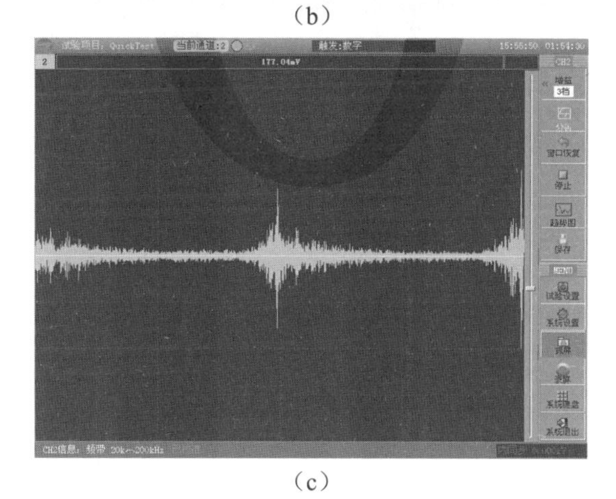

（c）

图1.34　该高抗C相超声信号图谱（3个测试点）

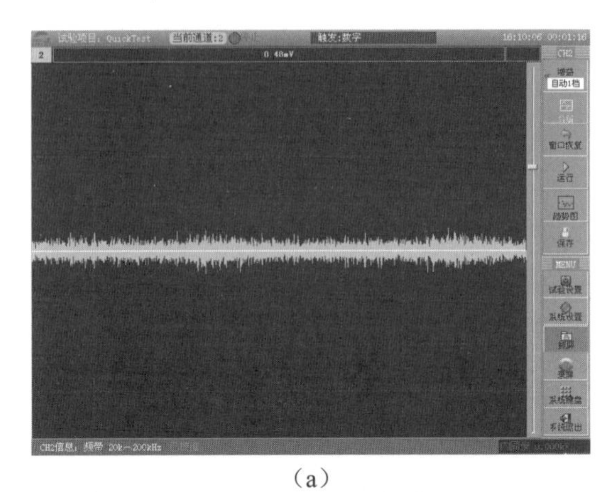

（a）

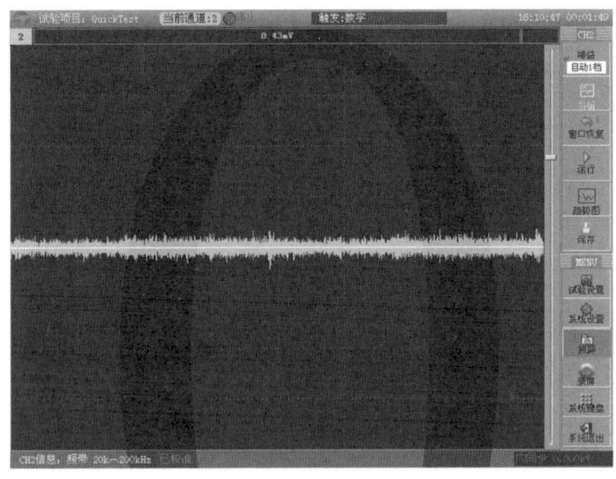

（b）

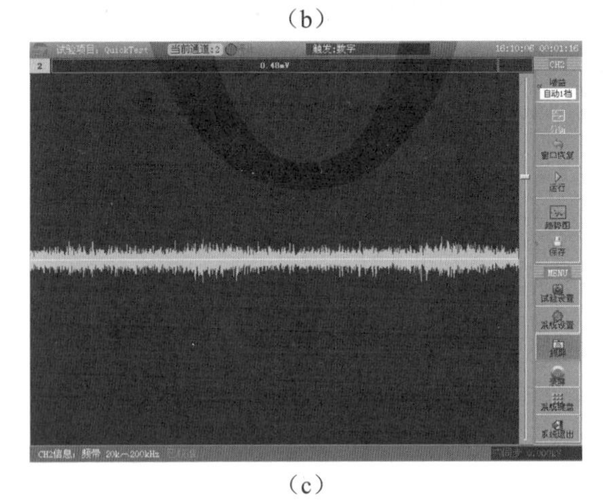

（c）

图 1.35　该高抗 A 相超声信号图谱（3 个测试点）

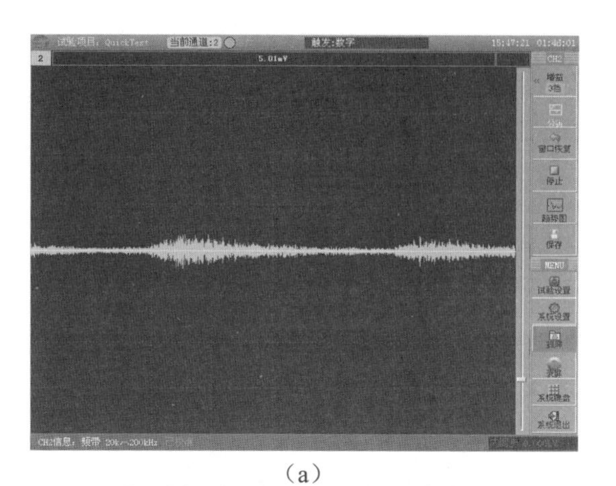

（a）

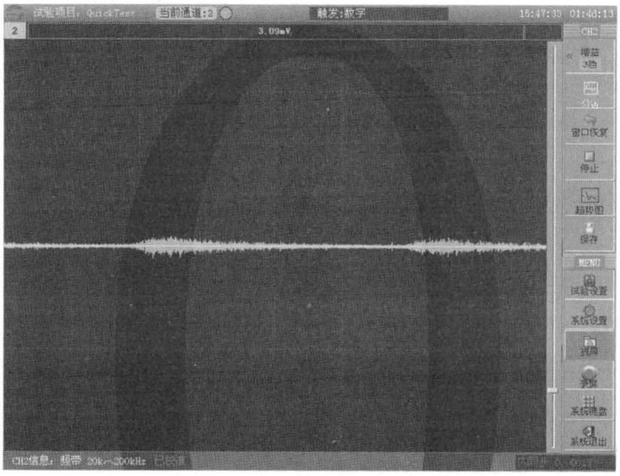

（b）

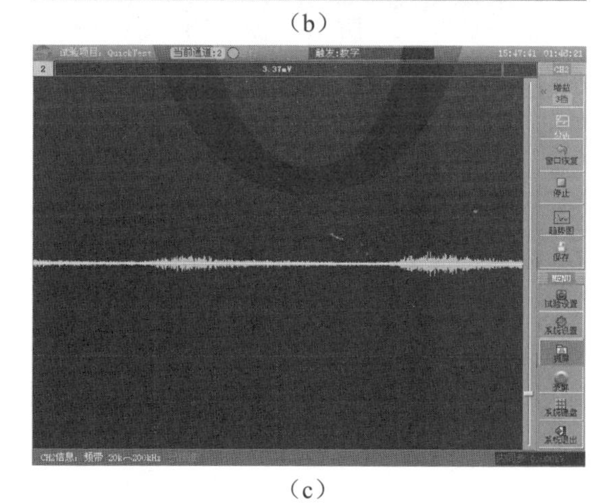

（c）

图 1.36　该高抗 B 相超声信号图谱（3 个测试点）

（2）高频测试与幅值定位。

高抗 HFCT 高频脉冲电流传感器安装图，如图 1.37 所示。选取 40～300 kHz、1～5 MHz、10～20 MHz 三个频带，对高抗进行高频局放测试，在铁芯接地线检测到局放信号。A 相、B 相未检测到局放信号。

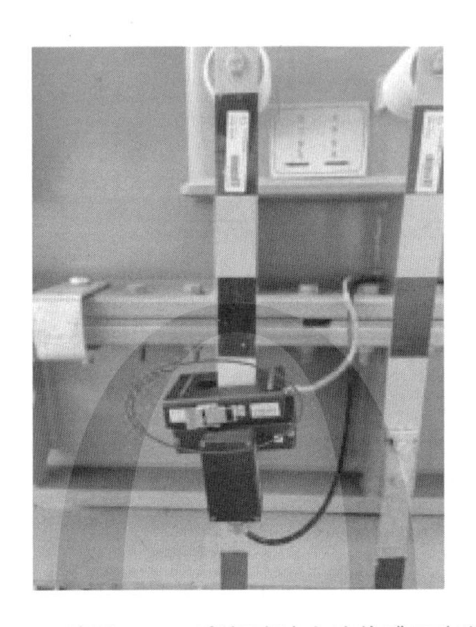

图 1.37　高抗 HFCT 高频脉冲电流传感器安装图

频带 40～300 kHz 下 C 相高频局放信号图谱，如图 1.38 所示。频带 1～5 MHz 下 C 相高频局放信号图谱，如图 1.39 所示。频带 10～20 MHz 下 C 相高频局放信号图谱，如图 1.40 所示。

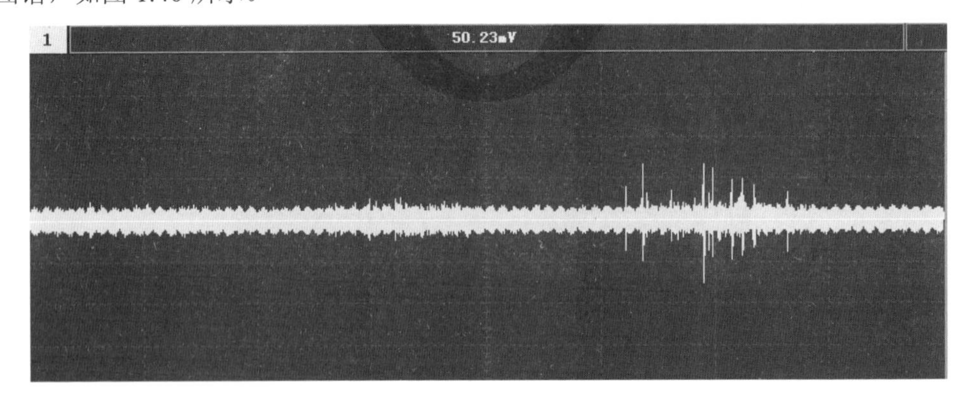

图 1.38　频带 40～300 kHz 下 C 相高频局放信号图谱

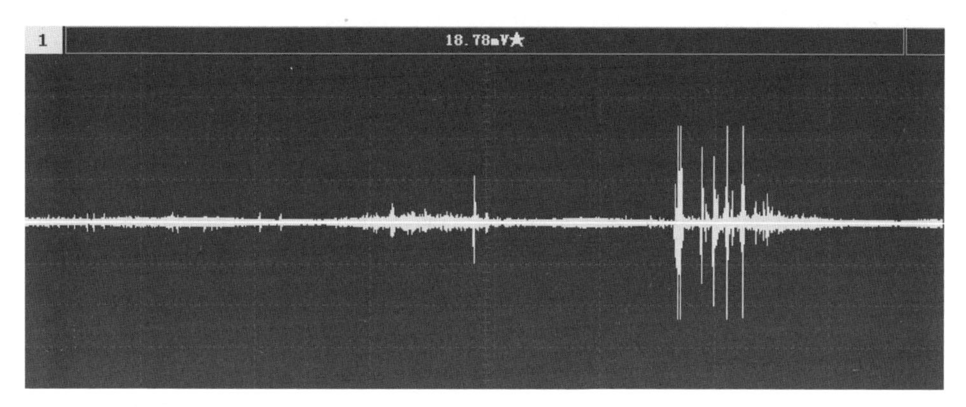

图 1.39　频带 1～5 MHz 下 C 相高频局放信号图谱

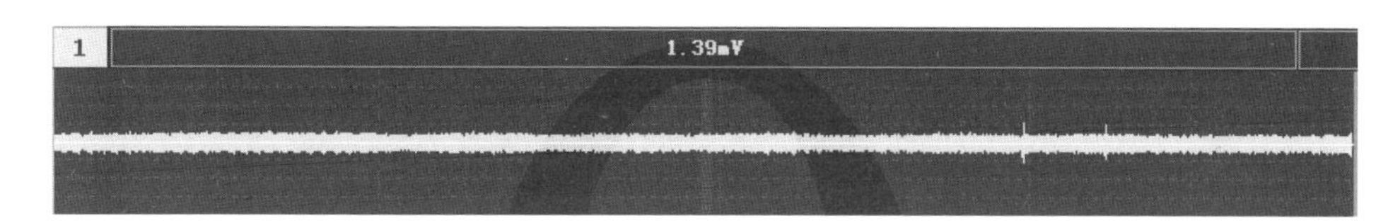

图 1.40　频带 10～20 MHz 下 C 相高频局放信号图谱

2. 振动特性带电测试

在带电运行状态下开展振动测试，高抗振动传感器布点位置如图 1.41 所示，A 相和 B 相则选取 C 相每个面最大值进行比对复测。

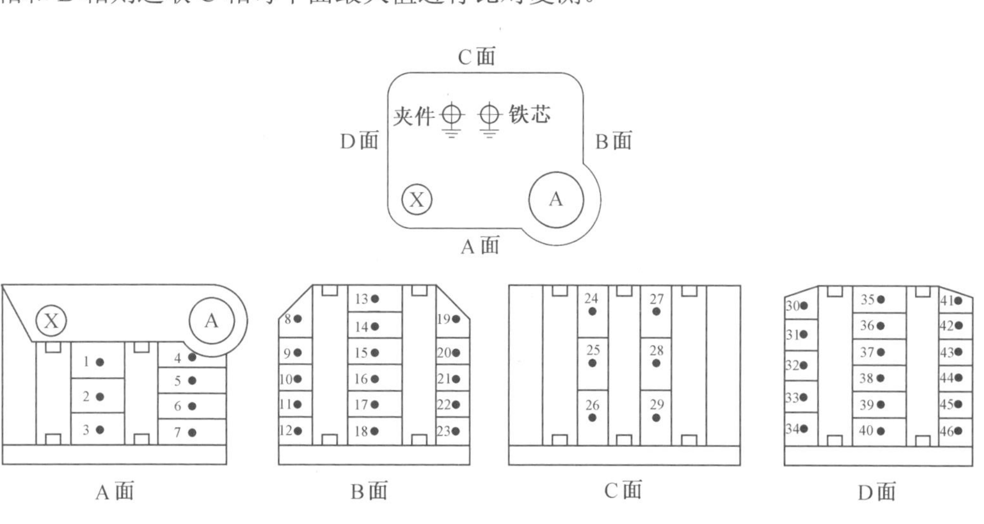

图 1.41　高抗振动传感器布点位置示意图

经振动测试发现，该相高抗各布点振动加速度明显高于其余两相，且存在大量高频杂波，表明高抗内部存在部件松动，导致振动信号增强。三相高抗 A 面和 B 面时域最大振动加速度图谱，如图 1.42 所示。三相高抗 C 面和 D 面时域最大振动加速度图谱，如图 1.43 所示。三相高抗 A 面频域图谱，如图 1.44 所示。

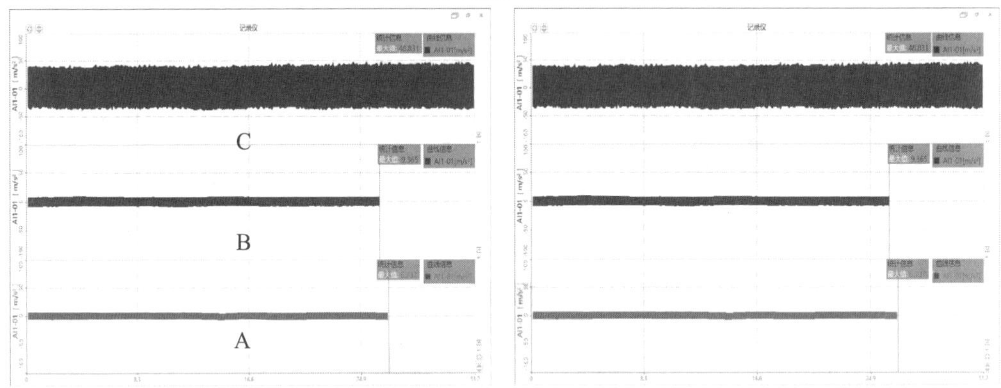

图 1.42　三相高抗 A 面和 B 面时域最大振动加速度图谱

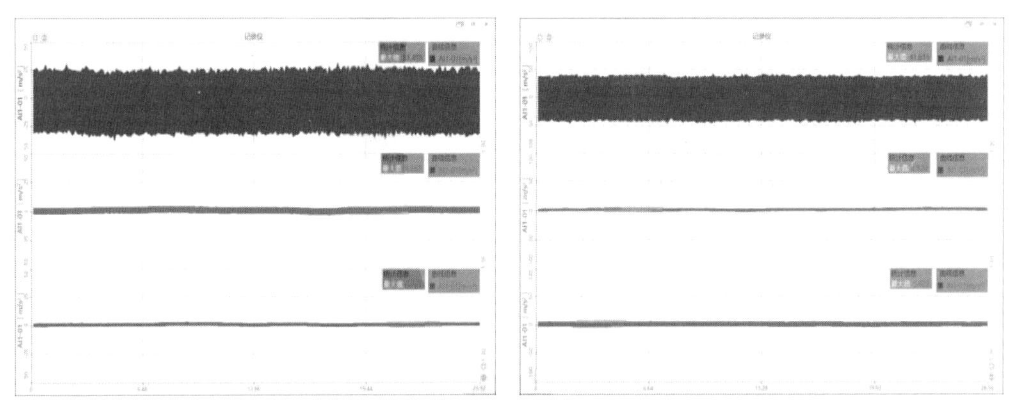

图 1.43　三相高抗 C 面和 D 面时域最大振动加速度图谱

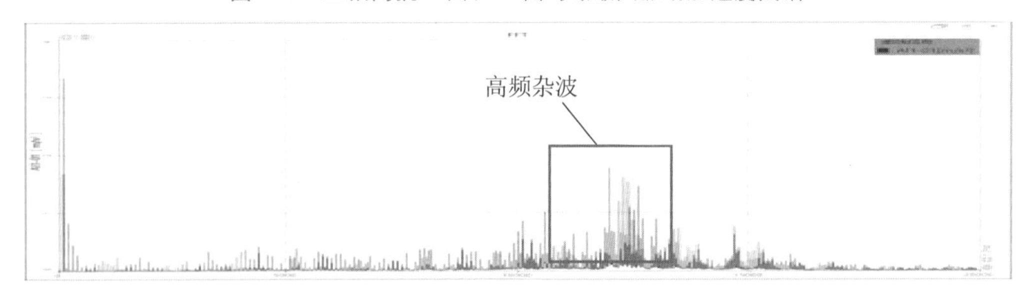

图 1.44　三相高抗 A 面频域图谱

（三）诊断评估

1. 阈值诊断

根据《电力设备预防性试验规程》（Q/CSG 1206007—2017）中 500 kV 油浸式电抗器运行油中溶解气体注意值（总烃≤150 μL/L、H_2≤150 μL/L、C_2H_2≤1 μL/L、油中含气量≤5%）判断：该电抗器本体乙炔含量大于 1 μL/L，且乙炔持续增长，表明设备内部存在故障。

2. 比值诊断

根据《变压器油中溶解气体分析和判断导则》（DL/T 722—2014）中三比值法进行诊断，编码为 102，故障类型为电弧放电。

3. 趋势判断

各气体含量及总烃含量（30 μL/L 以内）都不高，表征故障及其变化趋势的特征气体乙炔增长速率缓慢。从 9 月 4 日至 9 月 5 日的检测结果看，乙炔增长与时间序列无明显相关性，但是增长不是持续的（数据规模较小，该分析可能有偏差）。

4. 局部放电指纹诊断

通过检测到的超声波、HFCT 高频脉冲电流信号图谱指纹特征可推断：该放电故障的放电能量不强，呈间歇性放电。

5. 振动特性诊断

经振动测试发现，C 相高抗各布点振动加速度明显高于 A 相、B 相，且存在大量高频杂波，表明高抗内部存在部件松动。

小结：500 kV 邑劝甲线高抗 C 相本体内部存在局部放电故障和内部器件松动现象。内因和外因综合分析可知，乙炔超标原因可能是高抗振动引起内部地电位连接紧固件或高压套管均压环固定弹簧螺栓松动，产生微量乙炔。

（四）检修策略

（1）建议立即停电处理，阻止局放对设备的破坏。停电前每天跟踪监测 500 kV 邑劝甲线高抗运行声音、油色谱数据（在线和离线）、油温、绕温、红外测温、铁芯和夹件接地电流及瓦斯集气盒状态，发现异常变化及时上报。修试专业部门编写方案，做好停电检修准备。运行部门做好随时停电的准备。

（2）停电后立即将 C 相电抗器运送到检修试验车间，按照方案进行吊罩检修。

（3）开展 C 相高抗的排油内检时，重点检查套管均压球螺杆紧固位置、铁芯和夹件等部件的地电位固定螺栓是否有松动或放电痕迹。A 相、B 相高抗视 C 相高抗内检情况再确定是否内检。

（五）停电检修

9 月 15 日对该电抗器计划停电，并按照方案开展吊罩检查。

1. 检查异常情况

经检查，线圈、器身未见明显异常，现场检查异常情况如下。

（1）铁芯压紧系统拆卸压力为 29 MPa（出厂值为 36 MPa），减小约 20%。

拆卸铁芯压紧系统，如图 1.45 所示。拆卸压力值，如图 1.46 所示。

图 1.45　拆卸铁芯压紧系统

图 1.46　拆卸压力值

（2）相间隔板与下铁轭接触处存在 5 处黑色印迹。

黑色印迹 1，如图 1.47 中框选位置所示。黑色印迹 2，如图 1.48 中框选位置所示。

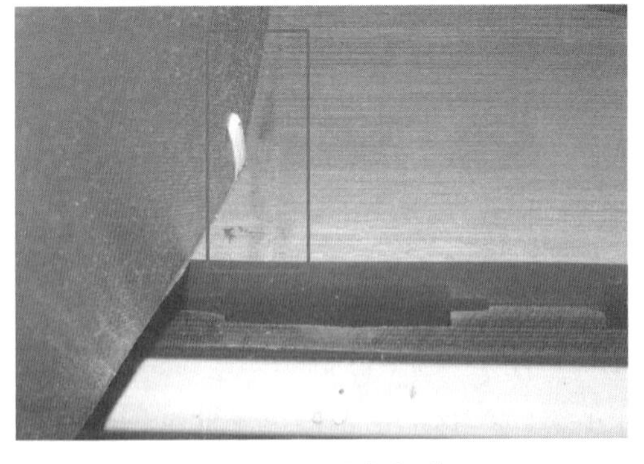

图 1.47　黑色印迹 1

图 1.48　黑色印迹 2

（3）由上至下第五个铁芯饼下部真空固化胶表面开裂。

真空固化胶开裂，如图 1.49 所示。真空固化胶发黑，如图 1.50 所示。

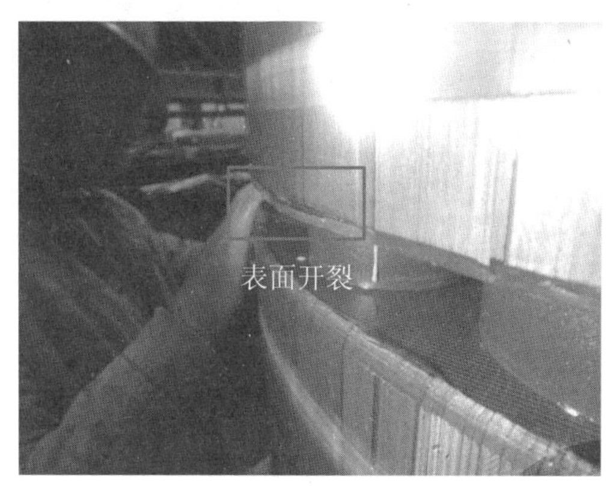

图 1.49　真空固化胶开裂

图 1.50　真空固化胶发黑

2. 异常情况分析

（1）针对异常情况 1。

通过查看分析《生产过程工序检验记录》《电抗器器身绝缘装配操作检查记录》《电抗器总装配操作检查记录》等，产品的制造过程全工序均未发现异常，符合制造厂的技术要求。

然后对出现压紧力不足现象的原因进行分析。

产品制作时芯柱压紧有三次工序：第一次为产品出炉总装时压紧芯柱，此时为热状态；第二次产品注油静放 120 h 后压紧芯柱，此时产品为冷状态；第三次为产品试验后吊芯检查，对铁芯饼复压。

三次铁芯压紧工序均需关注液压机压紧力。产品在试验时压紧力满足要求，产品厂内试验噪声振动合格；产品复压时，操作不到位使得螺母发生卡顿，压紧力不能有效加压至铁轭以及铁芯饼上，加之产品经过长途运输，使得产品结构件的配合状态发生了微小改变，铁芯芯柱压紧螺杆的状态也发生了微小改变，因此压紧力衰减，产品现场投运后出现噪声，振动异常。

（2）针对异常情况 2。

对高抗解体后提取了样本，立即送至化验室进行化验分析。

测试取回样本，如图 1.51 所示。化验分析，如图 1.52 所示。

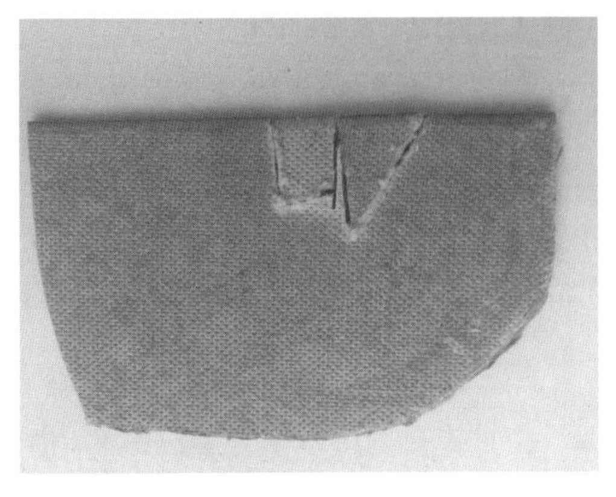

图 1.51　测试取回样本

图 1.52　化验分析

电镜能谱采集位置 1，如图 1.53 所示。采集位置 1 处能谱化学成分，见表 1.29。

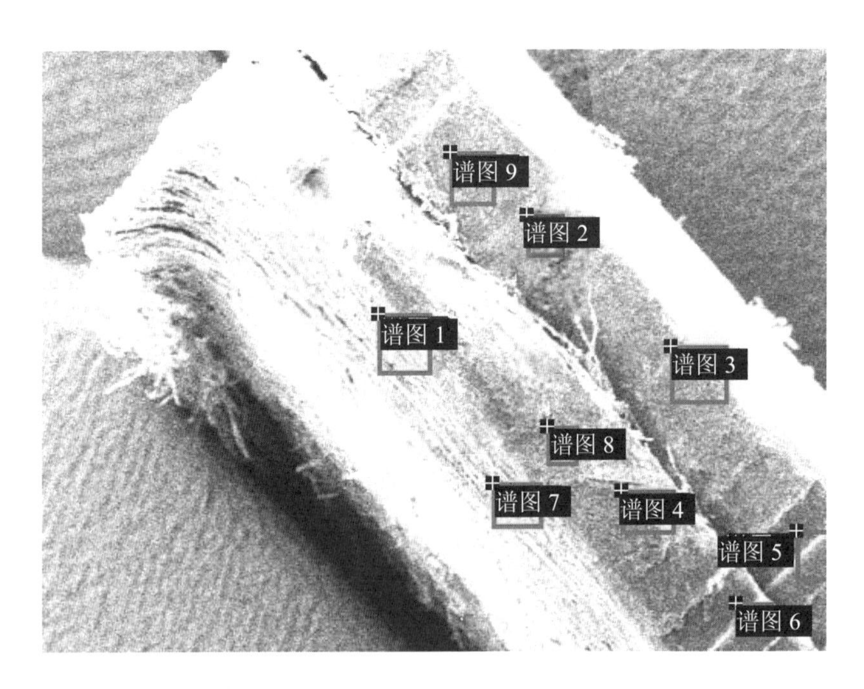

图 1.53　电镜能谱采集位置 1

表1.29　采集位置1处能谱化学成分　　　　（单位：%）

谱图	C	O	Na	S	Cl	K	Fe
谱图 1	53.11	45.91	0.58	—	0.22	0.18	—
谱图 2	56.12	42.23	0.72	—	0.51	0.42	—
谱图 3	57.91	39.36	1.03	—	0.69	0.65	0.36
谱图 4	56.19	42.28	0.64	—	0.40	0.24	0.24
谱图 5	52.13	47.09	0.30	0.12	—	—	0.37
谱图 6	55.07	43.88	0.49	—	0.19	0.14	0.22
谱图 7	52.06	47.15	0.40	—	0.21	0.18	—
谱图 8	53.49	45.73	0.40	—	0.16	—	0.22
谱图 9	54.38	44.32	0.69	—	0.35	0.25	—
最大	57.91	47.15	1.03	0.12	0.69	0.65	0.37
最小	52.06	39.36	0.30	0.12	0.16	0.14	0.22

电镜能谱采集位置 2，如图 1.54 所示。采集位置 2 处能谱化学成分，见表 1.30。

图 1.54　电镜能谱采集位置 2

表1.30　采集位置2处能谱化学成分　（单位：%）

谱图	C	O	Na	Cl	K	Fe	Cu	Zn
谱图 1	52.62	46.34	0.72	0.32	—	—	—	—
谱图 2	53.10	46.93	—		—	—	—	-0.03
谱图 3	55.06	43.37	0.83	0.51	0.24	—	—	—
谱图 4	54.20	44.67	0.50	0.33	0.30	—	—	—
谱图 5	52.95	45.98	0.64	0.23	0.20	—	—	—
谱图 6	55.66	43.47	0.47	0.20	0.21	—	—	—
谱图 7	51.30	48.39	—	—	—	0.31	—	—
谱图 8	54.01	45.26	0.37	0.18	0.19	—	—	—
谱图 9	50.62	49.11	0.26	—	—	—	0.01	—
谱图 10	49.96	49.72	0.23	0.09	—	—	—	—
谱图 11	51.82	47.53	0.54	0.12	—	—	—	—
谱图 12	53.52	45.74	0.38	0.18	0.18	—	—	—
最大	55.66	49.72	0.83	0.51	0.30	0.31	0.01	-0.03
最小	49.96	43.37	0.23	0.09	0.18	0.31	0.01	-0.03

根据送检绝缘纸板能谱分析结论“检测结果显示绝缘纸板焦黑边缘存在少量的Na、Fe、Cl、K 元素，不影响绝缘纸板的整体绝缘性能，初步认定该绝缘纸板无异常现象”，结合现场擦拭以后黑色痕迹可擦除的特性，可以推断黑色痕迹应该不是由纸板放电形成的，判断黑色印迹为油泥。由于 C 相高抗运行振动较大，该油泥可能由纸板运行过程中与下铁轭端面摩擦产生。

（3）针对异常情况 3。

根据制造厂工艺（电抗器铁芯饼制造工艺 HB/Q.05.422—2004）要求，如果铁芯饼表面树脂层开裂，用锉刀等工具处理成“V”字形，清理干净后，浇注“HH”胶常温固化成型。制造厂确认局部开裂发黑等问题是生产过程中树脂层局部开裂修补后留下的痕迹，对高抗的安全稳定运行不会造成不良影响。

小结：500 kV××变电站邑劝甲线 C 相高抗异常的主要原因为：铁芯压紧系统压紧力未达到设计要求值，运行过程中铁芯饼带动上铁轭振动导致高抗振动异常，同时，上铁轭与短片可能存在接触不良，造成低能放电。

3. 检修效果

500 kV××变电站邑劝甲线A相、B相、C相电抗器返厂检修时，所有规定的检查、试验均合格，尤其涉及异常情况的检查项目都满足要求。投运后按照规定周期进行设备状态检测，未发现异常。这证明综合分析推断正确，检修效果良好。

（六）预防措施

随着电网规模不断扩大，设备运维呈现故障类型多样化、监测手段全面化的趋势。针对现有的技术监测手段及测试方法，对各专业协同配合、综合分析研判提出了更高的要求。

因此，应将经验教训反馈到全生命周期管理有待优化的环节中，以不断提升人员的管理水平。

（1）监造。应明确设备制造厂监造要点及重点关注事项，并定期滚动更新。监造人员在制造厂进行监造过程中，发现试验数据明显偏差时应向厂家提出疑问，并要求厂家书面解释或整改。例如，此次监造人员就应该重点关注或要求现场见证铁芯压紧系统的压紧力是否达到设计要求值。

（2）验收。应该严格按照验收规程中所有条款要求进行验收，能够量化的要求，尽量依据规程量化。

（3）运维。传统的故障检修或预试检修，已经不满足当前电网安全稳定运行的需求，差异化、精益化的状态检修是时代的召唤。

【案例9】基于绝缘油中含气量检测技术为主的500 kV××变电站500 kV仁厂乙线高压并联电抗器C相含气量异常（旁通阀关闭不严）状态检修案例

（一）案例摘要

500 kV××变电站仁厂乙线高压并联电抗器C相，状态评价级别为正常。运行到2020年4月10日，油中含气量异常增长。随后缩短周期每次进行取样分析，2020年5月11日油中含气量超过注意值。后续跟踪发现油中含气量持续增长，油色谱无异常变化。

通过综合诊断分析与不停电现场检查，确定该电抗器内部不存在放电或发热，含气量增长原因是顶部密封不严导致空气进入。根据诊断评估结果制定了检修运维策略和停电检修时需要注意的事项。

通过计划停电检查和试验发现，储油柜旁通阀的阀芯损坏导致关闭不严，其他未发现异常。

通过该案例得到的经验：油中含气量可以有效反映设备密封性能，每一项技术都有独特的优势特长，应该充分挖掘与利用，共同为电力设备的监督、检修、评价提供技术支持。在设备状态检修过程中，设备状态全景感知、充分挖掘参量与故障的映射关系是设备管理的基础核心。

【关键词】油中含气量；油色谱；旁通阀；密封不严；状态检修。

（二）状态感知

2020 年 4 月 10 日，500 kV××变电站仁厂乙线高压并联电抗器 C 相油中含气量异常增长。随后缩短周期每次进行取样分析，2020 年 5 月 11 日油中含气量超过注意值。该高压并联电抗器的 A 相、B 相各项试验数据都在合格范围内且无异常增长。

后续绝缘油跟踪复测发现：油中含气量持续增长，油中溶解气体各组分均在较低浓度且无异常增长，绝缘油简化试验（水分、介质损耗、绝缘强度、闭口闪点等）均合格。

绝缘油中含气量检测数据，见表 1.31。绝缘油中溶解气体检测数据，见表 1.32。

表1.31　绝缘油中含气量检测数据

检测日期	CO/（$\mu L \cdot L^{-1}$）	CO_2/（$\mu L \cdot L^{-1}$）	O_2/（$\mu L \cdot L^{-1}$）	N_2/（$\mu L \cdot L^{-1}$）	含气量/%	O_2/N_2
2020.04.10	449.14	3 139.33	11 552.96	33 250.08	4.58	0.35
2020.05.11	668.99	4 243.31	15 624.38	47 373.29	6.43	0.33
2020.06.14	685.76	5 257.74	18 269.67	59 335.94	7.91	0.31
2020.07.08	763.16	5 057.48	18 409.21	52 525.62	7.68	0.35
2020.08.12	696.02	4 728.90	13 716.90	71 999.13	9.12	0.19
2020.09.10	534.91	3 981.90	14 435.12	50 073.09	6.90	0.29

表1.32　绝缘油中溶解气体检测数据　（单位：μL/L）

检测日期	H_2	CO	CO_2	CH_4	C_2H_4	C_2H_6	C_2H_2	总烃
2020.04.10	4.39	449.14	3 139.33	41.78	0.46	1.06	0	43.30
2020.05.11	4.50	668.99	4 243.31	41.19	0.44	0.99	0	42.62
2020.06.14	4.23	685.76	5 257.74	41.88	0.46	1.02	0	43.36
2020.07.08	4.34	763.16	5 057.48	41.98	0.46	1.02	0	43.46
2020.08.12	4.39	696.02	4 728.90	42.28	0.46	1.02	0	43.76
2020.09.10	4.39	534.91	3 981.90	43.28	0.48	1.06	0	44.82

（三）诊断评估

1 诊断分析

查阅历史记录可知，该电抗器验收时未发现异常，交接试验时油中含气量为 0.5%，密闭试验、真空注油和热油循环工艺都严格按照规范执行，满足标准要求。2013 年 4 月投运以来，未出现任何缺陷，历次试验、检修未发现异常。

2020 年 4 月 10 日，该电抗器 C 相本体绝缘油中含气量异常增长且超过注意值 3%，可判断设备存在故障。根据连续的油中溶解气体测试结果分析，各组分均在较低浓度且无异常增长，表明设备内部未发生放电或发热故障。再结合油中溶解气体成分，氮气、氧气及二氧化碳占比远大于其他成分，表明含气量增长的主要原因是密封不良导致空气进入。

2 不停电检查

（1）在线监测装置检查。

该电抗器三相均安装了油色谱在线监测装置，对载气（氮气）、气路、输油管进行检查确认：全路段的进油输油管、回油输油管、连接阀门都不存在渗漏油现象，也不存在油色谱在线监测装置故障导致载气通过输油管进入电抗器本体的可能性。

（2）不停电现场检查。

在不停电状态下，进行现场检查：未发现电抗器油箱和油路管道存在渗漏油现象，也未发现呼吸器油位不足、干燥剂异常或部件损坏问题。

结合诊断分析可推断：该电抗器 C 相因顶部密封不良导致空气进入。

（四）运检策略

根据上述状态感知与状态分析，制定了运检策略和停电检修时需要注意的事项。

（1）立即停电检查。重点检查电抗器 C 相顶部密封情况：储油柜胶囊是否破损、胶囊口法兰密封性、储油柜旁通阀（联通阀）是否关闭不严等。

（2）对电抗器内部绝缘进行检查、试验，考察是否因外部空气进入导致绝缘性能下降。如果受潮不满足绝缘要求，应该返厂进行干燥。

（3）重新对电抗器进行整体密封检查试验。在油枕顶部施加 0.035 MPa 压力，试验持续 24 h，检查有无渗漏。

（4）重新进行真空注油和热油循环。在停电前应该在现场备好合格的备用油。

（五）停电检修

停电检查储油柜旁通阀时，发现因阀芯损坏导致关闭不严，如图 1.55 所示。其他未发现异常。各项高压试验均合格，绝缘性能满足规程要求。更换储油柜旁通阀后（图 1.56），在后续密封试验中，未发现异常。这表明含气量增长的原因为旁通阀关闭不严。

图 1.55　储油柜旁通阀关闭不严

图 1.56　更换后的储油柜旁通阀

滤油前，备用油中含气量为 7.33%，本体油中含气量为 5.65%，储油柜油中含气量为 6.02%。真空滤油 4 h 后，本体油中含气量为 0.26%，滤油机出口处油中含气量为 0.16%。真空滤油 8 h 后，本体油中含气量为 0.22%，滤油机出口处油中含气量为 0.14%。真空注油和热油循环后，各项试验都满足投运要求。投运后，持续开展绝缘油周期取样检测，油中含气量、油色谱、油中水分均无异常，确认检修效果满足预期。

（六）总结

随着电网规模不断扩大，设备运维呈现出故障类型多样化、监测手段全面化的趋势。针对现有的技术监测手段及测试方法，对各专业协同配、合综合分析研判提出了更高的要求。每一项技术都有独特的优势特长，应该充分挖掘与利用，共同为电力设备的监督、检修、评价提供技术支持。换而言之，设备状态全景感知、充分挖掘参量与故障的映射关系是设备管理技术的核心，大数据分析、智能诊断、状态预测是设备管理技术的发展方向。

【案例10】基于铁芯接地电流测试技术的110 kV××变电站110 kV 1号主变多点接地故障状态检修案例

（一）案例摘要

110 kV××变电站 1 号主变油中溶解气体分析结果正常，但是铁芯接地线环流值 4.78 A 超过了注意值。

为了对该主变铁芯多点接地原因进行分析，打开 1 号主变铁芯接地小瓷套，检查接地引出线与铁芯上夹件之间的连接部分，发现铜垫片与上夹件之间有接触。对其进行调整处理，使其恢复正常，最终处理了 1 号主变铁芯多点接地故障。

【关键词】铁芯接地电流；多点接地；限流电阻。

（二）状态感知与诊断评估

110 kV××变电站 1 号主变油中溶解气体分析结果正常，但是近期测量的铁芯接地线环流值 4.78 A 超过了注意值（0.1 A）。铁芯接地引线螺栓结构图，如图 1.57 所示。

110 kV××变电站 1 号主变长期处于运行状态，由于振动和铁芯夹件设计问题，使得铁芯接地引线压紧螺栓上的铜垫片与上夹件表面接触，导致铁芯多点接地。正常情况下铁芯接地引线螺栓上的铜垫片与上夹件之间有一定的间隙（2～4 mm），如图 1.58 所示。

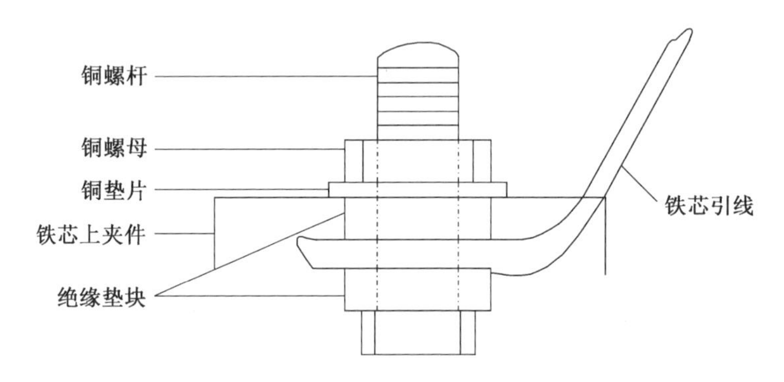

图 1.57 铁芯接地引线螺栓结构图

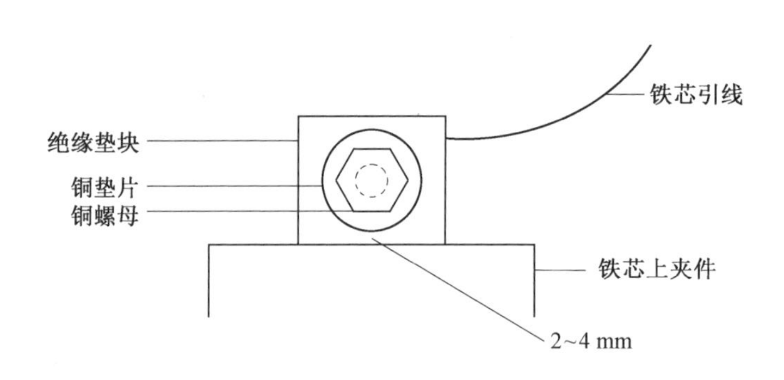

图 1.58 铁芯接地引线螺栓的铜垫片与上夹件之间的间隙

（三）检修处理

最开始尝试对该主变采用电容放电法来处理多点接地缺陷，但都没有效果。为防止变压器铁芯的接地环流过大而导致铁芯过热或烧坏铁芯，决定在变压器的铁芯接地引出线上串联限流电阻，将铁芯接地环流限制在 0.01～0.1 A。为了计算选择限流电阻，在主压器现场拉开接地刀闸，对铁芯的感应电势进行了测量，结果见表 1.33。

表1.33　拉开接地刀闸，对铁芯的感应电势测试结果

主变名称	环流值（I_0）	感应电势（V_0）
××变电站 1 号主变	4.78 A	0.014 V

设感应电势为 V_0，环流为 I_0，铁芯电阻为 R_0，限流电阻为 R_X，串联电阻后环流为 I_X，则需要加装的限流电阻计算如下：

加装限流电阻前（图 1.59）：

$$R_0 = \frac{V_0}{I_0}$$

加装限流电阻后（图 1.60）：

$$R_X = \frac{V_0}{I_X} - R_0$$

其中，I_X 根据要求，取值在 0.01～0.1 A。

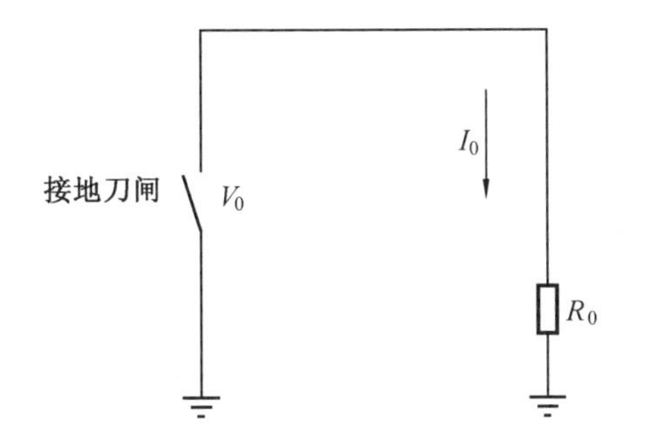

图 1.59　加装限流电阻前

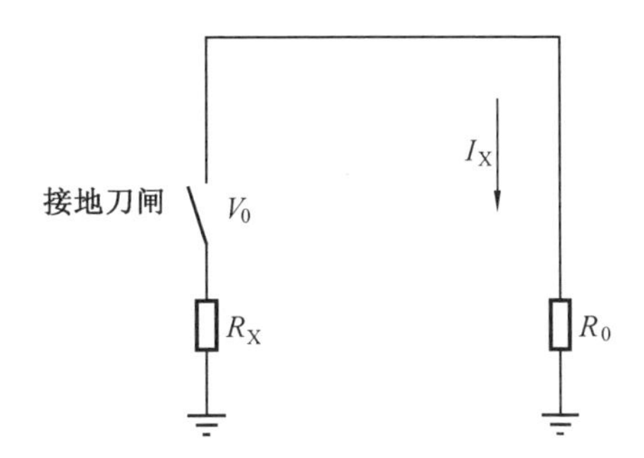

图 1.60　加装限流电阻后

限流电阻计算结果，见表 1.34。

表1.34　限流电阻计算结果

主变名称	环流值（I_0）	感应电势（V_0）	限流电阻（R_X）
××变电站 1 号主变	4.78 A	0.014 V	0.14～1.4 Ω

根据计算结果，选择该主变串联限流电阻为 1 Ω，功率大于 1 W。

为防止限流电阻意外损坏而使铁芯外部接地断开的情况，采用 4 个电阻串并联的方法达到限流电阻的计算值。××变电站 1 号主变限流电阻，如图 1.61 所示。

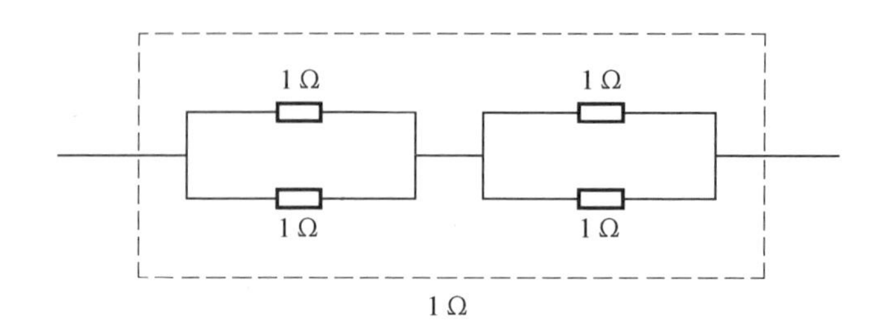

图 1.61　××变电站 1 号主变限流电阻

为方便拆装，将限流电阻与铁芯接地刀闸并联，主变投运时应注意检查将接地刀闸拉开，否则限流电阻将失去作用。限流电阻并联接法，如图 1.62 所示。

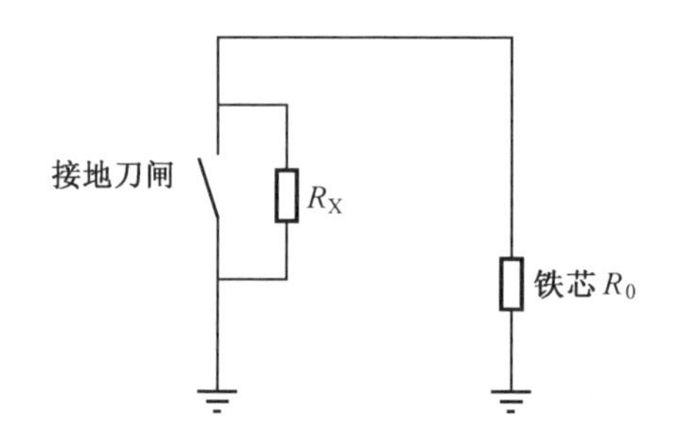

图 1.62　限流电阻并联接法

【案例11】基于容性设备介损及电容量在线监测技术的500 kV××变电站500 kV 1号主变A相高压套管介损异常状态检修案例

（一）案例摘要

2019 年 12 月 2 日，在线监测数据显示 500 kV××变电站 1 号主变 A 相 500 kV 侧套管介损异常变化，经过带电测试验证，现场带电测试与在线监测数据异常变化情况一致，介损呈增长趋势，电容量和全电流稳定无变化。经停电开展绝缘油化学分析和相关高压试验，判断该设备存在缺陷。

通过计划停电检查和试验发现：绝缘油化学分析、相关高压试验结果表明，套管绝缘不满足要求，解体发现内部存在故障。

通过该案例得到的经验：容性设备介质损耗及电容量带电测试、在线监测技术，在不停电情况下可对电容型设备绝缘状态进行有效监测评估，实用性强。套管的工艺质量要重点管控，严格把好入网质量关。对油品的质量需要严格控制，除了保证油品满足验收标准试验要求外，还要重点关注芳香烃对绝缘油析气性的影响。

【关键词】套管；介质损耗异常；带电测试；在线监测；状态检修。

（二）状态感知与分析诊断

1. 套管绝缘在线监测

套管绝缘在线监测显示，介损呈增长趋势，电容量和全电流大小基本稳定无变化。

容性设备在线监测系统原理图，如图 1.63 所示。介损 tan δ（%）在线监测数据变化，如图 1.64 所示。等值电容 C_x（pF）在线监测数据变化，如图 1.65 所示。全电流在线监测数据（mA）变化，如图 1.66 所示。

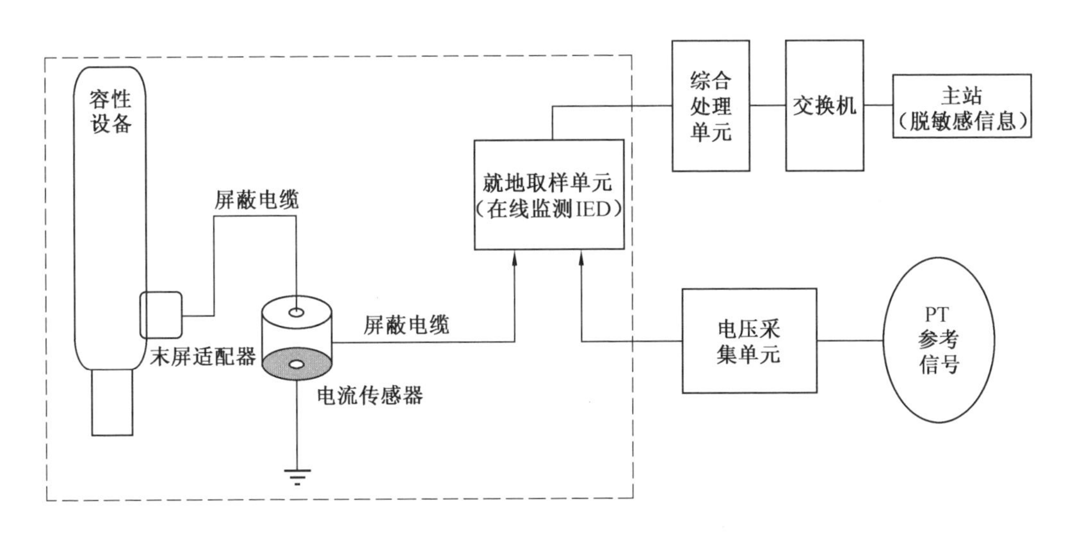

图 1.63　容性设备在线监测系统原理图

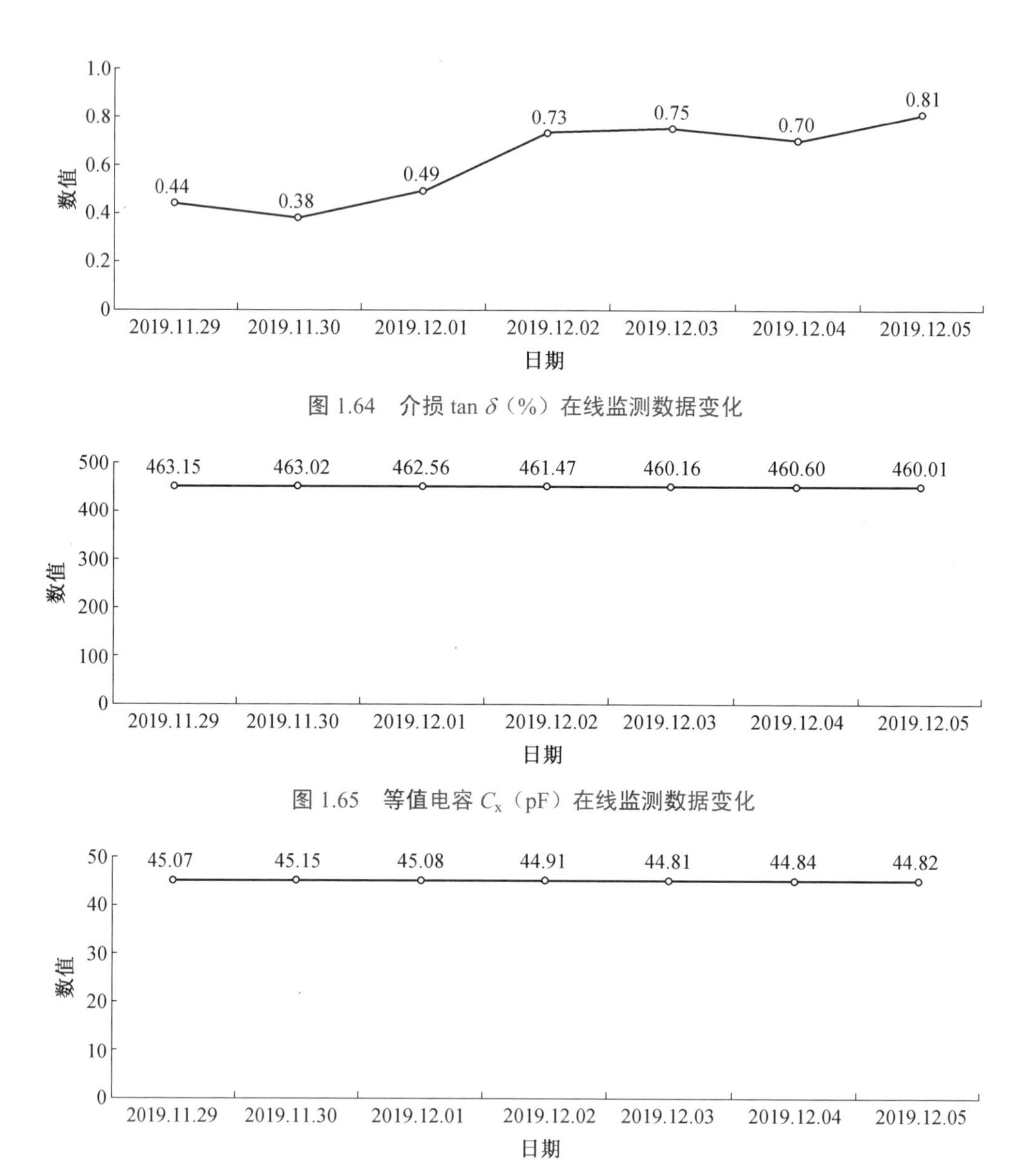

图 1.64　介损 tan δ（%）在线监测数据变化

图 1.65　等值电容 C_x（pF）在线监测数据变化

图 1.66　全电流在线监测数据（mA）变化

2. 现场带电测试

（1）相对法。

相对法套管绝缘带电测试数据，见表 1.35。

表1.35　相对法套管绝缘带电测试数据

相对法（12 月 5 日）		
被测信号：1 号主变高压侧套　　管参考信号：2 号主变高压侧套管		
相别	相对介损/%	电容比值
1 号主变 A 相高压侧套管	0.605	0.950 0
1 号主变 B 相高压侧套管	0.114	1.044 9
1 号主变 C 相高压侧套管	0.029	1.038 5

（2）绝对法。

绝对法套管绝缘带电测试数据，见表 1.36。

表1.36　绝对法套管绝缘带电测试数据

12 月 5 日现场带电测试						12 月 6 日现场带电测试			
参考：2 号主变 PT									
绝对法第 1 次测试		绝对法第 2 次测试		绝对法第 3 次测试		绝对法第 4 次测试		绝对法第 5 次测试	
介损/%	电容量/pF	介损/%	电容量/pF	介损/%	电容量/pF	介损/%	电容量/pF	介损/%	电容量/pF
0.977	457.7	0.991	457.8	0.98	457.8	1.006	457.6	1.011	457.7

介损绝对值已超过注意值，相对法结果也超过标准规定的 0.3%。

3. 红外测温分析

套管整体红外测温，如图 1.67 所示。套管上、中、下红外测温分别如图 1.68～图 1.70 所示。

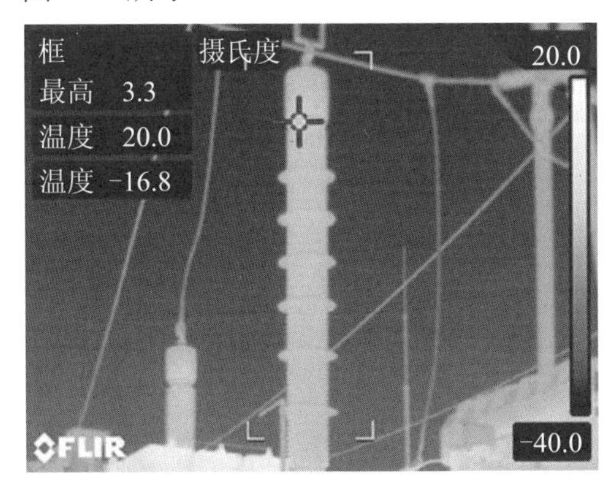

图 1.67　套管整体红外测温

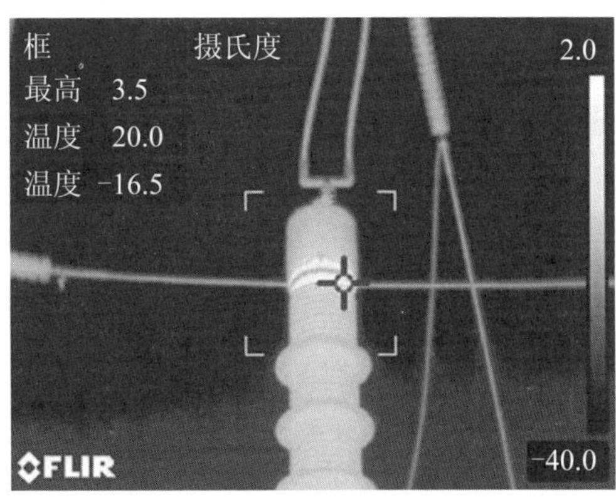

图 1.68　套管上部红外测温

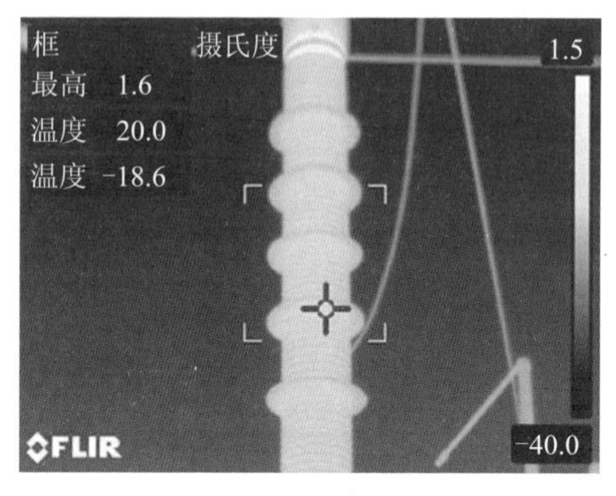

图 1.69　套管中部红外测温

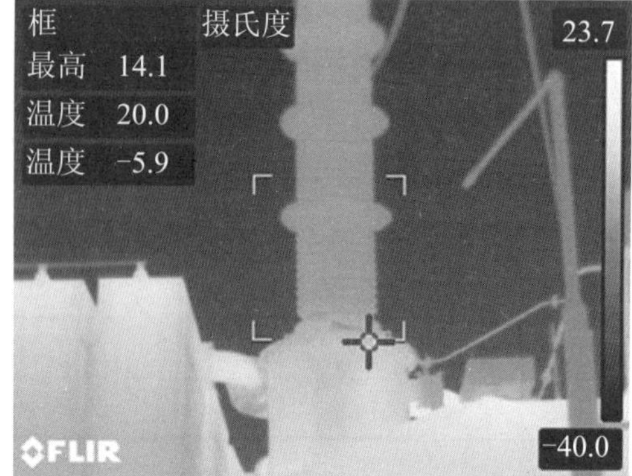

图 1.70　套管下部红外测温

对套管表面的红外测温未发现异常。

4. 历史信息分析

自出厂到投运以来，套管无历史检修记录，所有的历史试验均无异常。高压试验历史数据，见表 1.37。

表1.37　高压试验历史数据

测试对象	测试时间	介损值/%	介损增长/%（与出厂相比）	介损增长/%（与上次相比）	测试值 C_x/pF	铭牌值 C_N/pF
1 号主变 A 相高压侧套管	出厂交接	0.4	—	—	461	461
	2016.03.02	0.432	8	8	456.7	461
	2017.11.27	0.408	2	-5.55	454.9	461
	2019.06.29	0.353	-11.75	-13.48	458.9	461
	2019.12.07	0.491	22.75	39.09	457.5	461

综合分析，可推断两种可能：

（1）套管内部故障，可能由于受潮、发热、放电等导致绝缘下降。

（2）套管无故障，数据异常原因是在线监测装置的末屏适配器故障。

（三）运检策略

根据上述状态感知与分析，制定了运检策略和停电检修时需要注意的事项。

（1）立即着手准备套管备品备件，以及备品备件的试验。

（2）建议尽快安排停电。停电后，首先对在线监测装置的准确性进行检查，同时对套管开展试验检查、绝缘油取样分析，若套管不满足运行要求则立即进行更换。

（3）在停电处理之前，带电监测专业每天分析在线监测数据，必要时立即进站开展带电测试检查；运行专业每天开展一次巡视、红外测温，发现异常立即上报，并随时做好停电准备。

（四）停电检修

1. 停电检查

（1）在线监测装置检查。

停电后，对在线监测装置的准确性进行检查。按照《昆明供电局电容型设备带电测试/在线监测取样装置安装、验收及维护规范业务指引》交接验收项目及要求，结构和外观检查、绝缘电阻测试、工频耐压测试、通流能力测试、电容值测试、直流电阻测试、导通电压测试、测试准确性均无异常。

（2）主变与套管停电检查。

对主变与套管的停电检查未发现任何异常。

2. 高压试验

停电介损值、电容量值测试对比，见表1.38。

表1.38　停电介损值、电容量值测试对比

测试对象	测试内容及条件	介损值/%	C_x/pF	C_N/pF	电容量增长/%
A相高压侧套管	直接取末屏端销子接介损仪测量线，不带保护电路板，不带外引接线柱	0.491	457.5	461	−0.76
A相高压侧套管	直接取末屏端销子接介损仪测量线，不带保护电路板，带外引接线柱	0.499	457.4	461	−0.78
A相高压侧套管	取末屏引下线电缆接介损仪测量线，带保护电路板，带外引接线柱	0.492	457.3	461	−0.80

套管停电试验：套管介损、电容量、末屏绝缘试验无异常，绝缘良好。

2. 绝缘油化学分析

A 相套管绝缘油色谱分析数据，见表 1.39。

表1.39　A相套管绝缘油色谱分析数据　（单位：μL/L）

测试日期	H_2	CO	CO_2	CH_4	C_2H_4	C_2H_6	C_2H_2	总烃
交接试验	1.12	64.84	236.42	1.13	0.19	0.22	0.00	1.54
本次停电取样	16 823.44	72.65	123.09	1 051.14	2.32	217.49	2.66	1 273.61

（1）有无故障判断。

根据《变压器油中溶解气体分析和判断导则》（DL/T 722—2014）中规定：运行中 500 kV 高压套管：H_2≤500 μL/L；C_2H_2≤1 μL/L；总烃≤150 μL/L。其中 H_2、C_2H_2、总烃含量均超过注意值。B、C 两相套管油色谱未超过注意值，与交接试验相比无异常增长。

根据《绝缘套管油为主绝缘（通常为纸）浸渍介质套管中溶解气体分析（DGA）的判断导则》（GB/T 24624—2009）中规定的各类气体注意值：H_2≤140 μL/L；CH_4≤40 μL/L；C_2H_6≤70 μL/L；C_2H_4≤30 μL/L；C_2H_2≤2 μL/L。A 相油中氢气、甲烷、乙烷、乙炔含量均超过注意值。

综合判断：该套管存在故障。

（2）故障类型判断。

①按照 DL/T 722—2014 三比值法。

C_2H_2/C_2H_4=1.15；CH_4/H_2=0.06；C_2H_4/C_2H_6=0.01。

编码为“110”，故障类型：电弧放电。

②按照 GB/T 24624—2009 气体含量有效比值法判据。

若 H_2/CH_4＞13，故障特征为局部放电；C_2H_6/ C_2H_4＞1，故障特征为油中热故障；C_2H_2/C_2H_4＞1，故障特征为火花放电；CO_2/CO＞20 或＜1 故障特征为纸中热故障。

H_2/CH_4=16.0→局部放电；C_2H_6/C_2H_4=93.7→油中热故障；C_2H_2/C_2H_4=1.1→火花放电；CO_2/CO=1.7→无故障特征。

综合判断：该套管内同时存在局部放电、油中热故障、火花放电故障。

③是否受潮。

绝缘油微水检测为 7.9 mg/L，小于注意值 15 mg/L。套管尾部受潮早期，额定电压下电容量特征随受潮时间呈增长趋势，而在线监测与带电检测时套管的电容量基本不变。

综合判定：未发现套管内部受潮的证据。

（3）故障严重程度及发展趋势。

该套管存在故障，且同时涉及多种类型：局部放电、油中热故障、低能放电。氢气增长速度过快，其浓度是注意值的 120 倍，介损持续增长。综合分析，故障还处于初期，但是在持续恶化发展。建议进行解体检查。

3. 解体检查

将 A 相、B 相、C 相三相套管在检修试验车间解体，B 相、C 相套管未发现异常，A 相套管存在两个方面的异常现象：套管内部绝缘层附着大量 X 蜡、电容层大量褶皱。

（1）附着大量 X 蜡。套管内部附着大量 X 蜡，在特定电场条件下附着位置会发热。A 相套管内部绝缘层附着大量 X 蜡，如图 1.71 所示。

（2）电容层有大量褶皱。在液体和固体的组合绝缘结构中，由于制造中采用了真空干燥浸渍工艺，绝缘中基本不含有气泡，但存在绝缘油间隙，在特定电场条件下可诱发局部放电。A 相套管电容层有大量褶皱，如图 1.72 所示。

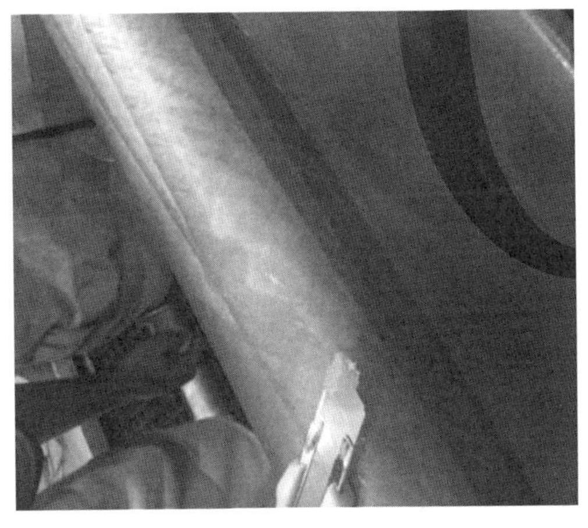
图 1.71　A 相套管内部绝缘层附着大量 X 蜡

图 1.72　A 相套管电容层有大量褶皱

（五）预防措施

（1）套管的工艺质量要重点管控，严格把好入网质量关。

（2）X 蜡的形成与芳香烃的“抗析气”有关。芳香烃具有很好的“抗析气”性能特点，试验表明，随着芳烃含量从 4%提高到 35%，变压器油的氧化诱导期从 320 h 降到了 50 h。对油品的质量需要严格控制，除了保证油品满足验收标准试验要求外，还要重点关注芳香烃对绝缘油析气性的影响。

第 2 章　GIS 与罐式断路器状态检修案例选编

【案例1】基于局部放电带电测试技术的110 kV××变电站110 kV GIS隔离开关绝缘连杆裂纹缺陷状态检修案例

（一）案例摘要

2016 年 10 月，带电监测班对 110 kV××变电站 110 kV GIS 进行特高频、超声局部放电检测，发现 110 kV 内桥 1121 隔离开关气室存在异常特高频信号。

随后对 110 kV 内桥 1121 隔离开关气室异常局放信号进行图谱特征分析，判断放电类型为悬浮放电或绝缘放电，具有多点放电特征。后经停电解体检查验证发现：B 相绝缘拉杆存在疑似裂纹 2 条，长约 4 cm，送专业机构 X 射线数字成像检测，发现编号为#2 的绝缘拉杆树脂部分内部存在气孔缺陷影像，#3 绝缘拉杆树脂部分内部近表面存在线性缺陷影像。

通过该案例得到的经验：特高频局放检测能有效发现 GIS 内部绝缘放电，超声局放对此类局放信号检测不够灵敏。

【关键词】特高频；时差定位；解体检查；绝缘拉杆；状态检修。

（二）状态感知

为准确判断 1121 隔离开关气室局部放电信号，使用特高频检测、超声检测、SF_6 气体分解产物检测等多种技术手段进行了综合检测。

1. 特高频法检测分析

使用上海华乘 PDS-T90 局部放电检测仪对 1121 隔离开关气室进行特高频局部放电检测，检测结果如图 2.1 所示。从检测结果可以看出：存在异常特高频信号，特高频信号在工频周期内呈现单簇明显的放电脉冲，信号脉冲相关性强，初步判断为悬浮放电或绝缘放电早期。

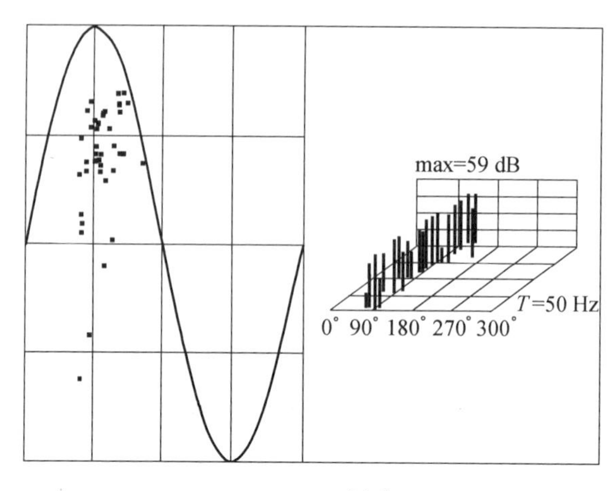

（a）PRPS图谱

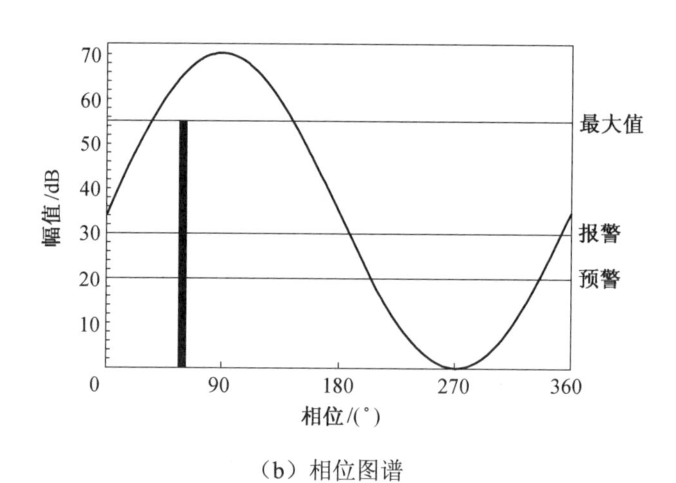

（b）相位图谱

图2.1　上海华乘PDS-T90局部放电检测仪特高频局部放电检测结果

2. 超声波法检测分析

使用 PDS-T90 局部放电检测仪，对 1121 隔离开关气室进行超声局部放电检测，检测结果如图 2.2 所示。从检测结果来看：1121 隔离开关气室超声局部放电检测结果未见异常。

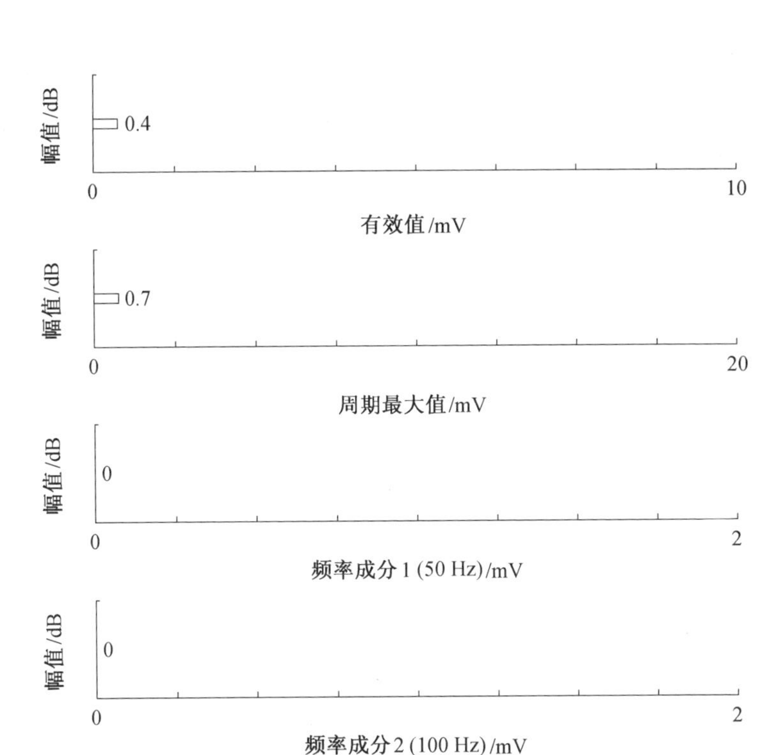

图2.2　上海华乘PDS-T90局部放电检测仪超声局部放电检测结果

3. SF_6 气体分解产物检测

试验人员使用 YR-GCT-100 便携式六氟化硫分解产物检测仪，对 1121 隔离开关气室内六氟化硫气体进行了检测。检测结果表明：未检测到二氧化硫、硫化氢、氟化硫酰，空气、四氟化碳含量检测结果合格。YR-GCT-100 六氟化硫分解产物检测仪检测数据，见表 2.1。

表2.1　YR-GCT-100六氟化硫分解产物检测仪检测数据

设备名称	检测项目及结果		
	SO_2/（μL·L^{-1}）	H_2S/（μL·L^{-1}）	CO/（μL·L^{-1}）
1121 隔离开关气室	未检出	未检出	10.21
112（与 1121 隔离开关气室相邻）断路器气室	未检出	未检出	未检出

用六氟化硫分解产物检测仪对 2 个气室进行检测，未检测到氟化硫酰、硫化氢及二氧化硫。原因可能是 110 kV××变电站 1121 隔离开关内发生的放电能量较低，不足以产生大量分解产物，且分解产物在扩散、稀释作用后浓度很低，难以检测出来。

4. 局放定位分析

为了准确判断局部放电信号是否来自 1121 隔离开关气室内部，以及局部放电的准确位置，使用多个特高频传感器、信号处理单元、示波器，对 1121 隔离开关气室局部放电信号进行定位。

（1）特高频传感器 1、特高频传感器 2 和特高频传感器 3 位置及对应示波器波形图谱 1 如图 2.3 所示。由示波器波形图谱可知，特高频传感器 3 未采集到局部放电信号，由此判断局部放电源位于 GIS 本体。

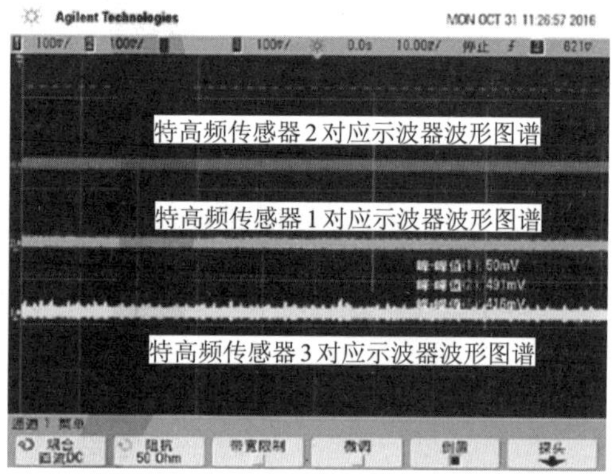

图2.3　现场测试及示波器波形图谱1

（2）特高频传感器 1、特高频传感器 2 和特高频传感器 3 位置及对应示波器波形图谱 2 如图 2.4 所示。由示波器波形图谱可知，特高频传感器 1 波形起始沿超前特高频传感器波 2 形起始沿，特高频传感器 2 波形起始沿超前特高频传感器 3 波形起始沿，由此判断局部放电源离特高频传感器 1 较近。

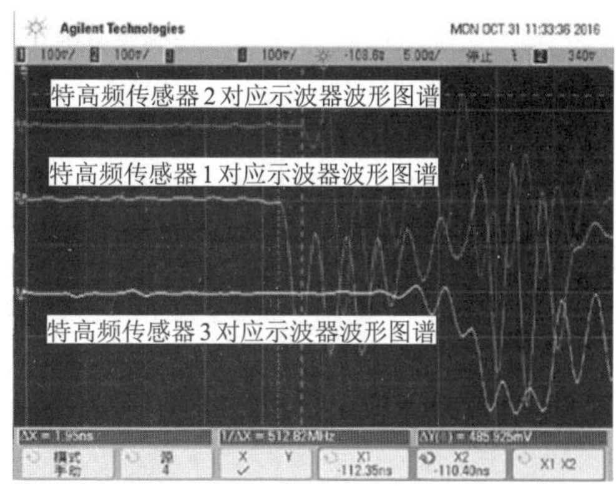

图2.4 现场测试及示波器波形图谱2

（3）特高频传感器 1、特高频传感器 2 和特高频传感器 3 位置及对应示波器波形图谱 3 如图 2.5 所示。由示波器波形图谱可知，特高频传感器 3 波形起始沿超前特高频传感器 1 波形起始沿，特高频传感器 1 波形起始沿超前特高频传感器 2 波形起始沿，由此判断局放源离特高频传感器 3 较近。

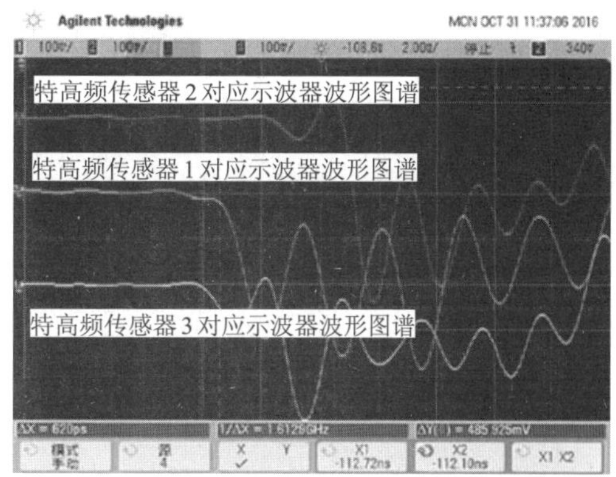

图2.5 现场测试及示波器波形图谱3

（4）特高频传感器 1、特高频传感器 2 和特高频传感器 3 位置及对应示波器波形图谱 4 如图 2.6 所示。由示波器波形图谱可知，特高频传感器 3 波形起始沿与特高频传感器 1 波形起始沿重合，可以判断该信号源来自于特高频传感器 1 和 3 的中垂面；特高频传感器 2 波形起始沿超前特高频传感器 1 和 3 的波形起始沿，时差为

920 ps，特高频传感器 2 和 3 间距离为 77 cm，特高频传感器 1 和 2 间距离为 50 cm，经计算，判断局部放电源位置如图 2.6 所示。

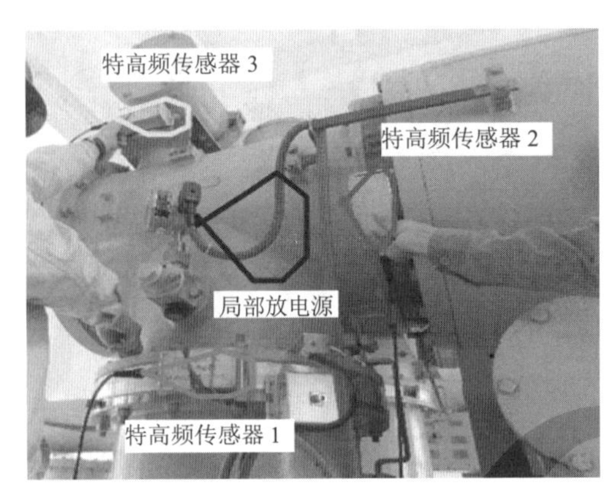

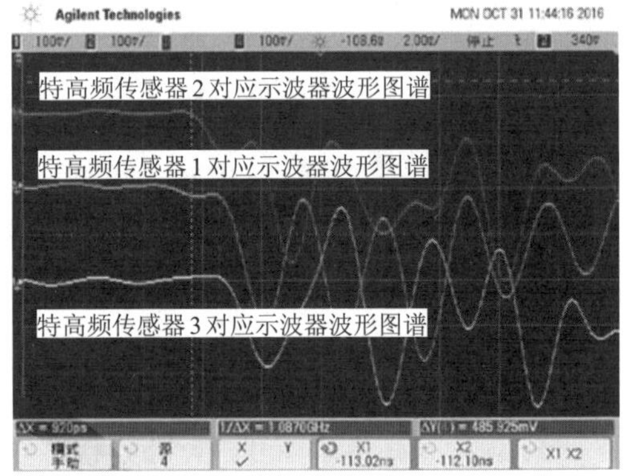

图2.6　现场测试及示波器波形图谱4

（三）诊断评估

经特高频、超声检测结果分析和时差定位分析，发现 1121 隔离开关气室存在异常特高频局放信号，且有明显幅值和典型信号特征；用六氟化硫分解产物检测仪对 2 个气室进行检测，检测结果合格；后经持续信号跟踪，综合判断该隔离开关气室局放异常，初步判断放电类型为悬浮放电或绝缘放电早期，依据《电力设备检修试验规程》（Q/CSG 1206007—2017）中“GIS（含 HGIS）运行中局部放电测试应无明显局部放电信号”的规定，此次测试结果不合格。

（四）运检策略

根据上述状态感知与分析，制定了检修运维策略和停电检修时需要注意的事项：

（1）带电监测专业采用局放重症监测仪进行局放监测，遇到特殊情况时及时进站开展实时测试检查。

（2）化验专业每周一次对 1121 隔离开关气室内六氟化硫气体取样，进行实验室离线分析。

（3）运行专业每天一次进行巡视、红外测温，发现异常立即上报，充分做好停电准备工作。

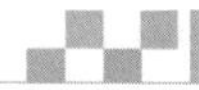

（4）停电检修时，检查有无放电痕迹，重点检查隔离开关触头、绝缘拉杆等部件。

（五）停电检修

根据故障定位情况，相关单位立即开展了停电检修。通过开盖详细检查，发现1121 隔离开关部分绝缘拉杆存在异常，并委托电科院利用体视显微镜、X 射线数字成像系统、渗透检测系统，对送检的 3 根 110 kV××变电站 110 kV 环氧树脂绝缘拉杆状况进行了宏观检测、X 射线数字成像检测、渗透检测，如图 2.7 所示。检测结果为：X 射线数字成像检测发现，编号为#2 的绝缘拉杆树脂部分内部存在气孔缺陷影像，#3 绝缘拉杆树脂部分内部近表面存在线性缺陷影像，初期分析判断的早期绝缘类型局放得到解体验证。

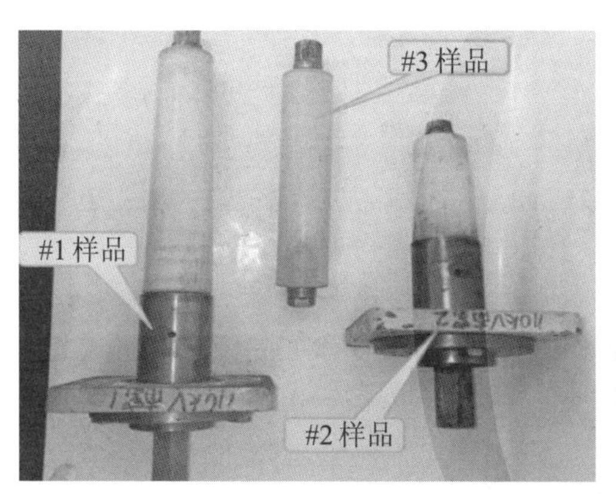

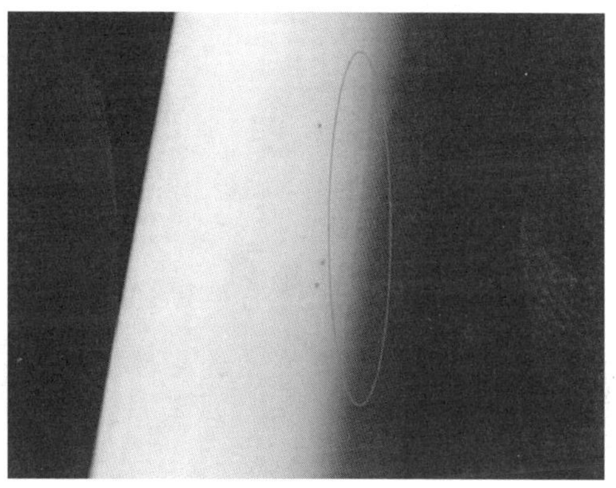

图2.7　1121隔离开关部分绝缘拉杆存在异常

【案例2】基于局部放电带电测试技术的110 kV××变电站110 kV GIS电压互感器气室间歇性悬浮放电状态检修案例

（一）案例摘要

2019 年 12 月，带电监测班对 110 kV××变电站开展 GIS 局放测试，发现 110 kV 松抚郑桃万线 PT 气室有间歇性超声局放信号，同时有特高频局放信号。使用屏蔽带包裹后检测仍有部分信号，且超声局放测试信号较明显，最大幅值为 33 dB。通过耳机能听到异常声响信号，间隔一段周期后再次安排相关定位复测，结果仍然存在疑似悬浮放电的异常局放信号。目前保持跟踪复测，信号未进一步发生异常性变化。

通过该案例得到的经验：运用特高频和超声局放测试技术，能有效发现 GIS 内部悬浮放电，见证了一起声电联合定位发现的典型局放案例。

【关键词】声电联合定位；电压互感器气室；悬浮放电。

（二）状态感知

1. 便携式局放检测

在 110 kV 松抚郑桃万线 153 间隔附件存在异常的特高频信号，现场测试照片如图 2.8 所示。

图2.8　现场测试照片

110 kV 松抚郑桃万线 153 间隔特高频局放信号测试数据如图 2.9 所示。由图 2.9 中的数据可以看到，JD-S10 特高频检测仪在 110 kV 松抚郑桃万线 153 间隔附近测得异常的特高频信号，该信号具有一定的对称性，放电信号幅值大且相邻放电信号时间间隔基本一致，放电次数少，放电重复率较低。PRPS 图谱具有内八字或外八字分布特征，与悬浮电极放电特征相符，初步判断为悬浮放电。

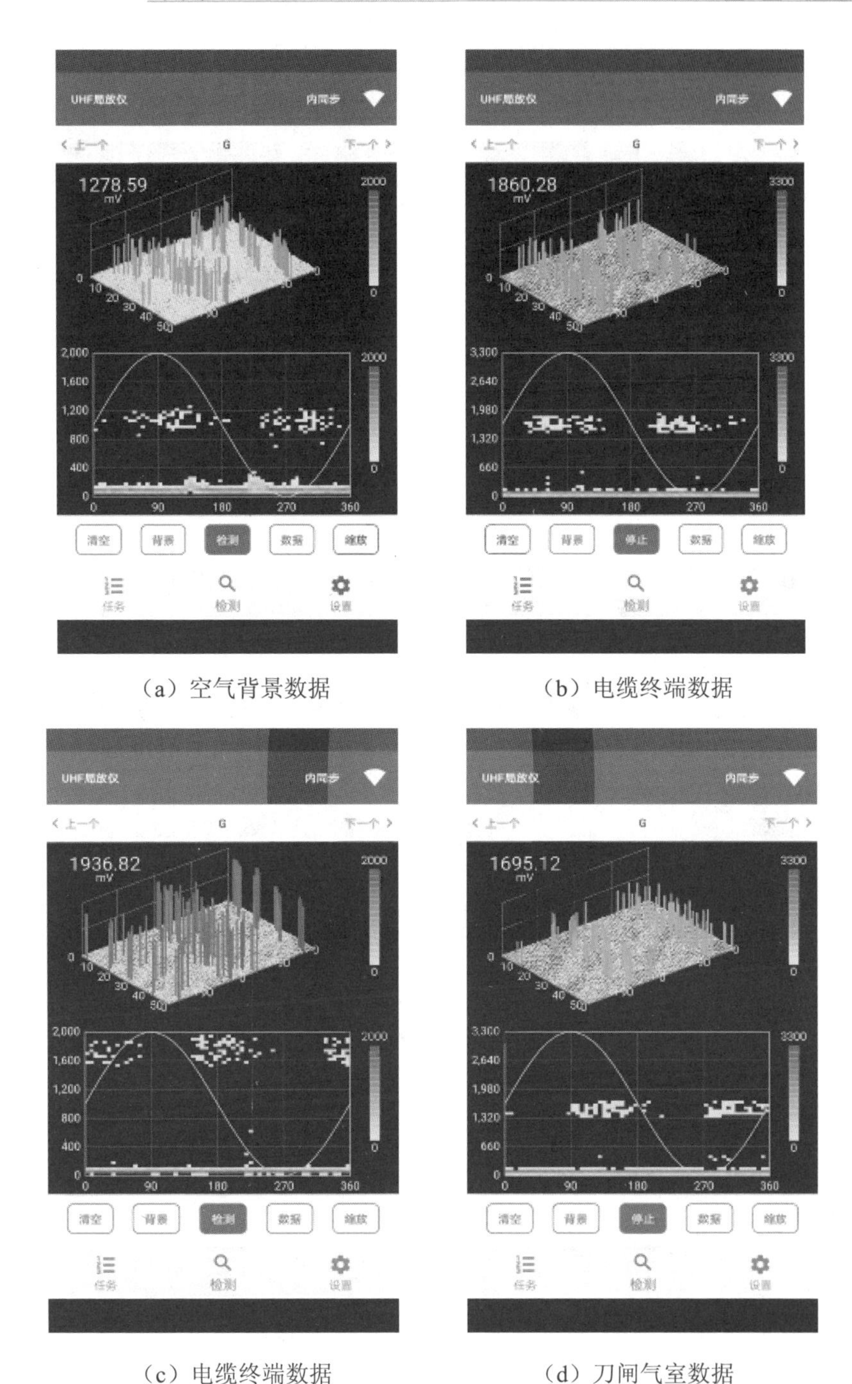

（a）空气背景数据　　（b）电缆终端数据

（c）电缆终端数据　　（d）刀闸气室数据

图2.9　110 kV松抚郑桃万线153间隔特高频局放信号测试数据

利用超声检测技术进行检测，发现该电压互感器气室存在异常超声信号，如图2.10所示。

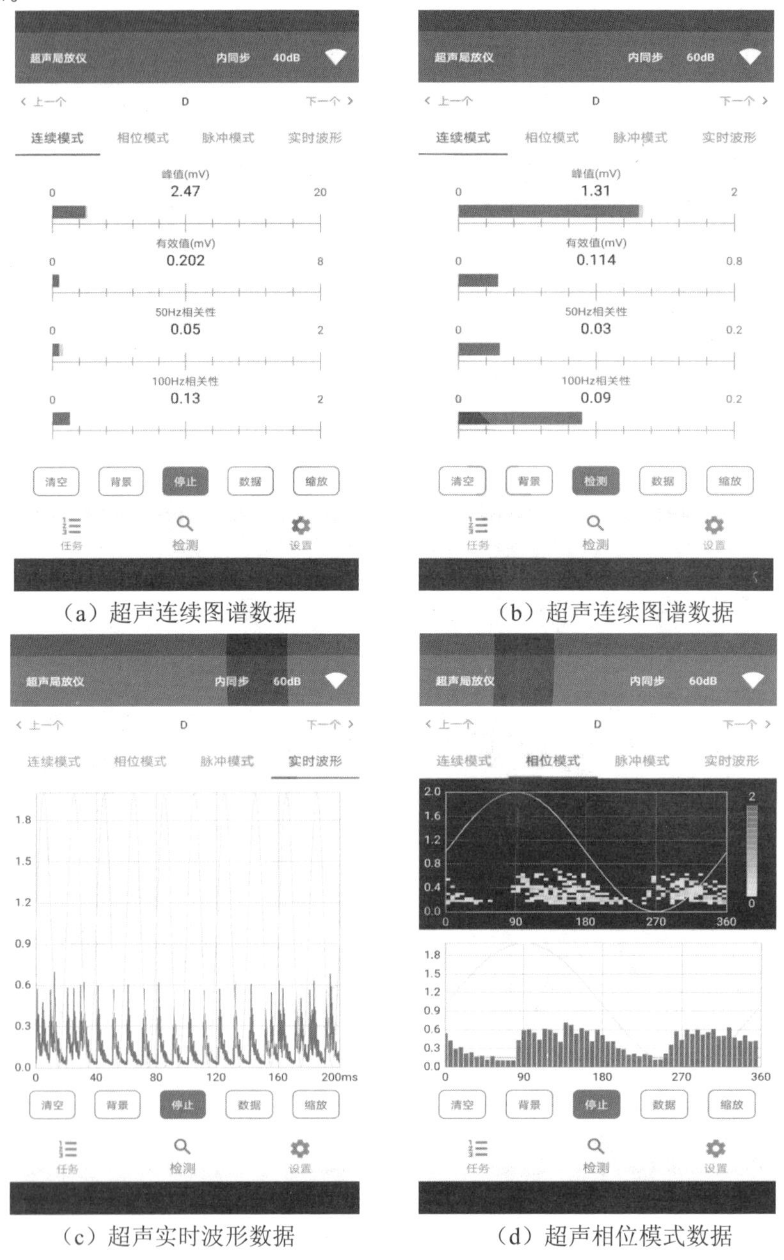

（a）超声连续图谱数据　（b）超声连续图谱数据

（c）超声实时波形数据　（d）超声相位模式数据

图2.10　110 kV松抚郑桃万线线路电压互感器气室超声局放信号测试数据

由图 2.10 中的数据可以看到，该超声信号 100 Hz 相关性大于 50 Hz 相关性，放电信号幅值最大为 2.47 mV，波形数据及相位模式均为一周期两簇信号，初步判断为悬浮放电。

2. 声电联合局放定位

为确定信号来源，使用 JD-S100 检测系统对 110 kV 松抚郑桃万线 153 间隔异常特高频信号进行定位分析。

（1）步骤一：外部干扰判断。

如图 2.11 所示，其中，传感器 1 贴在 110 kV 松抚郑桃万线 153 间隔 PT 气室盆式绝缘子上，传感器 2 放置于 GIS 设备外部前后左右空间位置。

图2.11　现场测试照片

在该位置测得的典型特高频信号如图 2.12 所示。

由图 2.12（a）（b）可以看到，在 110 kV 松抚郑桃万线 153 间隔 PT 气室上测得明显异常的特高频信号，该信号具有明显工频相关性，放电脉冲信号幅值稳定，最大约 3.41 V，每周期 1～2 簇放电脉冲信号，符合悬浮放电的特征。通过在各个方向上移动传感器 2 进行时差分析，传感器 1 的特高频信号在时间上均超前于传感器 2 的特高频信号，如图 2.12（c）（d）所示，判断该信号来自 GIS 设备内部，非外部干扰信号。

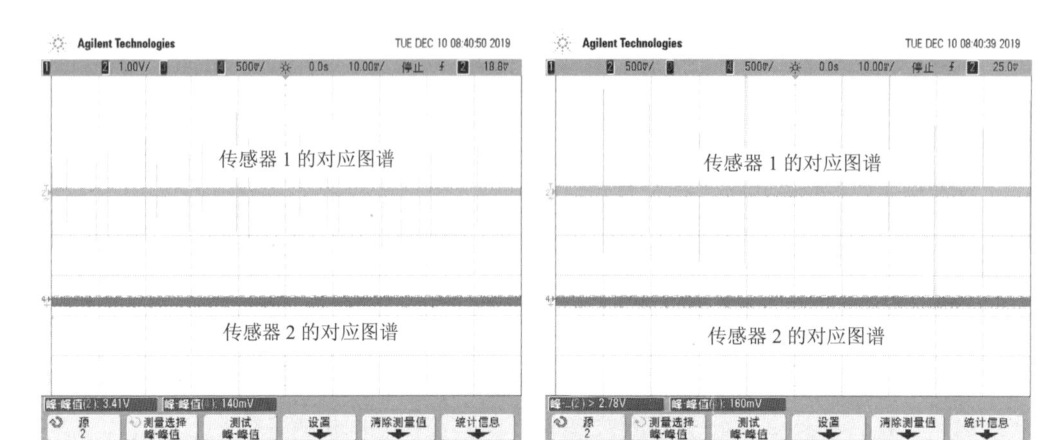

（a）检测数据图 1　　　　（b）检测数据图 2

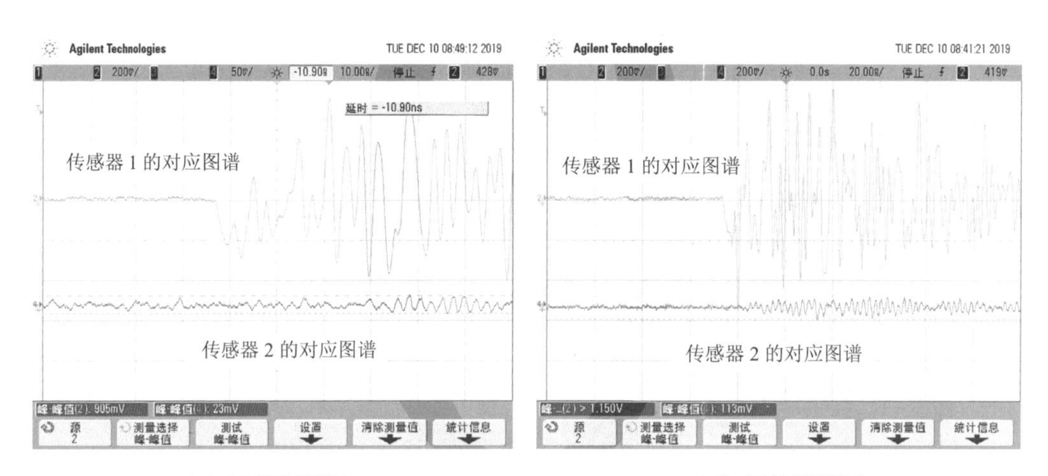

（c）干扰判断图 1　　　　（d）干扰判断图 2

图2.12　外部干扰判断测试数据及定位数据

（2）步骤二：特高频定位判断。

利用特高频时差法对该异常信号进行定位，如图 2.13 和图 2.14 所示，将传感器 1 贴在 PT 气室对应的盆式绝缘子上，将传感器 2 贴在电缆终端上。

图2.13　现场测试照片

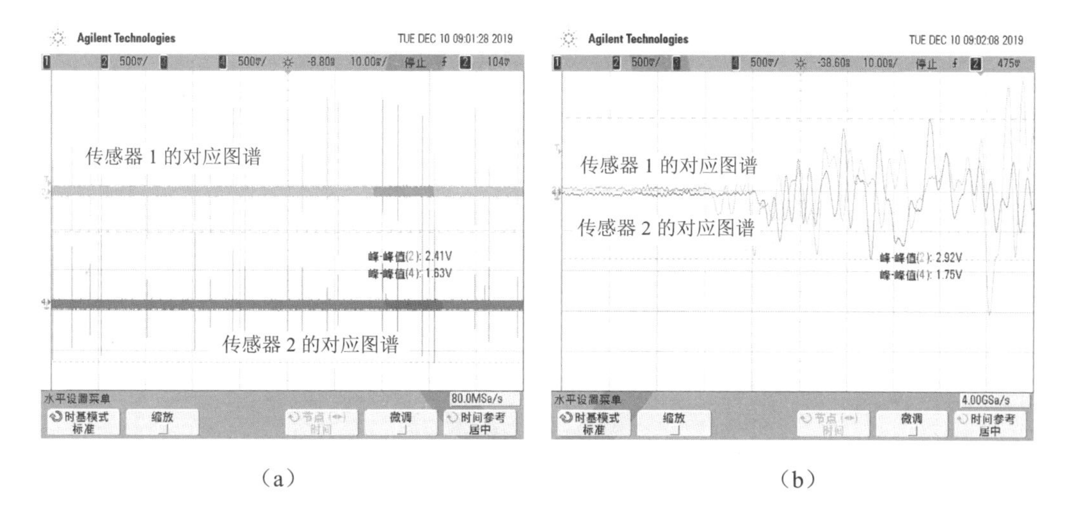

图2.14　特高频定位数据

由图 2.14 可以看到，传感器 1 的特高频信号在时间上超前于传感器 2 的特高频信号，超前 10 ns，电缆终端与 PT 气室盆式绝缘子之间距离大约 3 m，因而，局放源更靠近 PT 气室。

（3）步骤三：声电时延判断。

为了进一步确定局放源的位置，如图 2.15 和图 2.16 所示，采用声电联合法进行测试，将传感器 1 放置于 PT 气室盆式绝缘子上，将传感器 2 粘贴在 PT 气室底部。

图2.15　现场测试照片

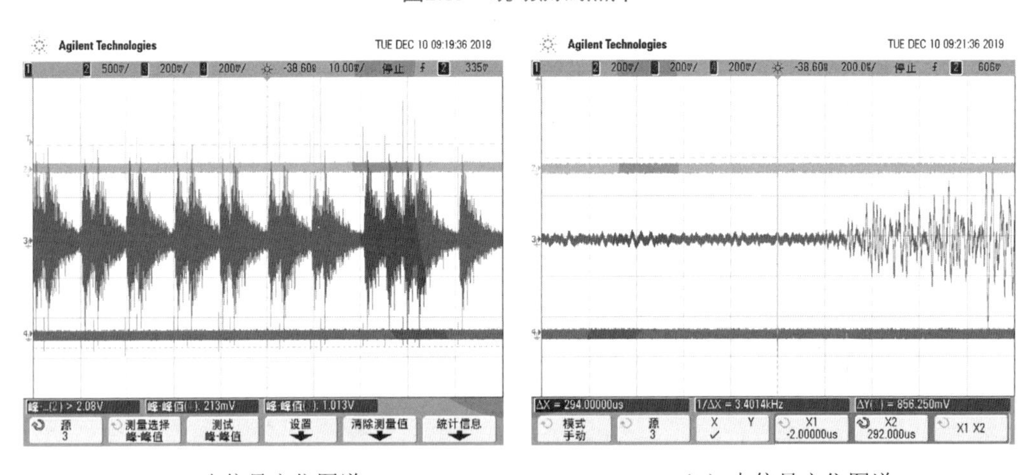

（a）声信号定位图谱　　（b）电信号定位图谱

图2.16　声电时延定位数据

由图 2.16 可看出，特高频与超声脉冲信号之间一一对应，应为同一放电信号源，声电时差约 290 μs，判断局放源位于 110 kV 松抚郑桃万线 153 PT 气室内中心导体位置，如图 2.17 所示。

图2.17 放电位置

（三）诊断评估

经特高频、超声检测结果分析和时差定位、声电时延定位分析，110 kV 松抚郑桃万线线路电压互感器气室存在悬浮放电信号，特高频幅值最大为 3.41 V，超声幅值最大为 1.013 V，初步判断异常局放源位于气室中心导体位置。依据《电力设备检修试验规程》（Q/CSG 1206007—2017）中“GIS（含 HGIS）运行中局部放电测试应无明显局部放电信号”的规定，此次测试结果不合格。

（四）运检策略

根据以上状态感知和评估情况，提出相关运维和检修策略。

（1）建议对 110 kV 松抚郑桃万线线路电压互感器气室加强跟踪关注，缩短检测周期，进一步关注信号幅值的变化趋势，有条件的加装局放重症监测系统，实时跟踪局放信号，当信号进一步变化时应尽快安排停电检修。

（2）建议对 110 kV 松抚郑桃万线线路电压互感器气室 SF_6 气体组分按周期进行检测分析，确定是否有进一步放电情况。

（3）运行人员缩短巡视周期，发现异常情况及时汇报。

【案例3】基于局部放电带电测试技术的110 kV××变电站110 kV GIS某避雷器气室异响状态检修案例

（一）案例摘要

自 2014 年 7 月，带电监测班对 110 kV 某间隔避雷器气室开展超声局放测试，检测发现气室存在超声信号及异常声响。后联合设备厂家，从气室结构、功能位置综合判断分析异响原因，并采取周期复测，持续对异常设备进行跟踪，已持续约 6 年时间。目前该异常信号稳定，未进一步发生变化。

通过该案例得到的经验：超声局放测试发现异常振动的效果明显，能检测出存在异常振动而非局放信号的设备，如常见的电压互感器气室存在磁致伸缩导致的异响信号。对于该类情况，可采取周期复测的管控手段，如果长期跟踪无明显异常变化，设备在一定时期内可以正常运行，但也应创造条件尽快停电检修，避免爆发突发性缺陷。

【关键词】超声局放；避雷器气室；异常振动；跟踪。

（二）状态感知

1. 特高频法检测分析

为了进行特高频局放检测，由 GIS 生产厂家打开盆式绝缘子浇注口的金属封板，在浇注口上布置特高频传感器，对避雷器进行特高频检测。特高频检测结果如图 2.18 所示，未发现异常。后期持续的跟踪复测过程中也未检测到明显异常信号。

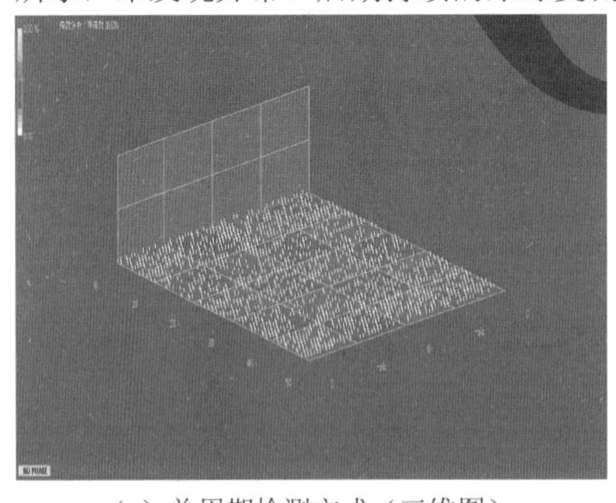

（a）单周期检测方式（三维图）

（b）单周期检测方式（平面图）

图 2.18　特高频检测谱图

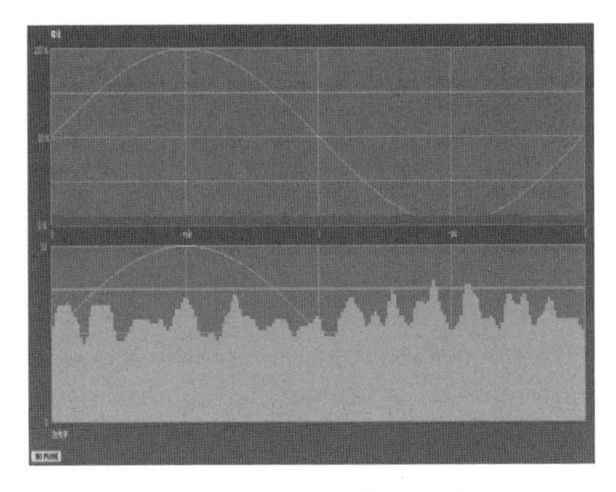

（c）峰值保持检测方式

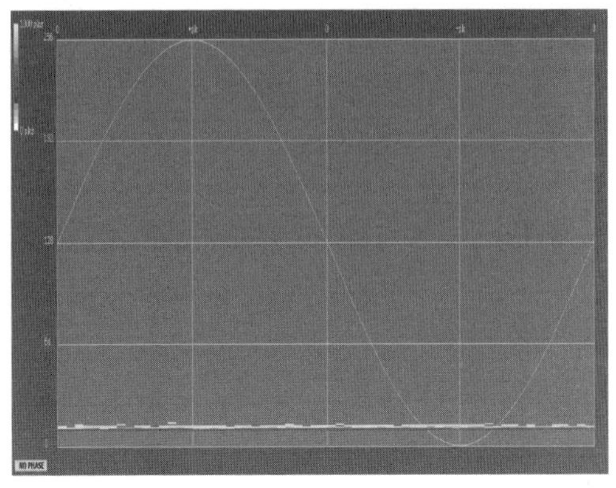

（d）PRPD 检测方式

续图2.18

2. 超声波法检测分析

使用超声局放仪对避雷器进行检测，并通过扬声器播放检测到的声音，开关室背景声比较均匀，无异常声音。而避雷器气室检测声中存在“啪啪”的异常响声。使用超声局放仪对避雷器进行检测，并通过示波器记录检测到的超声波形，该超声波形如图 2.19 所示。从图中可以看出，超声波形中存在较为明显的超声脉冲，该脉冲时间间隔无明显规律。

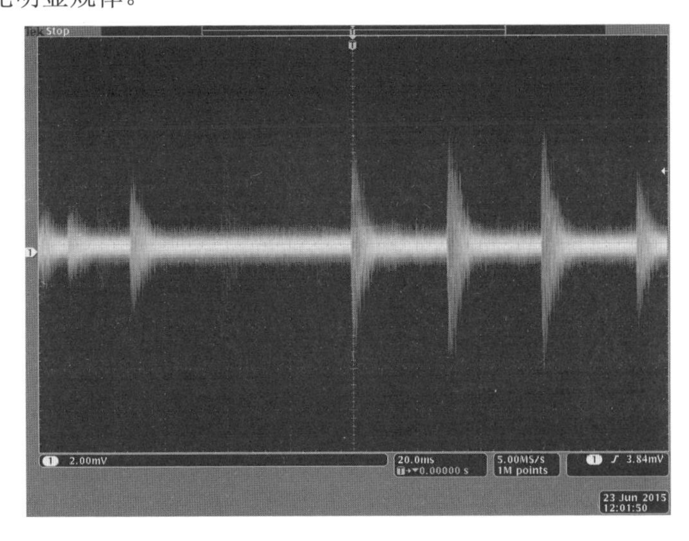

图2.19　避雷器超声检测波形

使用超声局放仪对避雷器进行检测，分析检测到的超声谱图（图 2.20）。

（1）连续测量方式中，峰值波动较大，具有明显的 50 Hz 相关性和 100 Hz 相关性，且 100 Hz 相关性大于 50 Hz 相关性。

（2）脉冲测量方式中，有一定的飞行特征。

（3）相位测量方式中，具有明显的相位相关性。

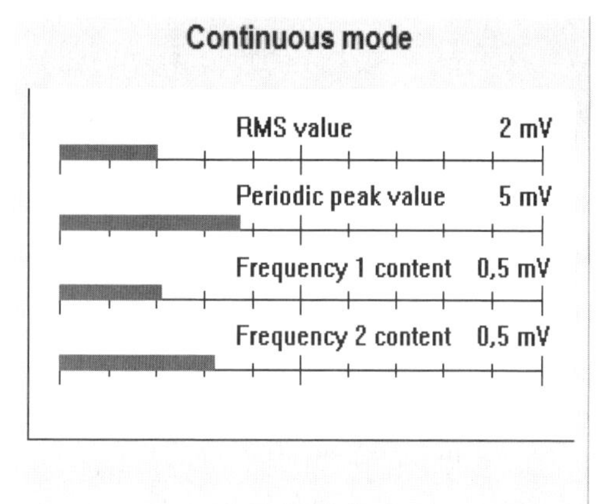

（a）连续测量方式

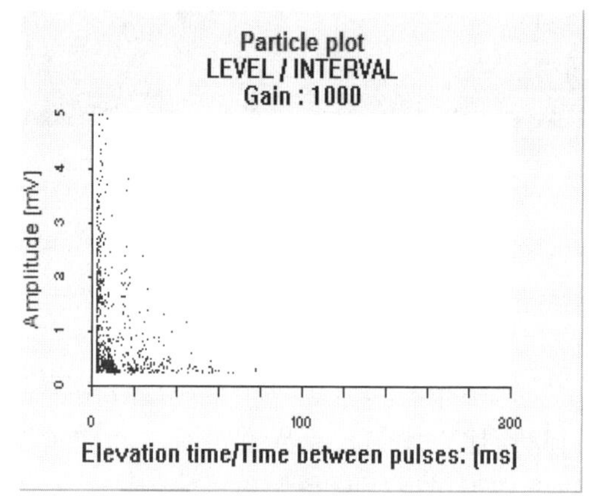

（b）脉冲测量方式

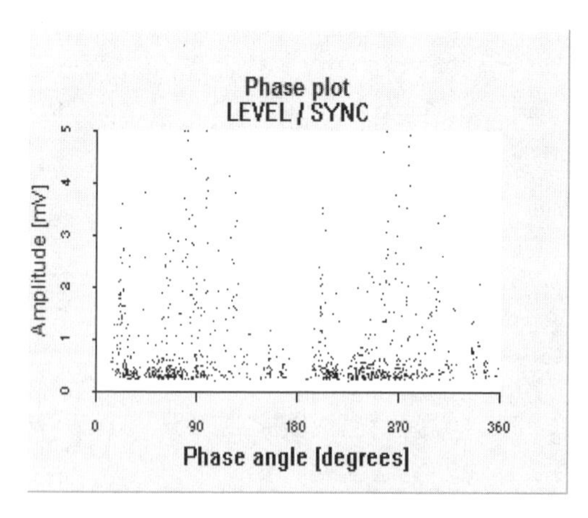

（c）相位测量方式

图2.20　超声检测谱图

（三）诊断评估

特高频局放检测未发现异常，但由于特高频局放检测是通过盆式绝缘子浇注口进行检测的，而浇注口尺寸较小，可能对特高频信号造成较大的衰减。故特高频检测未发现异常，并不能完全说明该避雷器内部不存在局放现象，但经过长期跟踪复测依然未检测到特高频局放信号。而使用超声局放检测避雷器时，避雷器气室检测声中存在异常声响信号，且有幅值和信号特征表现，判断该气室状态异常，但不具备典型的异常局部放电信号特征。

（四）运检策略

（1）对于该气室异响现象，持续跟踪约 6 年，且气体分解产物分析未发现异常，说明该异常信号并非很强。持续跟踪过程中未发现明显变化，也未造成进一步恶化后果，建议继续对该避雷器气室加强跟踪关注，进一步关注信号幅值的变化趋势。如有条件可加装局放重症监测系统，实时跟踪局放信号，如信号进一步变化应尽快安排停电检修。

（2）建议对该气室SF_6气体组分按周期进行检测分析，确定是否有进一步放电情况。

（3）运行人员缩短巡视周期，发现异常情况及时汇报。

【案例4】基于局部放电带电测试技术的220 kV××变电站110 kV GIS耐压过程中1121隔离开关靠Ⅰ母的盆式绝缘子击穿故障检修案例

（一）案例摘要

2020 年 3 月 25 日，对 220 kV××变电站 110 kV GIS 扩建间隔带 110 kVⅠ段母线进行 B 相耐压试验（耐压值为出厂值的 80%，即 184 kV）时，发生击穿故障。经闪络定位仪确定：放电位置位于母联间隔 1121 隔离开关靠Ⅰ母的盆式绝缘子处，该处局放信号灯点亮最多，如图 2.21 所示。后对 1121 隔离开关气室进行检查，发现有平垫掉落在 1121 隔离开关气室靠断路器通盆处，螺丝与弹簧垫片来自 1121 隔离开关气室顶部内壁上吸附剂罩子，并在螺丝和弹簧垫片表面发现了放电引起的灼烧痕迹。

通过该案例得到的经验：超声局放测试能有效发现耐压过程中异常悬浮放电，且应用一定量的超声局放传感器，能有效定位耐压过程中的闪络气室位置。

【关键词】超声局放；闪络定位；绝缘盆子；耐压击穿故障。

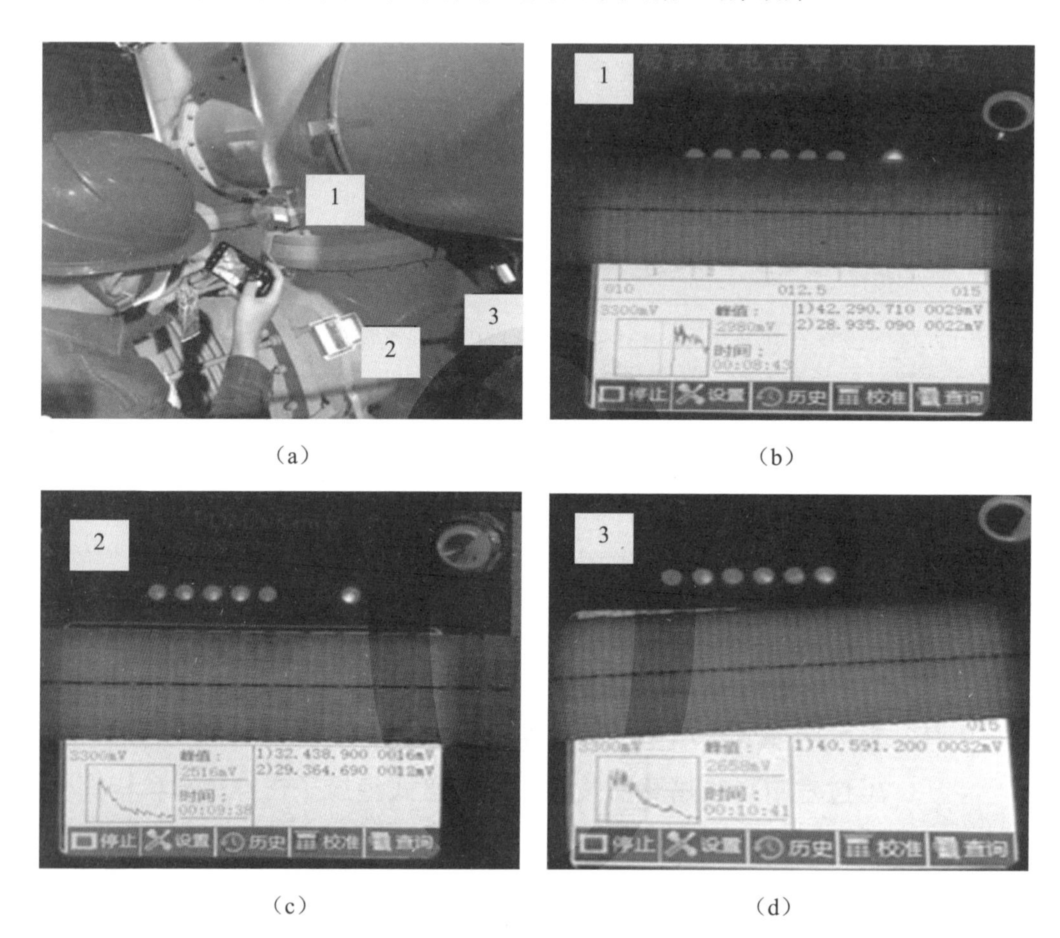

（a）　（b）

（c）　（d）

图2.21　GIS闪络定位情况

（二）故障定位

3 月 29 日，专业班组对 110 kV 母联间隔 1121 隔离开关气室和对应的 I 母气室进行了开盖检查。

通过开盖检查，在 1121 隔离开关靠 I 母的横置盆式绝缘子上表面处，发现了树状放电痕迹，放电痕迹从 B 相导电触指底座向盆子外径和 A 相、C 相发展，并且在

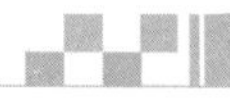

B 相向 A 相放电轨迹靠 B 相底部发现一颗螺丝，B 相向盆子外径（对地）放电轨迹靠 B 相底部发现一片弹簧垫片，如图 2.22 所示。

同时，在螺丝和弹簧垫片表面发现了放电引起的灼烧痕迹，如图 2.23 所示。

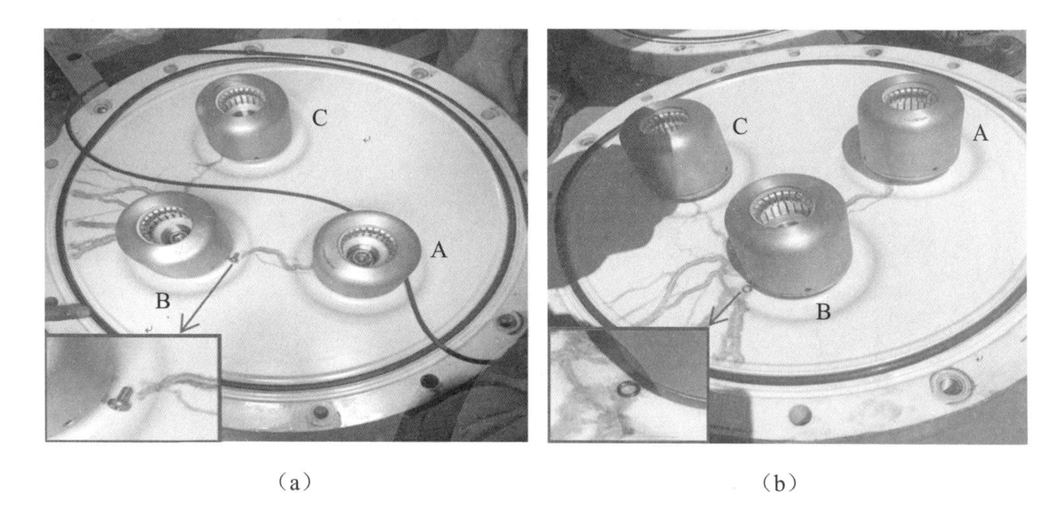

（a）　　（b）

图2.22　1121隔离开关气室盆子处放电痕迹

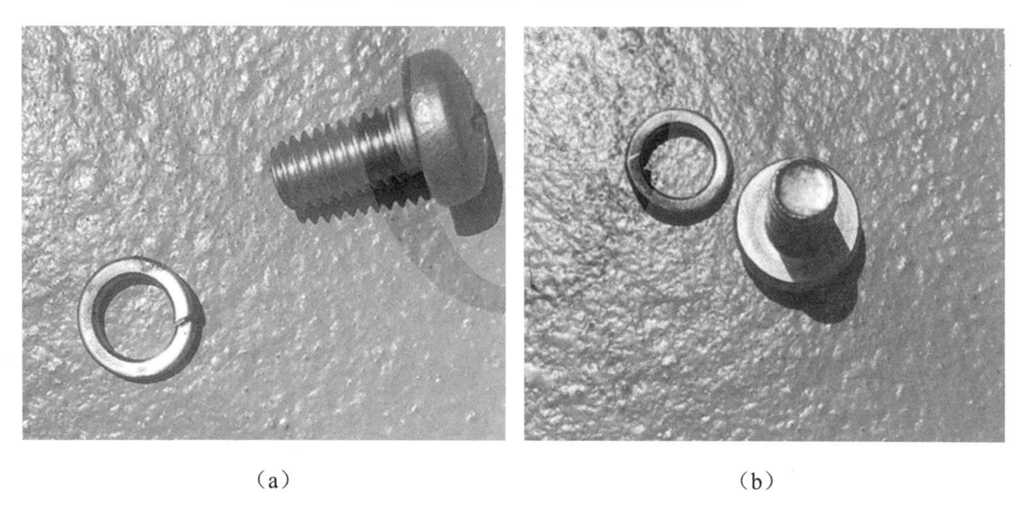

（a）　　（b）

图2.23　螺丝和弹簧垫片放电灼烧痕迹

经对 1121 隔离开关气室进行检查，发现掉落的螺丝与弹簧垫片来自 1121 隔离开关气室顶部内壁上吸附剂罩子。吸附剂罩子由 4 颗螺丝（包含螺丝、弹簧垫片、平垫）紧固，掉落的平垫在 1121 隔离开关气室靠断路器通盆处，如图 2.24 所示。螺丝掉落示意图如图 2.25 所示。

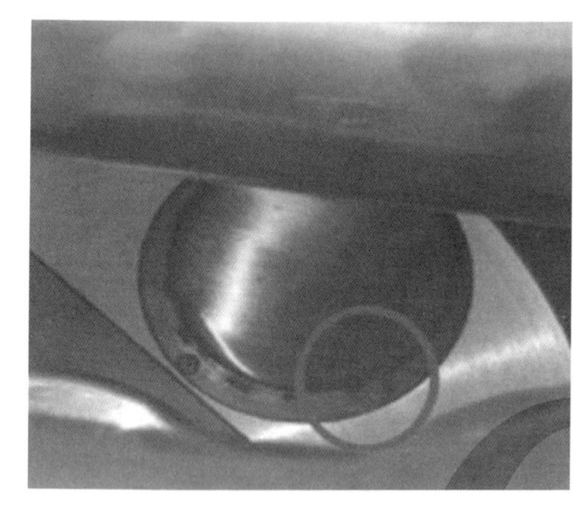

（a）平垫

（b）螺丝和弹簧垫片缺失

图2.24　吸附剂罩子上缺失的螺丝和弹簧垫片

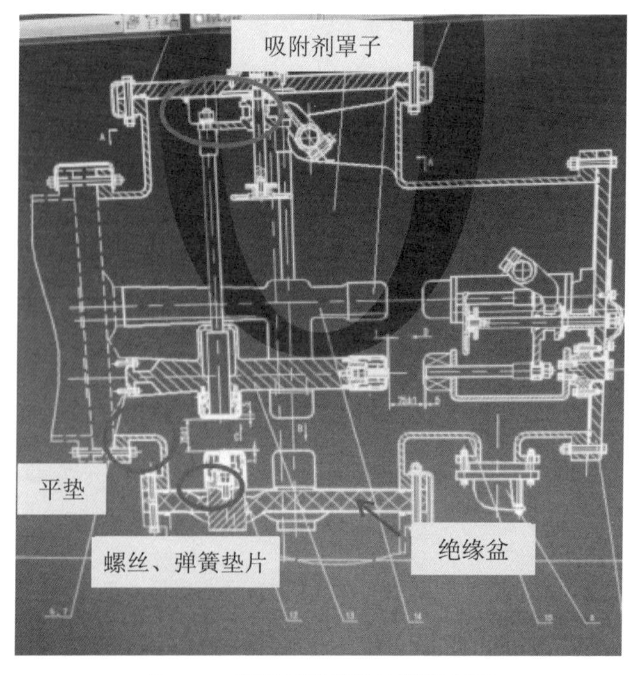

图2.25　吸附剂罩螺丝掉落示意图

现场使用百洁布浸润酒精，对放电盆子的放电痕迹进行擦拭后，基本确定本次耐压击穿后果为沿面闪络，擦拭后的绝缘盆如图 2.26 所示。

图2.26　擦拭后的绝缘盆

通过放电点定位和开盖检查，确定本次耐压击穿原因为：吸附剂罩子由于安装不到位等原因导致螺丝、弹簧垫片脱落至绝缘盆处，造成绝缘盆表面绝缘强度下降后耐压击穿。

通过现场检查，可确定该螺丝设计时已采用了防松措施（弹簧垫片），螺丝掉落应该是安装时未紧固造成的；同时，该吸附剂罩子上螺丝无力矩紧固标识线，即现场安装时无法确认螺丝紧固是否到位。

（三）预防措施

1. 提高现场安装质量

现场进行 GIS 设备安装时，应严格控制安装工艺，防止出现导体和绝缘子损伤，也要防止在组装时出现部件螺丝松动、设备受潮、进入灰尘等情况。组装前，应先检查表面及触指有无生锈、氧化物、划痕及凹凸不平处，如有，则采用砂纸将其处理干净平整，并用清洁无纤维裸露白布或不起毛的擦拭纸沾无水酒精洗净触指内部，保证设备内部清洁、完好。

2. 加强现场验收见证

继续加强设备出厂、安装、交接试验过程中的现场见证。设备出厂试验是否按照要求进行，安装工艺是否按照各项规范、标准进行，试验过程是否按照交接及反措标准执行，都将影响到设备后期的安全运行，必须加强过程的参与及监管。

【案例5】基于局部放电带电测试技术的500 kV××变电站5041断路器气室断口下部颗粒放电故障状态检修案例

（一）案例摘要

2021 年 2 月 26 日，带电监测班对 500 kV××变电站 500 kV GIS 设备开展局放测试工作，发现 500 kV Ⅲ母连接线 5041 断路器（C 相）存在超声局放信号，超声最大幅值为 13 dB，图谱具备自由颗粒放电特征，无特高频局放信号。2021 年 3 月 3 日，对 500 kV Ⅲ母连接线 5041 断路器（C 相）开展局放跟踪复测工作，结果与 2 月 26 日测试的幅值大小、放电类型一致，但信号幅值点有偏移，无特高频局放信号。第三次开展复测，结果与前两次测试的幅值大小、放电类型一致，但信号最大幅值点有偏移。三次局放测试均在断路器罐体底部检测到异常超声波信号，通过耳机能听到明显的放电声，根据图谱特征诊断故障类型是自由颗粒放电。但在运行一个月后的周期跟踪中该异常局放信号消失。

通过该案例得到的经验：超声局放测试能有效发现 GIS 内部颗粒放电，但特高频局放对此类局放检测不够灵敏。对于此类局放情况，若无法尽快开展停电检修，则可以周期性地开展跟踪复测信号变化情况，必要时应尽快停电检查验证。

【关键词】超声局放；时差定位；颗粒放电；局放点位移。

（二）状态感知

1. PDS-T90 局放测试分析

（1）超声波信号。

使用 PDS-T90 超声波模式对 500 kV Ⅲ母连接线 5041 断路器（C 相）进行超声波信号检测，在罐底部检测到明显的超声波信号，具体的数据及图谱如图 2.27 所示。

如图 2.27 所示：最大幅值 14 dB，无明显频率成分关系；相位图谱散点分布，无明显聚集效应。

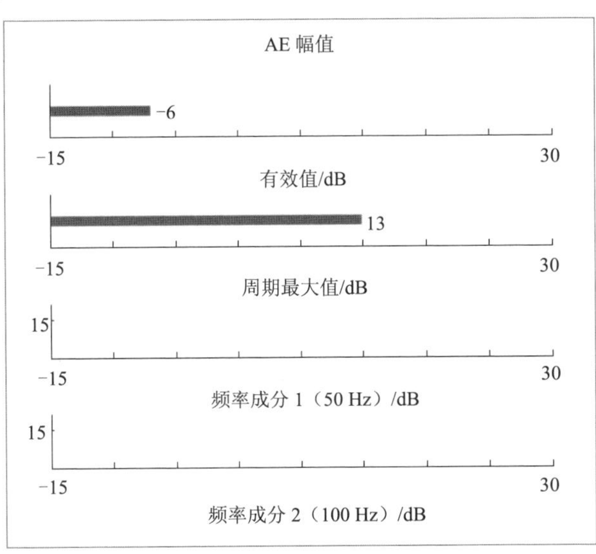

（a）AE 幅值图谱

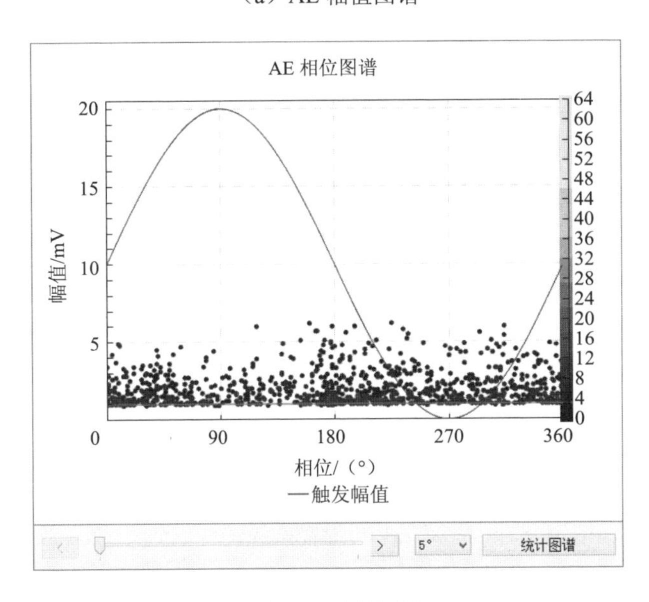

（b）AE 相位图谱

图2.27　AE幅值图谱/AE相位图谱

如图 2.28 所示：飞行图谱具有飞行特征，放电时间间距稳定且飞行时间长，具有颗粒放电的特征；波形图谱每个波形起始边沿较陡，每个周期的波形个数不稳定，无规律。

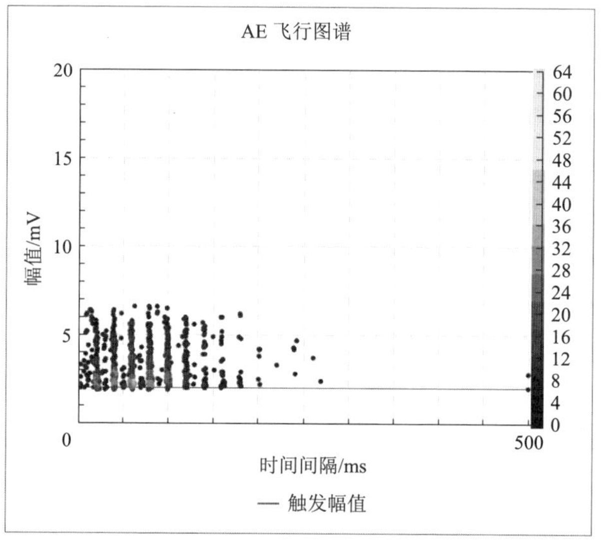

（a）AE 飞行图谱

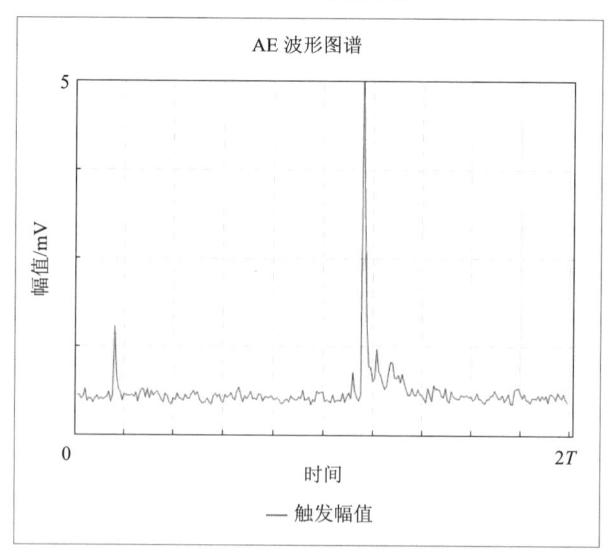

（b）AE 波形图谱

图2.28　AE飞行图谱（500 ms）/AE波形图谱（2T）

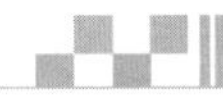

根据以上结果综合判断：在 500 kV Ⅲ母连接线 5041 断路器（C 相）罐体底部区域存在颗粒放电。

（2）特高频信号。

特高频 PRPD/PRPS 图，如图 2.29 所示。

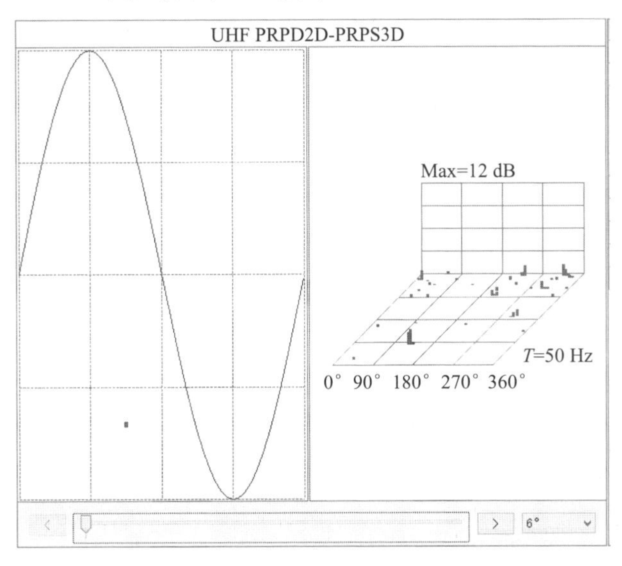

图2.29　特高频PRPD/PRPS图

根据图谱分析：无明显特征的特高频检测信号。

2. UZ11 型多功能局放定位仪测试分析

使用 UZ11 型多功能局放定位仪对 500 kV Ⅲ母连接线 5041 断路器（C 相）检测到的异常超声波信号进行定位分析。

图谱分析：一个工频周期（20 ms）脉冲信号无相位相关性，信号具有典型自由颗粒放电特征。

图谱诊断：根据以上测试结果综合分析，该断路器未检测到特高频局部放电信号，超声局放信号无明显频率成分关系，相位图谱散点分布，无明显聚集效应，而飞行图谱具有飞行特征，放电时间间距稳定且飞行时间长，放电时间间隔不稳定，放电幅值分布较广，其极性效应不明显，信号存在一定的随机性，一个工频周期（20 ms）脉冲信号无相位相关性，具有典型自由颗粒放电的特征，根据超声信号最大位置可判断放电所在区域如图 2.30 所示。

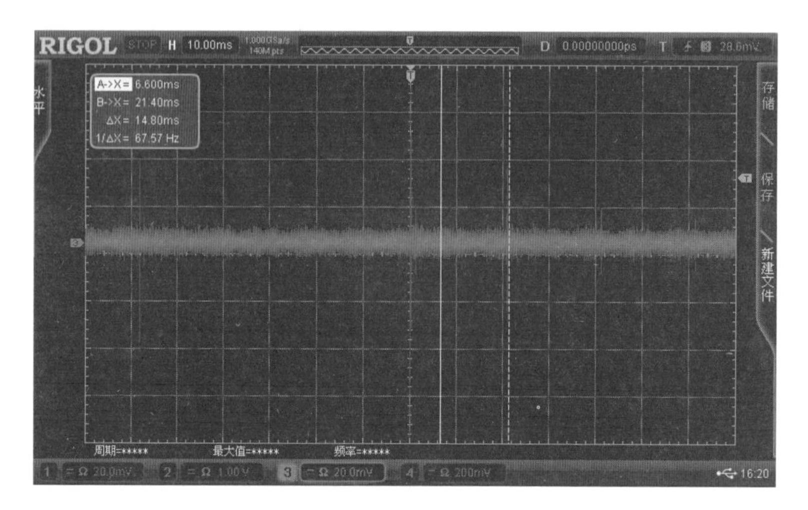

（a）

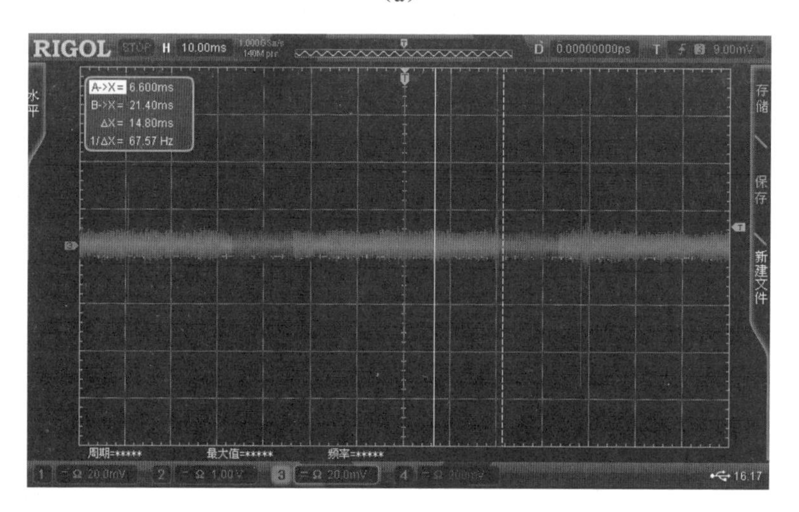

（b）

图2.30　10 ms示波器波形图

趋势分析：根据带电监测班在 2021 年 2 月 26 日、3 月 3 日、3 月 17 日 3 次测试结果，故障图谱特征基本相同，但是存在信号幅值最大局放点位移情况，如图 2.31 所示。

图2.31　3次测试信号幅值点迁移情况

（三）诊断评估

本次对××500 kV 变电站 500 kV Ⅲ母连接线 5041 断路器（C 相）进行超声波、特高频检测分析结论：在断路器罐底部检测到超声信号幅值最大，幅值为 14 dB，放电类型为自由颗粒放电，信号大小和放电类型与 2 月 26 日、3 月 3 日检测结果一致，信号幅值最大位置较上两次有偏移。依据《电力设备检修试验规程》（Q/CSG 1206007—2017）中规定，GIS（含 HGIS）运行中局部放电测试应无明显局部放电信号，此次试验结果不合格。

（四）运检策略

颗粒放电故障的不确定因素较多，由于颗粒的无规律移动，其放电能量大小和故障后果难以预测。当自由颗粒跳动到设备某些位置时，会造成破坏性严重后果。自由颗粒严重程度判断须在脉冲模式图谱中结合信号峰值大小和飞行时间综合判断，可参考《气体绝缘金属封闭开关设备局部放电带电测试技术现场应用导则 第 1

部分 超声波法》（Q/GDW 11059.1—2013）。目前信号幅值不大但飞行时间长，建议必要时停电检查。在停电前测试、运维建议：

（1）带电监测专业按照周期 3 月/次，开展局部放电带电检测，密切关注信号发展趋势；

（2）化验专业按照周期 3 月/次，开展 SF_6 现场分解产物测试（检测组分：SO_2、H_2S、CO），必要时实验室分解产物测试（检测组分：SO_2、SOF_2、SO_22F_2、CO、CO_2、CS_2、CF_4、S_2OF_{10}）；

（3）运行专业加强巡视，发现异常情况立即上报。

第 3 章　金属氧化物避雷器状态检修案例选编

【案例1】基于脉冲电流法局放带电检测技术的110 kV××变电站110 kV线路避雷器缺陷状态检修案例

（一）案例摘要

本案例通过停电试验、红外测温、阻性电流测试均未发现异常，而尝试高频电流（High Frequency Current Transformer，HFCT）局部放电检测技术成功发现金属氧化物避雷器（Metal Oxide Surge-arrester，MOA）潜伏性故障案例。验证 HFCT 局部放电检测技术在避雷器状态检修工作中所能起到的特殊效用，同时归纳了避雷器状态检测各种技术的优劣特征，对各项技术如何配合应用分析的经验进行总结和分享。

通过该案例得到的经验：通过运行中避雷器本体局放带电检测结果与解体发现的问题，采用高频脉冲电流法能有效分析避雷器可能存在局部放电缺陷。

【关键词】金属氧化物避雷器（MOA）；高频电流（HFCT）；局部放电检测；带电测试；状态检修。

（二）状态感知

1. 常规测试与分析

首先使用望远镜对避雷器外观进行检查，避雷器无变形、无歪斜，表面无脏污、无放电现象、无龟裂老化、起壳现象，瓷裙、法兰无裂纹、破损，防污涂层。然后使用手持式红外测温仪对避雷器进行温度测试。随后使用 HS400E 型 MOA 阻性电流测试仪对避雷器阻性电流进行测试。最后分别使用 PDS-T90 超高频局部放电测量仪、MPD600 数字式局部放电测量系统，利用 HFCT 对避雷器进行局部放电检测。测试仪器均提前按照规范进行校验和检查，满足测试要求。

在技术人员按照上述技术方案开展普测的过程中，发现 110 kV 某变电站 110 kV 某 I 回线路氧化锌避雷器存在局部放电信号，随后对该问题进行研究分析。该氧化锌避雷器结构原理图，如图 3.1 所示。

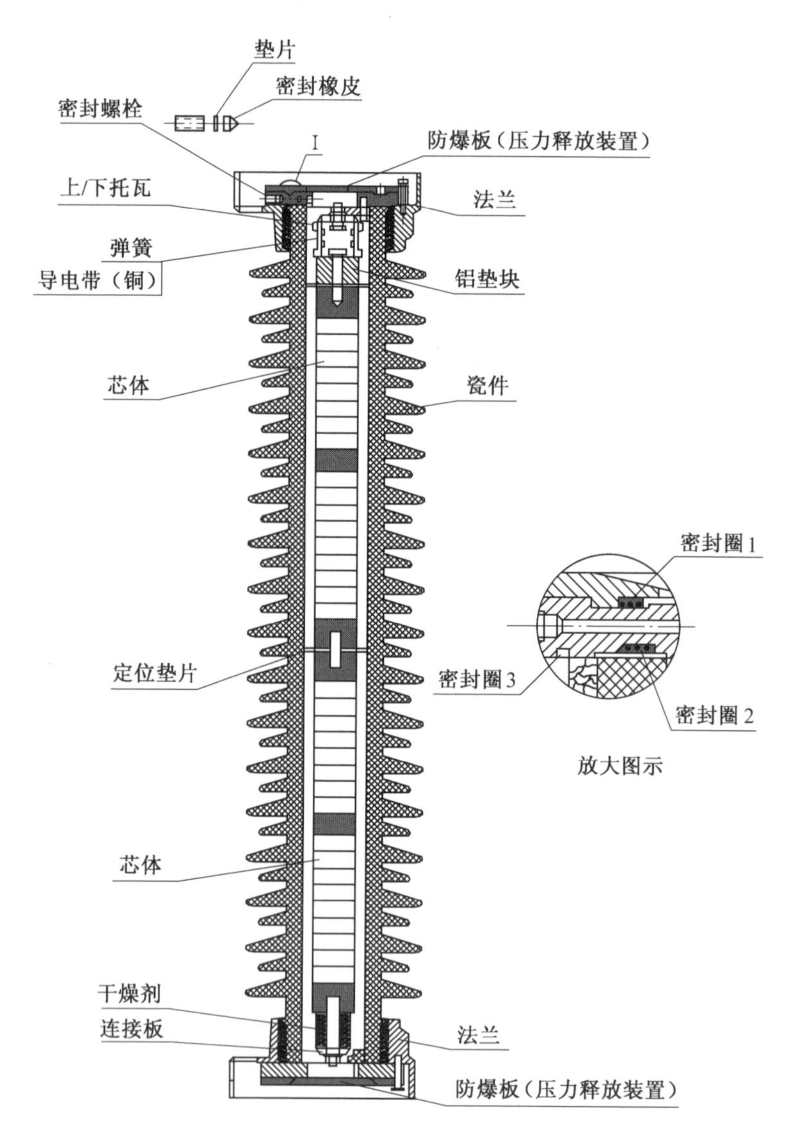

图3.1　氧化锌避雷器结构原理图

（1）停电预试历史数据分析。

该 110 kV 避雷器停电预试周期为 6 年。该避雷器自投运以来进行过两次停电预试，首检和第二次停电预试（HFCT 局部检测时间是在 3 个月后开展的）。

该避雷器绝缘电阻测试，见表 3.1。该避雷器泄漏电流测试，见表 3.2。

表3.1　该避雷器绝缘电阻测试　（单位：GΩ）

预试值	绝缘电阻	A 相	B 相	C 相
首检预试值	本体	200	200	200
	底座	0.865	5.56	5.11
本次预试值	本体	200	200	200
	底座	100	100	100

表3.2　该避雷器泄漏电流测试

预试值	泄漏电流测试	A 相	B 相	C 相
首检预试值（U_{1mA}初始值 157 kV）	$U_{1\ mA}$/kV	162.6	162.3	162.1
	$I_{0.75U1\ mA}$/μA	9	11	8
本次预试值	$U_{1\ mA}$/kV	161.0	157.8	168.9
	$I_{0.75U1\ mA}$/μA	15	9	4

根据中国南方电网有限责任公司企业标准《电力设备检修试验规程》（Q/CSG 1206007—2017）避雷器相关判据：本体绝缘电阻 35 kV 以上不小于 2 500 MΩ、底座绝缘电阻不小于 5 MΩ。$U_{1\ mA}$ 实测值与初始值或制造厂规定值比较，变化的绝对值不应大于 5%，对于多支并联结构的避雷器，直流参考电压实测值不应超过测量平均值的 2%，0.75 $U_{1\ mA}$ 下的泄漏电流不应大于 50 μA 停电预试数据无异常。

（2）红外测温诊断。

红外测温是利用物体的辐射能量与温度的关系，以非接触的方式对设备发热故障进行观测和记录。MOA 属于电压值制热型设备，在正常运行时，发热量比较小，并且整体热场分布均匀，有时呈现上、下两端温度偏低，而中部稍高的现象。热点一般在靠近上部且不均匀，从上到下温度递减，整体或局部发热，温差超过 1 ℃时，表明避雷器可能存在故障。

当 MOA 发生故障时，会引起阻性电流或功率损耗增加，且故障的发热功率与设备运行电压的平方成正比，与负荷电流的大小无关，表现为温度上高下低（或表面温度场等温线呈倒三角）不均匀的热场分布，此时，整体温升增大，相间温差也增大，故障相的温度较正常相偏高。因此，利用这些特点就可通过红外测温来判断设备是否存在缺陷。该避雷器及其相邻间隔避雷器红外测温结果，见表 3.3。

表3.3　该避雷器及其相邻间隔避雷器红外测温（天气：阴）　（单位：℃）

红外测温	110 kV××Ⅰ回线路避雷器			110 kV××Ⅱ回线路避雷器		
	A 相	B 相	C 相	A 相	B 相	C 相
上部温度	17.3	17.6	17.4	17.3	17.3	17.3
中部温度	17.4	17.7	17.5	17.3	17.4	17.4
下部温度	17.2	17.4	17.4	17.2	17.4	17.3

由上述数据可知，从各个角度对同类型的Ⅰ、Ⅱ回线避雷器进行红外测温。根据《带电设备红外诊断技术应用导则》（DL/T 664—2008），通过同类比较判断法、图像特征判断法、相对温差判断法，未发现Ⅰ、Ⅱ回线避雷器异常发热。

（3）MOA 阻性电流测试。

在交流电压下，避雷器的总泄漏电流包含阻性电流（有功分量）和容性电流（无功分量）。在正常运行情况下流过避雷器的主要为容性电流，阻性电流只占很小一部分，为 5%～20%。但当电阻片老化后，避雷器受潮，内部绝缘部件受损以及表面严重污秽时，容性电流变化不大，阻性电流大大增加，所以带电测试主要是检测泄漏电流中的阻性分量。

避雷器测试周期为每年一次，历史数据见表 3.4，按照中国南方电网有限责任公司企业标准《电力设备检修试验规程》（Q/CSG 1206007—2017）避雷器带电测试相关判据：把测量值与初始值比较，当阻性电流增加 50%时应该分析原因，加强监测、适当缩短检测周期；当阻性电流增加 1 倍时应停电检查。经纵向对比分析，避雷器的历次阻性电流历史数据无异常变化。经横向对比分析，三相避雷器之间阻性电流数据无异常。

表3.4　该避雷器阻性电流带电测试数据

测试值	相别	带电测试数据			
		I_x/mA	I_{rp}/mA	功率损耗/W	损耗角 Φ/(°)
前年测试值	A 相	0.360	0.059	—	—
	B 相	0.351	0.057	—	—
	C 相	0.358	0.059	—	—
去年测试值	A 相	0.359	0.058	—	—
	B 相	0.358	0.057	—	—
	C 相	0.351	0.055	—	—
本次测试值	A 相	0.361	0.057	1.6	86.1
	B 相	0.353	0.046	1.5	86.1
	C 相	0.360	0.059	1.7	85.8

2. HFCT 局部放电技术应用研究

运行中的 MOA，其绝缘部分可等效为一个电容，三相间存在耦合电容。当 MOA 绝缘状况发生变化或者内部元件松动时，等效电容的两极出现电荷变化，并伴随一个持续、短暂的脉冲电流信号贯通等效电容的两极，这个脉冲电流信号类似微观雷电流，即高频电流。高频电流法就是捕获脉冲电流信号，测试频率较高。经过尝试使用超声波传感器、特高频传感器都没能测到有效的信号（检测到的信号与环境干扰相同），因此尝试使用 HFCT 传感器测试。

基于高频电流法的局部放电检测方法主要有两种：直接在 MOA 接地线上卡 HFCT、加电容臂三相同步测量。信号同步方式有电源同步、光同步。本次所使用的 PDS-T90 超高频局部放电测量仪，是直接在 MOA 接地线上卡 HFCT，信号同步方式为电源同步。MPD600 数字式局部放电测量系统是加电容臂三相同步测量，信号同步方式为光同步。

单相直接测试法，如图 3.2 所示。加电容臂三相同步测试法，如图 3.3 所示。

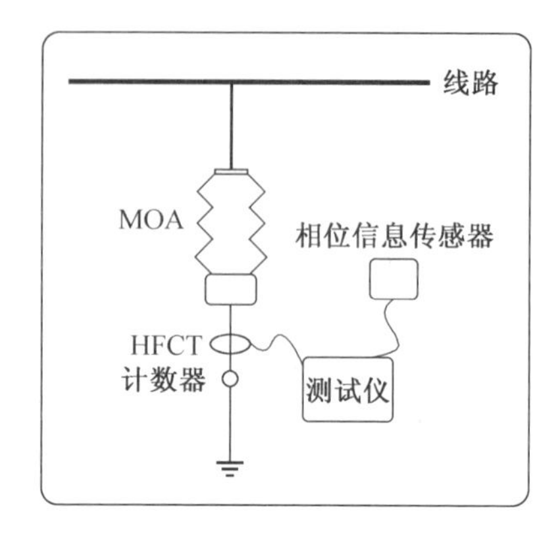

图3.2　单相直接测试法

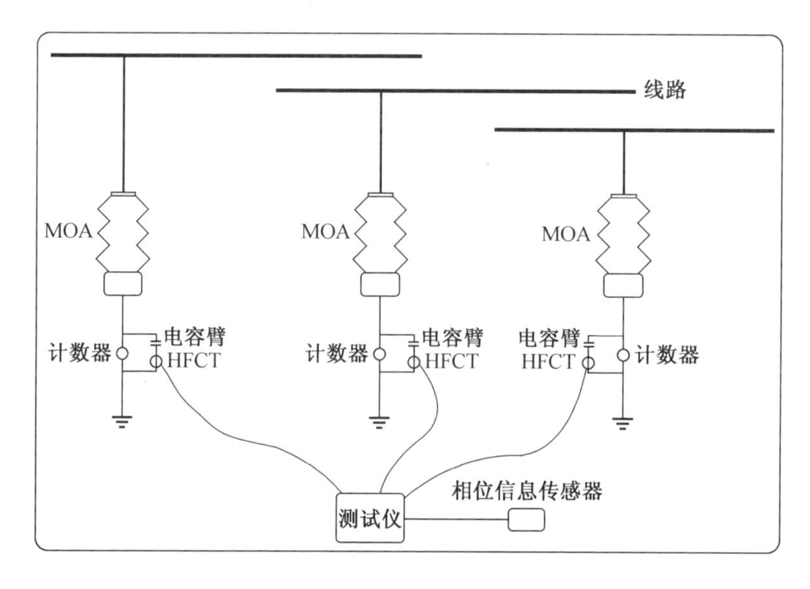

图3.3　加电容臂三相同步测试法

（1）PDS-T90 超高频局部放电测量仪检测分析。

①该避雷器 A 相检测结果。

图谱分析：当 HFCT 信号最大值为 15 dB 时，放电信号极性效应非常明显，在工频相位的正半周或负半周出现，放电强度不大且相位分布较宽，放电次数较多。信号具有电晕放电特征。

图谱分析：当 HFCT 信号最大值为 16 dB 时，相位分布较宽，大小脉冲都有，整体周期图谱无明显相位相关性，信号具有放电强度不大的多点放电特征。

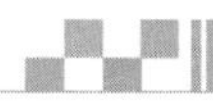

HFCT PRPD&PRPS 图谱/周期图谱，如图3.4所示。

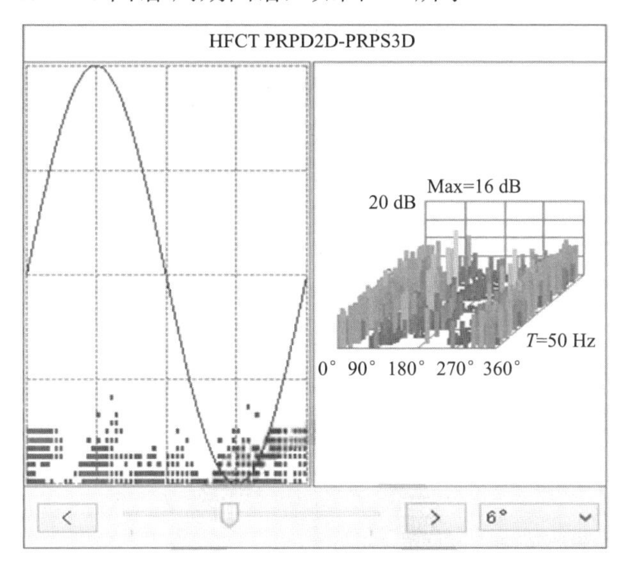

（a）HFCT PRPD&PRPS图谱

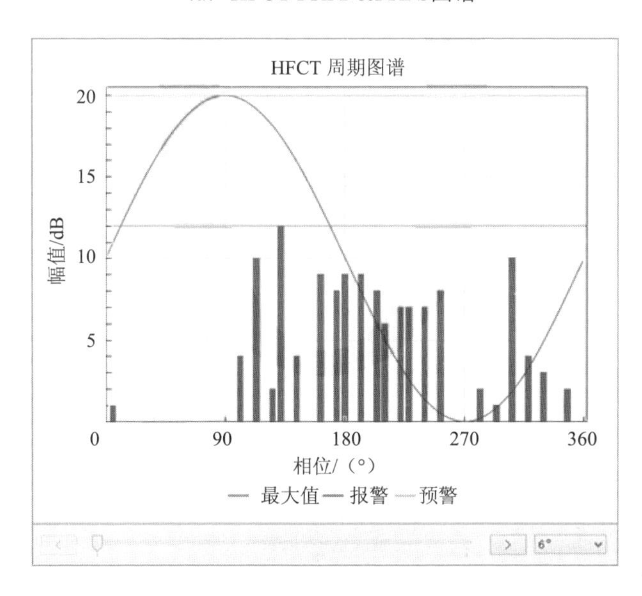

（b）HFCT周期图谱

图3.4　HFCT PRPD&PRPS图谱/周期图谱

②该避雷器 B 相检测结果。

HFCT PRPD&PRPS 图谱/周期图谱，如图 3.5 所示。

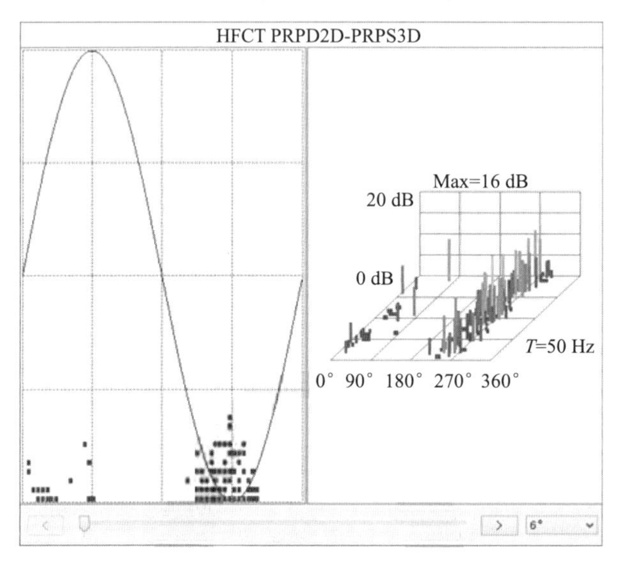

（a）HFCT PRPD&PRPS图谱

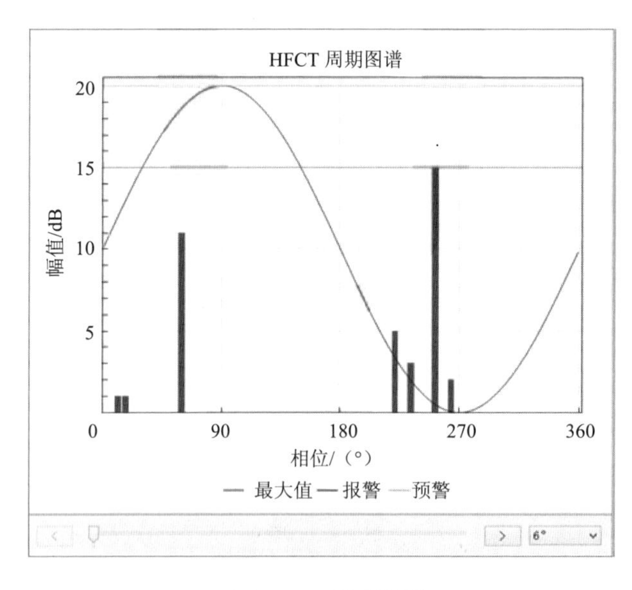

（b）HFCT周期图谱

图3.5 HFCT PRPD&PRPS图谱/周期图谱

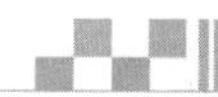

③该避雷器 C 相检测结果。

HFCT PRPD&PRPS 图谱/周期图谱，如图 3.6 所示。

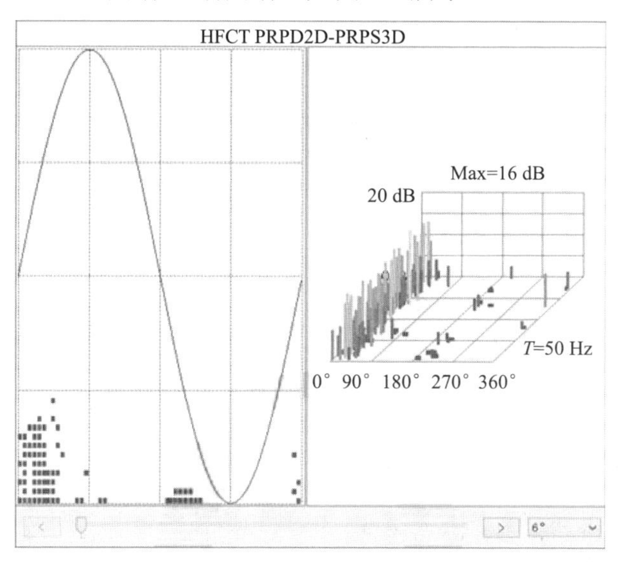

（a）HFCT PRPD&PRPS图谱

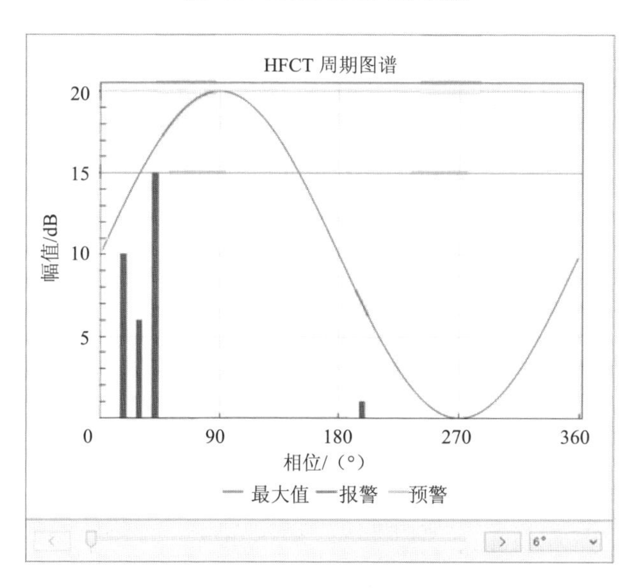

（b）HFCT周期图谱

图3.6 HFCT PRPD&PRPS图谱/周期图谱

图谱分析：当 HFCT 信号最大值为 18 dB 时，放电信号在工频相位的正、负半周都出现，放电信号强度相对较低且相位分布较宽，工频相位下的对称性不强，信号具有沿面放电信号特征。

（2）MPD600 数字式局部放电检测系统检测分析。

使用 MPD600 数字式局部放电检测系统对该避雷器三相同时进行 HFCT 局部放电测试，测试数据如图 3.7～3.10 所示。

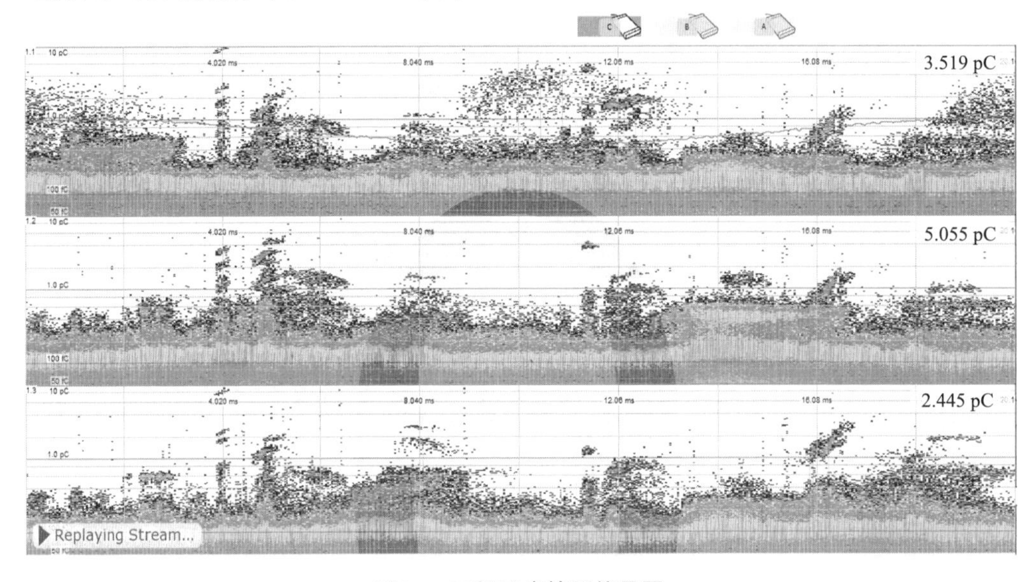

图3.7　三相同步检测信号图

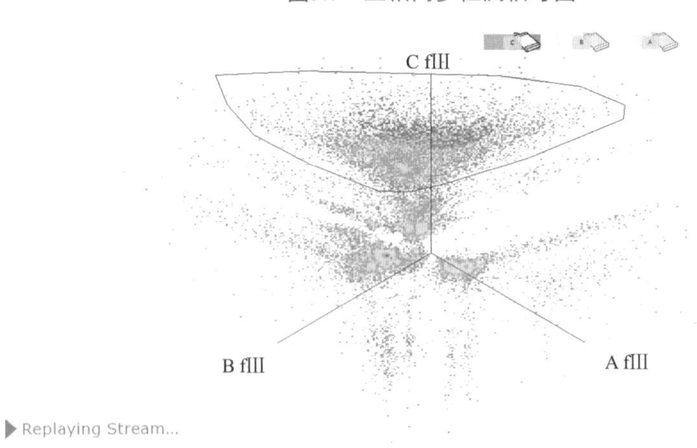

图3.8　检测信号解析为3PARD图谱（框内发现疑似故障信号）

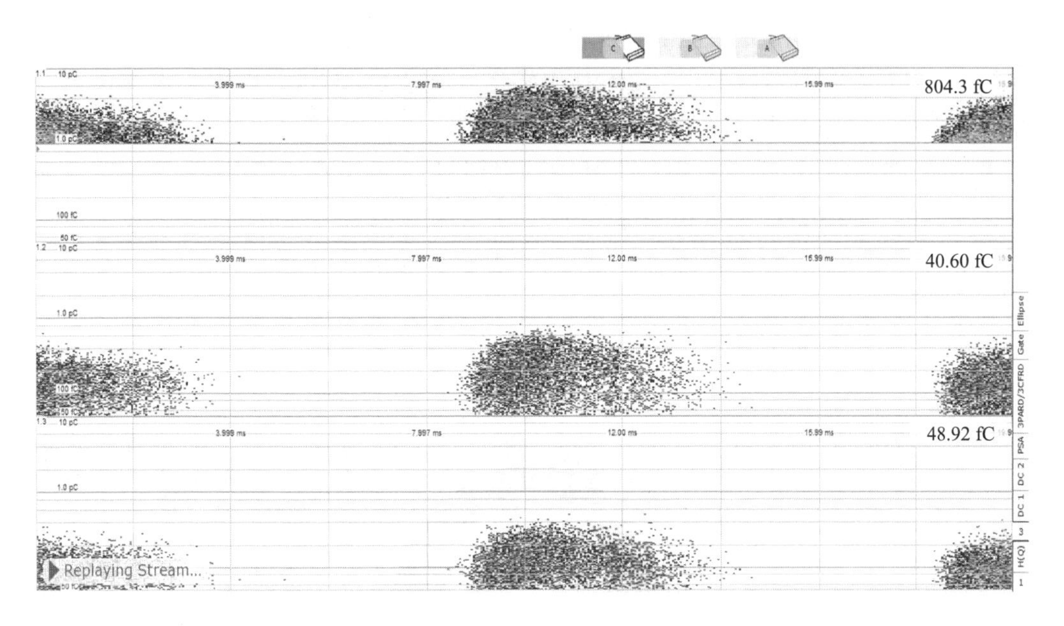

图3.9　疑似信号的PRPD图谱

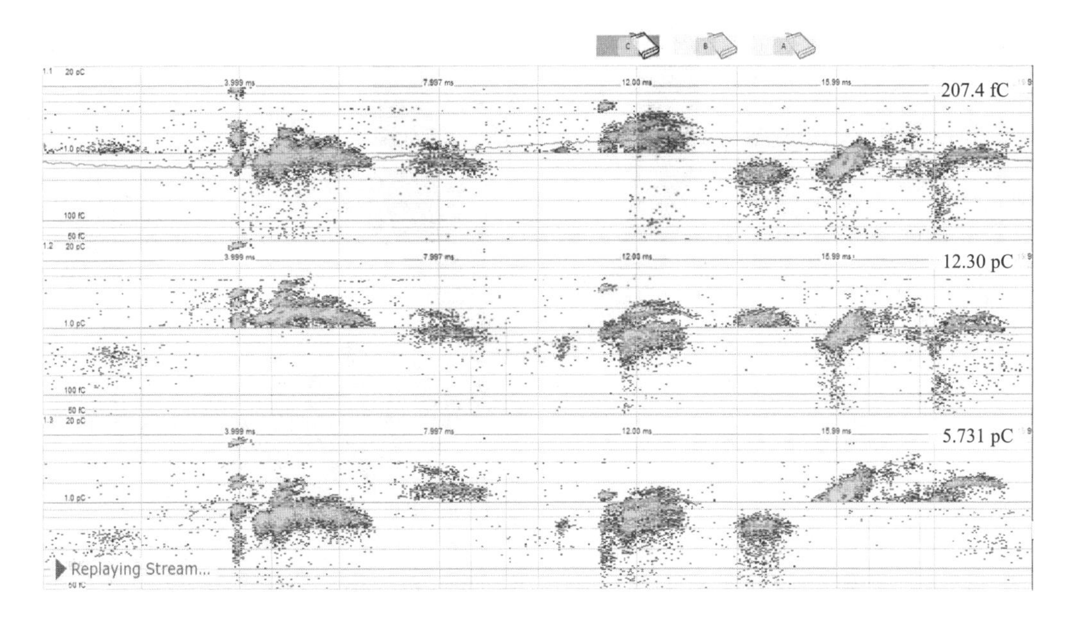

图3.10　框外其他信号PRPD图谱

图谱分析：图 3.11 是三相 HFCT 传感器采集到的全部信号，除了分别位于 A 相、B 相、C 相三个相似信号外，偏 C 相轴上发现一个特殊信号（框内信号）。将框内疑似信号解析为 PRPD 图谱，发现 B 相信号强度最小，A 相稍大，C 相最大。框外信号解析为 PRPD 图谱后，A 相、B 相、C 相三相信号图谱特征基本相似，是环境干扰信号。综合判断：C 相存在局部放电信号，B 相未发现局部放电信号。A 相信号大小和特征不明显，该图谱无法评估。但是鉴于 B 相位于 A 相、C 相中间，B 相同时会受到 A 相、C 相电场干扰，信号略大于 A 相、C 相，所以 A 相不排除存在故障的可能性。瓷件内壁有明显的放电点，如图 3.12 所示。

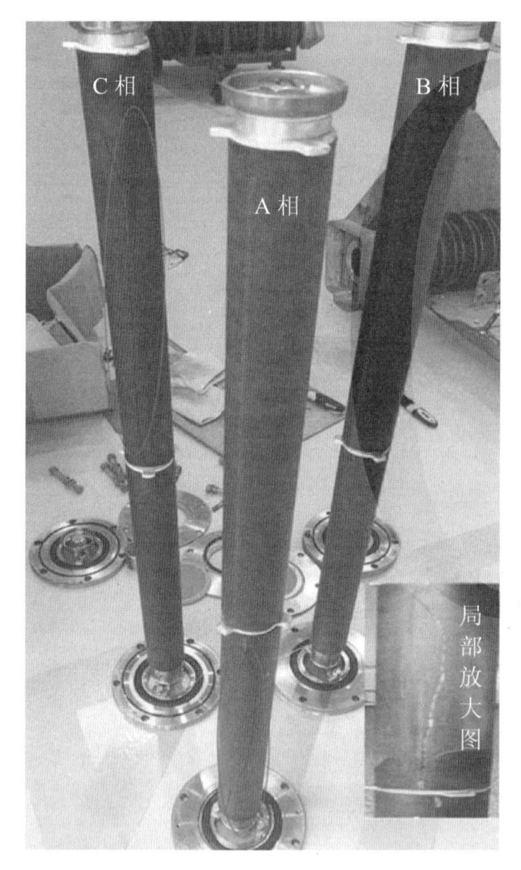

图3.11　该避雷器A相、C相绝缘包裹发现裂痕

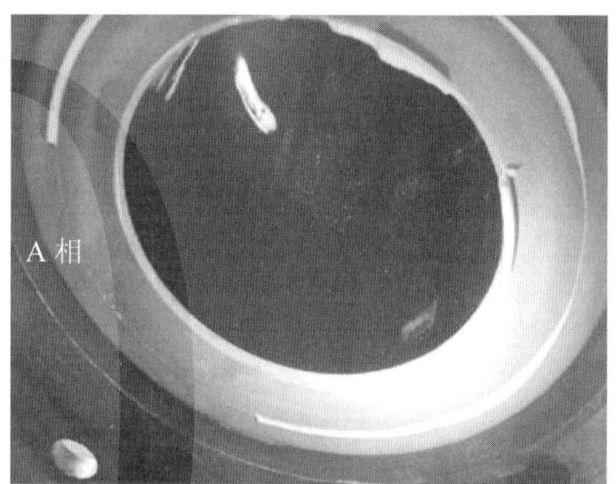

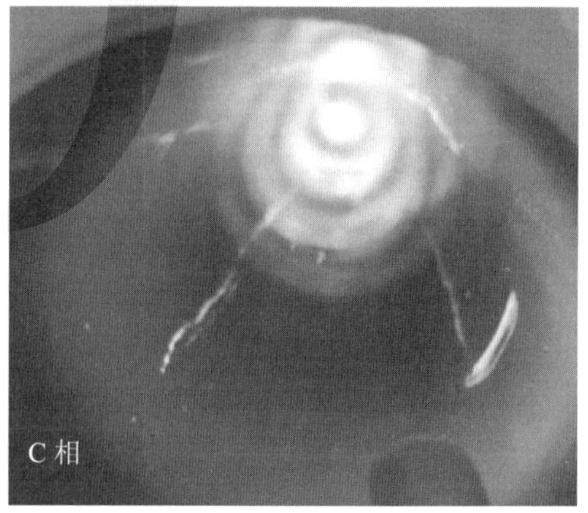

图3.12　瓷件内壁有明显的放电点

（三）诊断评估

根据中国南方电网有限责任公司企业标准《电力设备检修试验规程》（Q/CSG 1206007—2017）避雷器相关判据诊断：①停电高压试验未发现该避雷器异常；②红外测温和阻性电流带电测试也未发现该避雷器异常；③通过综合分析两种 HFCT 局部放电测试图谱，发现该避雷器 A 相存在局部放电故障，信号具有多点放电特征。B 相存在局部放电故障，信号具有电晕放电特征。C 相存在局部放电故障，信号具有沿面放电特征。该避雷器测试不合格。

（四）运检策略

建议停电检查该避雷器密封性是否良好、有无受潮锈蚀，检查有无裂纹、首尾压紧弹簧、T 型金属接头、端部与高压引线连接螺母等元件接触固定是否良好。

（五）停电检修

经过解体检查，未发现避雷器内部受潮、锈蚀，未发现内部元件接触不良，也未发现阀片损坏。与停电试验、阻性电流测试结果吻合。发现 A 相、C 相避雷器阀片外绝缘包裹（绝缘包裹层材料为玻璃纤维增强 PA66 尼龙，其内是串套在环氧玻璃钢芯棒上的氧化锌阀片），存在纵向的贯穿性裂纹。此外 A 相、C 相避雷器瓷件的内壁有大小不一、数量较多、不同程度的放电痕迹（斑点）。证实 HFCT 局部放电测试结果。

局部放电信号是贯穿性裂纹造成的不均匀电场产生的。贯穿性裂纹的形成，可能涉及的原因有材料、设计不合理，生产、安装工艺不规范，还可能是过电压产生的机械应力等。

（六）预防措施

本案例通过高压试验、阻性电流测试均未发现异常，但是通过 HFCT 局部放电检测技术发现的避雷器潜伏性故障。通过计划停电，及时更换新的避雷器，避免了故障恶化可能导致的非计划停运事件，提高该线路的供电可靠性。说明 HFCT 局部放电检测技术在避雷器状态检修工作中，能起到特殊有效的作用。在技术应用、测试研究、分析诊断过程中，应用建议、经验总结如下：

避雷器停电预试，试验电压一般是直流、某些项目试验电压远小于运行电压、预试周期长达 6 年，对于一些发展初期的绝缘故障，很难被发现，一些潜伏性故障在雷击过电压、操作过电压等状态下，容易发生击穿甚至爆炸等严重事件。而带电测试时避雷器处于运行交流电压下，可以长时、随时进行测量，能真实地反映电力设备在运行条件下的绝缘状况，有利于检测出内部绝缘缺陷。这是测试条件上的差异导致的结果。

避雷器停电预试、阻性电流带电测试，都是考察避雷器的绝缘性能（尤其是氧化锌阀片的性能），反映内部绝缘受潮、阀片劣化等缺陷。但是对绝缘良好但是存在其他类型的避雷器故障无能为力，例如本案例中绝缘包裹裂纹，无法反映到停电预试和阻性电流带电测试数据中。这是技术原理的差异导致的结果。

电压致热性缺陷在设备外部反映出来的温度变化通常较小，且会受绝缘层热传导系数的影响（瓷外套的热传导系数比复合外套的热传导系数小），绝缘材料与阀片间的空气间隙等，都会阻碍热量传导、热量散失。因此对于电压致热性缺陷，红外测温时应考虑到设备绝缘材料对测试结果的影响。对于电压致热型设备缺陷，红外测温时还需虑到设备绝缘材料对测试结果的影响。

通过证实 HFCT 局部放电测试技术在避雷器状态检测中具有独特的作用，能够发现一些其他常规技术无法发现的潜伏性故障。建议在今后的实际工作中应合理应用 HFCT 局部放电测试技术，提高避雷器技术监督水平。但由于各个厂家的传感器灵敏度、抗干扰能力、信号处理水平差异较大，测试结果也会有不同。在具体应用过程，应该选择性能较好的仪器，建议使用多种仪器、取长补短、综合评估。

应该兼容吸收停电预试、现有带电测试技术手段的优势，还需敢于尝试新技术的研究应用或对现有技术的创新使用。精益求精，才能更快、更准、更全面地把握设备健康状态，为电网安全稳定运行贡献技术力量。

【案例2】基于阻性电流带电检测技术的220 kV××变电站110 kV海柳III回184断路器线路避雷器相内部受潮缺陷状态检修案例

（一）案例摘要

在 2016 年 6 月上旬发现 220 kV××变电站 110 kV 海柳III回 184 断路器线路避雷器 A 相、B 相阻性电流、红外测温数据异常，通过停电试验也验证了避雷器存在严重缺陷，停电更换后，对缺陷避雷器解体检查，发现 A 相、B 相避雷器内部严重受潮，金属严重锈蚀，阀片表面氧化变色，表面有水珠等现象，同时发现避雷器在制造工艺和安装方面存在诸多问题。

通过该案例得到的经验：通过对运行中避雷器进行阻性电流测试以及对红外测温数据等进行综合分析，能有效发现避雷器内部受潮的缺陷，且通过停电试验确认，解体检查验证等全流程环节的分析判断，异常数据和解体分析得到一一验证，成功利用状态检修发现一起避雷器缺陷。

【关键词】金属氧化物避雷器（MOA）；阻性电流带电测试；红外测温；状态检修。

（二）状态感知

1. 阻性电流带电测试

在 2016 年 6 月上旬发现，220 kV××变电站 110 kV 海柳Ⅲ回 184 断路器线路避雷器 A 相、B 相阻性电流带电测试数据异常，A 相、B 相全电流和阻性电流相对 C 相偏差超过标准规定的 50%，具体数据情况见表 3.5。

表3.5　220 kV××变电站110 kV海柳Ⅲ回184断路器线路避雷器带电试验数据

相别	A/mA	B/mA	C/mA
全电流（I_x）	1	0.851	0.467
阻性电流（I_{rp}）	0.183	0.147	0.078
I_{rp} 相对 C 相偏差	**134.62**	**88.46**	—

2. 精准红外测温

红外测温发现 A 相相对 C 相本体温升率为 8.46%，B 相相对 C 相本体温升率为 4.62%，温差超过 0.5～1 K，如图 3.13 所示，红外图谱显示异常局部发热。

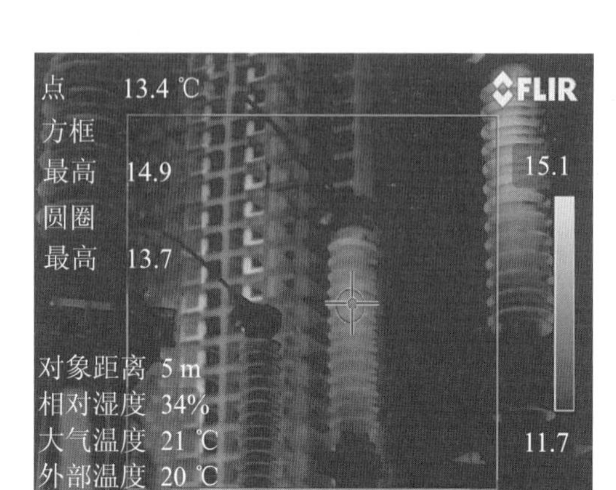

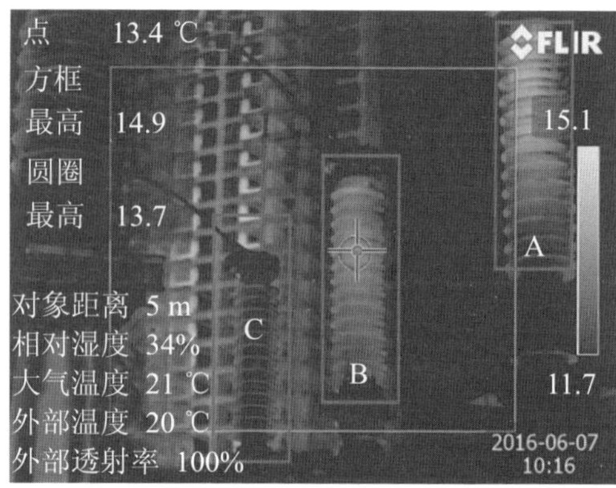

图3.13 220 kV××变电站110 kV海柳Ⅲ回184断路器线路避雷器红外图谱

（三）诊断评估

本次对 220 kV××变电站 110 kV 海柳Ⅲ回 184 断路器线路避雷器 A 相、B 相阻性电流带电测试，依据《电力设备检修试验规程》（Q/CSG 1206007—2017）中规定，A 相、B 相全电流和阻性电流相对 C 相偏差超过标准规定的 50%，判断为不合格。

红外测温发现 A 相相对 C 相本体温升率为 8.46%，B 相相对 C 相本体温升率为 4.62%，温差超过 0.5～1 K，依据《电气设备带电红外诊断应用规范》（DL/T 664—2016），红外测试结果不合格。

（四）运检策略

基于以上状态评估结果，建议停电开展避雷器泄漏电流试验检查故障，根据测试结果进行检修处理，必要时开展更换后避雷器的解体验证，重点检查密封性是否良好、有无受潮锈蚀，有无裂纹以及各元件接触固定是否良好。

（五）停电检修

1. 停电试验

2016 年 6 月对 220 kV××变电站 110 kV 海柳Ⅲ回 184 断路器线路避雷器停电试验，按照 35 kV 以上避雷器本体绝缘电阻不小于 2 500 MΩ的规定，A 相、B 相绝缘电阻均不合格。

按照规程规定的：在 0.75 $U_{1\,mA}$ 情况下的避雷器泄漏电流不应大于 50 μA，A 相、B 相泄漏电流试验均不合格，综合判断 A 相、B 相避雷器试验不合格，建议立即停电检修更换，必要时进行解体检查。

220 kV××变电站 110 kV 海柳Ⅲ回 184 断路器线路避雷器绝缘电阻，见表 3.6。220 kV××变电站 110 kV 海柳Ⅲ回 184 断路器线路避雷器直流泄漏电流，见表 3.7。

表3.6　220 kV××变电站110 kV海柳Ⅲ回184断路器线路避雷器绝缘电阻

相别	A	B	C
绝缘电阻/GΩ	1.18	0.016 2	200

表3.7　220 kV××变电站110 kV海柳Ⅲ回184断路器线路避雷器直流泄漏电流

相别	A	B	C
$U_{1\,mA}$/kV	95.1	13.8	160.1
$I_{0.75\,U1\,mA}$/mA	135	636	9

2. 解体检查

通过解体发现：A 相、B 相避雷器内部严重受潮，金属锈蚀严重，阀片表面氧化变色，表面有水珠等，如图 3.14 所示，同时还存在制造或安装问题。

（1）避雷器固定压紧弹簧上的导电片三相不一致，不是对称安装。

（2）避雷器生产工艺分散性较强（A 相有 33 片氧化锌阀片，B 相有 27 片氧化锌阀片；A 相密封用的是灰胶，B 相密封用的是白胶）。

（3）密封胶圈有些部位不在密封槽里。

（4）压紧螺丝压力不一致，部分螺丝压紧力不足 30 NM，部分螺丝压紧力超过 40 NM。

（5）B 相避雷器瓷套顶端有破损。

（a）防爆膜片锈蚀

（b）密封圈上的密封胶分布不均匀

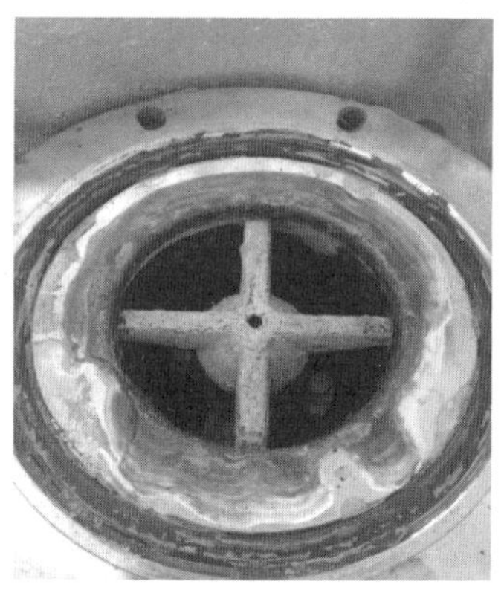

（c）金属锈蚀

（d）阀片固定夹表面有水珠

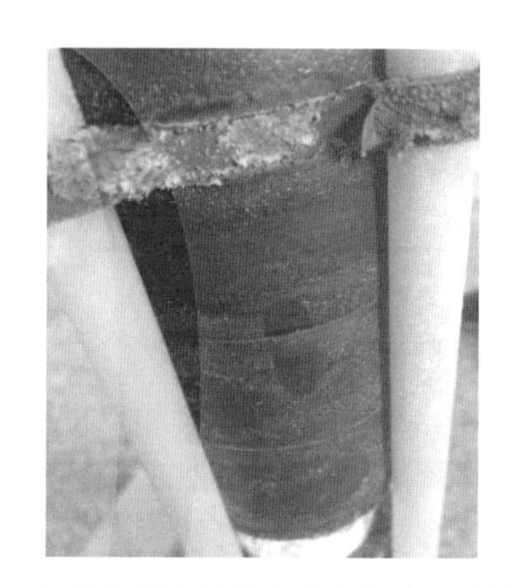

（e）固定导流阀片表面有水珠、锈蚀

图3.14　220 kV××变电站110 kV海柳III回184断路器线路避雷器解体图片

3. 原因分析

（1）采购阶段。

该避雷器为110 kV海柳III回线路迁改入地工程实施时，施工单位自购产品，产品质量未严格把关。由于乐清梵高电气有限公司装配工艺较差，密封不严，导致避雷器进水受潮。

（2）验收阶段。

该避雷器投产时，项目负责单位在未得到专业试验所验收意见的情况下便将设备投入运行。

（六）预防措施

各部门单位及施工方应严格按照规定标准进行避雷器新装后的验收，经专业所队确认验收合格后方可投产运行，严禁投产未验收的设备；其次是在设备投产后 3 个月内，及时开展避雷器阻性电流带电测试和精准红外测温，进行设备综合状态评估。

【案例3】基于精准红外测温技术的500 kV××变电站500 kV漫昆Ⅱ回线A相避雷器绝缘筒受潮导致局部发热状态检修案例

（一）案例摘要

2020 年 7 月 10 日红外测温发现 500 kV 漫昆Ⅱ回避雷器 B 相下节中部靠 A 相侧温度分布异常，在瓷裙 6、7 和 10、11 节处有两个相邻的热点，温度最高 28.4 ℃，A 相、C 相间同部位温度均为 26.1 ℃、26.2 ℃（B 相上两节温度为 26.2 ℃），相间温差为 2.2 ℃左右。随后多次复测，在阴天或夜间测试，复测结果无变化，异常温差均存在 2.2 ℃左右。阻性电流带电测试及高频脉冲电流局放测试均无异常。按照《带电设备红外诊断应用规范》（DL/T 664—2016），避雷器温差超过 0.5～1 ℃为异常。

通过该案例得到的经验：通过精准红外测温技术，对运行中避雷器本体多角度开展测试，发现多个异常局部发热点，但通过常规阻性电流和局放测试技术未能检测到异常信号和数据，因此对于设备潜伏性故障的发现，依靠多种技术手段和多维度的综合分析才是最科学有效的手段。

【关键词】避雷器；红外测温；温度分布异常；温差；解体检查。

（二）状态感知

1. 红外测温

2020 年 7 月 10 日 12 点左右测试结果：500 kV 漫昆Ⅱ回避雷器 B 相下节靠 A 相侧温度分布异常（图 3.15），靠 C 相一侧无异常温差。A 相、C 相和 B 相上、中两节温度均在（26.0±0.2）℃范围，B 相下节在瓷裙 6、7 和 10、11 处有两个热点，温度最高 28.4 ℃，较 A 相、C 相间下节温差为 2.2 ℃左右，500 kV 漫昆Ⅱ回避雷器红外测温数据见表 3.8。

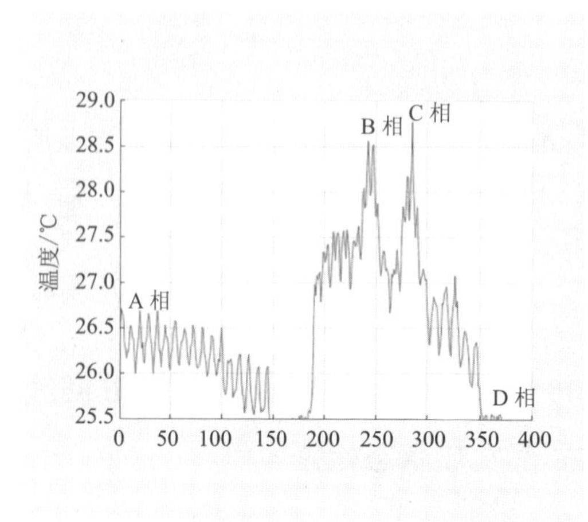

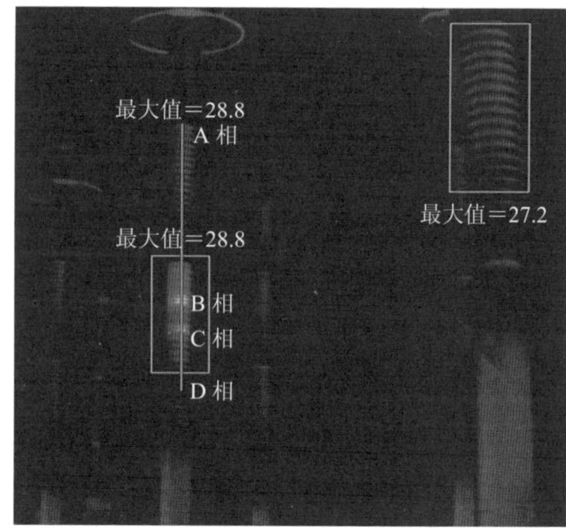

图3.15　500 kV漫昆 II 回避雷器B相下节中部靠A相侧异常发热缺陷

表3.8　500 kV漫昆 II 回避雷器红外测温数据

测试时间	环境条件	测试位置	A 相/℃	B 相/℃	C 相/℃
2020/7/10	气温为 19 ℃	避雷器上节	26.0	26.0	25.9
	湿度为 55%	避雷器中节	26.2	28.4	26.0
	天气为阴	避雷器下节	26.3	26.2	26.1

500 kV 漫昆 II 回避雷器三相红外对比图如图 3.16 所示。500 kV 漫昆 II 回避雷器三相下节红外分析图如图 3.17 所示。

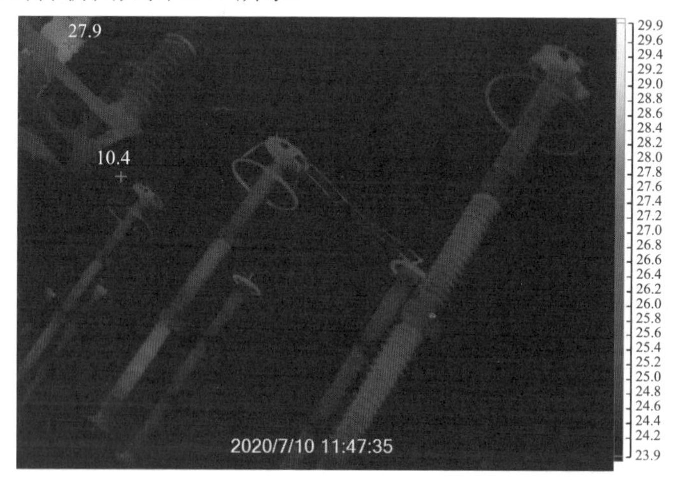

图3.16　500 kV漫昆 II 回避雷器三相红外对比图

（a）500 kV漫昆 II 回避雷器A相下节热像图

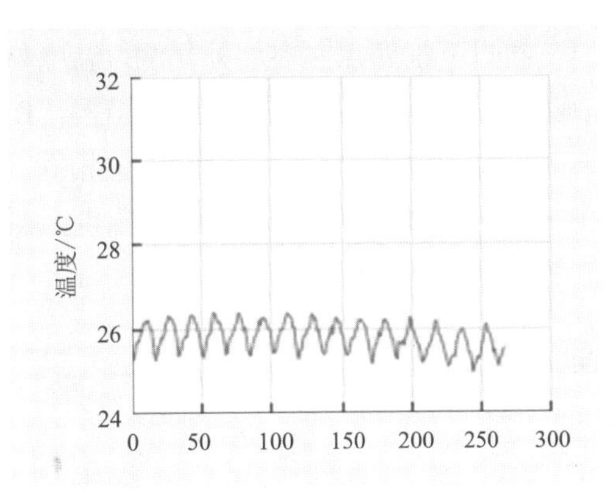

（b）500 kV漫昆 II 回避雷器A相下节温度分布曲线

（c）500 kV漫昆 II 回避雷器B相下节热像图

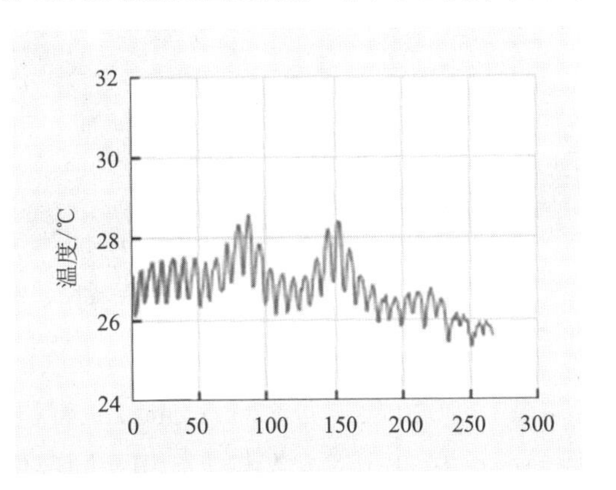

（d）500 kV漫昆 II 回避雷器B相下节温度分布曲线

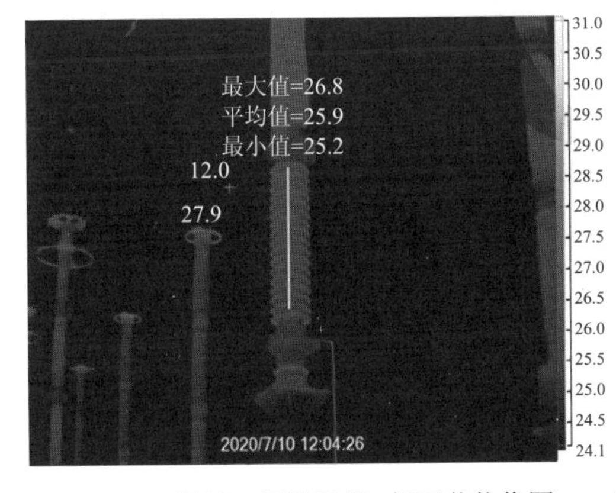

（e）500 kV漫昆 II 回避雷器C相下节热像图

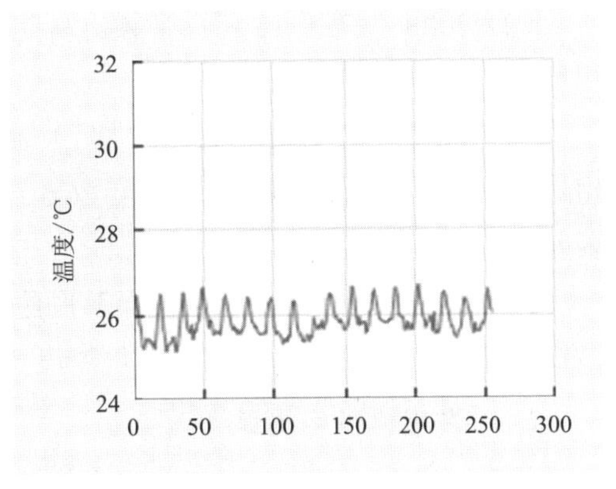

（f）500 kV漫昆 II 回避雷器C相下节温度分布曲线

图3.17　500 kV漫昆 II 回避雷器三相下节红外分析图（注：以上均为从上至下温度曲线分布）

同日下午四点左右红外复测，温度与中午测试变化不大。A 相、C 相和 B 相上、中两节温度均在（26.2±0.2）℃范围，B 相热点温度最高 28.8 ℃，较 A 相、C 相间下节温升为 2.4 ℃左右，发热部位相同。两次测试，均为阴天，下午气温稍高 2 ℃左右，但是都没有太阳强光，周围也无热辐射源。500 kV 漫昆Ⅱ回避雷器 B 相正常侧热像图如图 3.18 所示。

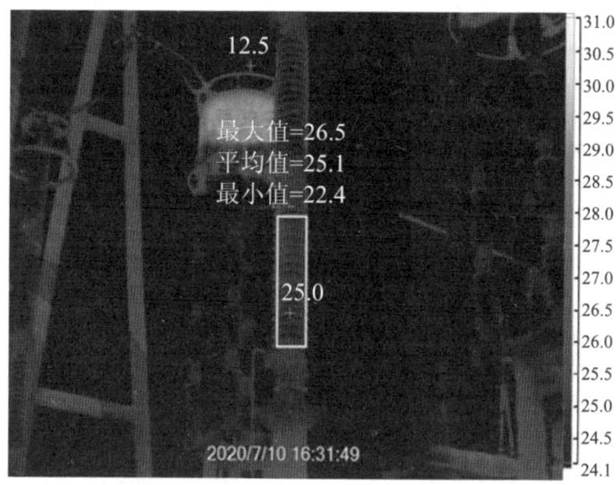

图3.18　500 kV漫昆Ⅱ回避雷器B相正常侧热像图

后期进行了复测，复测结果与上次测试值相比无变化：

（1）2020 年 7 月 12 日：500 kV 漫昆Ⅱ回线路避雷器 B 相最下一节中部靠 A 相侧最高温度 28.1 ℃，A 相、C 相相同部位温度 25.9 ℃，温差 2.2 ℃。阻性电流带电测试无异常，紫外成像无异常。

（2）2020 年 7 月 15 日：带领电科院技术人员对 500 kV 漫昆Ⅱ回线路避雷器进行局部放电复测。

（3）2020 年 7 月 17 日：下午阴天 18:30 测量，500 kV 漫昆Ⅱ回线路避雷器 B 相最下一节中部靠 A 相侧最高温度 26.5 ℃，A 相、C 相相同部位温度 24.4 ℃、24.5 ℃，温差 2.1 ℃左右。

夜间 20:30 测量，500 kV 漫昆Ⅱ回线路避雷器 B 相最下一节中部靠 A 相侧最高温度 24.2 ℃，A 相、C 相相同部位温度 21.9 ℃/22.0 ℃，相间温差 2.2 ℃左右。

2. 阻性电流带电测试

500 kV 漫昆Ⅱ回避雷器阻性电流带电测试历年数据（表 3.9），全电流 I_x 及阻性电流 I_{rp} 均无明显增长，且阻性电流在全电流的 20%以内，阻性电流带电测试无异常。

现场无法取 PT 参考电压信号，不能测试角差。500 kV 避雷器阻性电流带电测试测量的是三节总的泄漏电流，对单节避雷器小范围阀片或绝缘故障表征不明显。

表3.9　500 kV漫昆Ⅱ回避雷器阻性电流带电测试历年数据

测试时间	环境条件 温度/湿度/天气	500 kV 漫昆Ⅱ回避雷器					
		A 相		B 相		C 相	
		I_x/mA	I_{rp}/mA	I_x/mA	I_{rp}/mA	I_x/mA	I_{rp}/mA
2020/7/12	22℃/56%/阴	1.877	0.308	1.780	0.294	1.802	0.296
2020/7/10	18℃/55%/阴	1.872	0.309	1.788	0.294	1.817	0.299
2020/1/13	20℃/35%/晴	1.829	0.298	1.736	0.288	1.771	0.290
2019/1/21	18℃/47%/晴	1.828	0.304	1.708	0.287	1.770	0.293
2018/3/8	20℃/26%/晴	1.840	0.300	1.719	0.283	1.774	0.291

3. 紫外测试

500 kV 漫昆Ⅱ回线路避雷器紫外测试无异常，且肉眼观察外观无明显脏污。

4. 高频脉冲电流局放测试

采用高频脉冲电流局放法测试（图 3.19），无异常信号。测试部位：计数器上端接地引流线。由于 500 kV 避雷器较高，存在信号衰减的可能。不能完全排除内部绝缘局放的可能性。计数器以下的接地引流线，HFCT 法局部放电测试有较大杂散信号，通过幅值定位法判断该信号是地网传来的干扰信号（具体信号源头、波形需要示波器定位分析确定）。

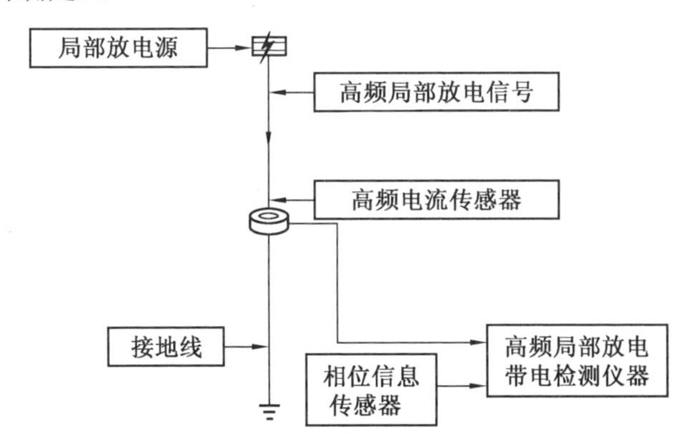

图3.19　高频电流法局部放电测试

（三）诊断评估

500 kV 漫昆Ⅱ回避雷器 B 相下节中部靠 A 相侧温度分布异常，在瓷裙 6、7 和 10、11 节处有两个热点，较 A 相、C 相同一部位温升为 2.2 K 左右。按照《带电设备红外诊断应用规范》（DL/T 664—2016）附录Ⅰ. 电压致热型设备缺陷诊断判据：避雷器温差超过 0.5～1 K 为异常，测试不合格。

（四）运检策略

（1）阻性电流带电测试测量的是三节总的泄漏电流，对单节避雷器小范围阀片或绝缘故障表征不明显。建议停电试验时对每节避雷器做泄漏电流、绝缘电阻试验。

（2）虽然采用华乘电气局部放电测试仪 PDS-T90 的高频电流局放法测试无异常，但该设备重点针对电缆局放进行测试，且根据现场经验应用效果不理想，抗干扰能力较差，无法进行信号分离，不能完全排除内部绝缘局放的可能性。建议停电试验对避雷器进行局放测试进一步确认内部绝缘是否存在放电。

（3）停电后，在拆卸前，标记好局部发热部位，便于解体时对应查找内部故障点。

（4）本次红外异常案例是设备单面局部类发热，且在阳光干扰下较难发现，测试人员在开展红外测温时，应多角度进行测试，并排除阳光照射、周围金属水泥等物质光反射干扰。

（五）停电检修

1. 密封件检查

避雷器连接板及密封圈外观（螺丝略松侧有水痕：密封硅脂失效，内密封圈直接掉出），如图 3.20 所示。避雷器连接板放电点与水痕，如图 3.21 所示。避雷器下节内外两个密封圈密各自两侧均有受潮痕迹，如图 3.22 所示。避雷器下节外密封圈已经没有任何弹性裕度，如图 3.23 所示。

图3.20 避雷器连接板及密封圈外观（螺丝略松侧有水痕：密封硅脂失效，内密封圈直接掉出）

图3.21 避雷器连接板放电点与水痕

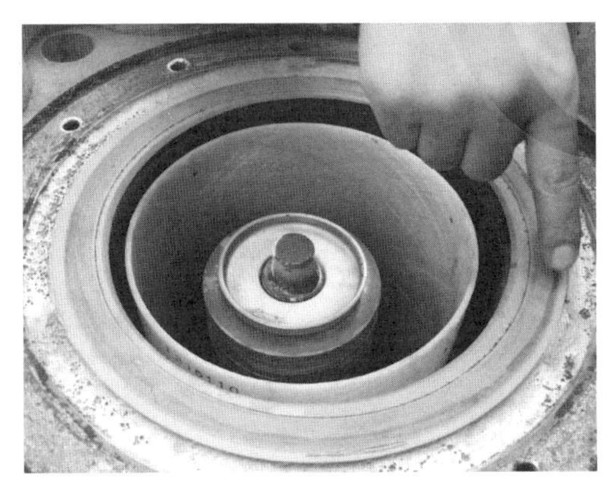

图3.22 避雷器下节内外两个密封圈密各自两侧均有受潮痕迹

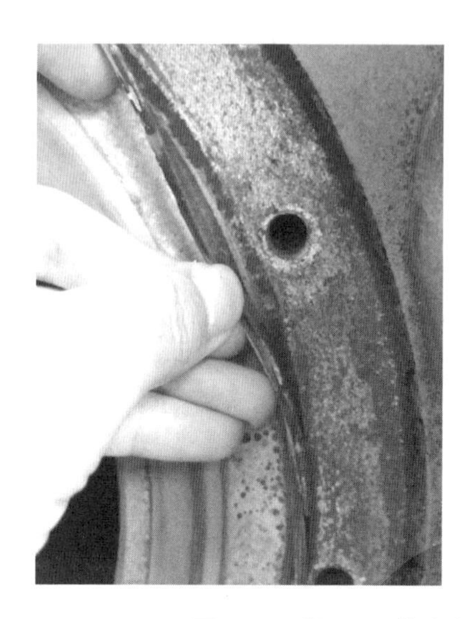

图3.23　避雷器下节外密封圈已经没有任何弹性裕度

2. 绝缘筒检查

避雷器下节绝缘筒内壁放电点与水痕，如图 3.24 所示。避雷器下节绝缘筒外部放电痕迹，如图 3.25 所示。

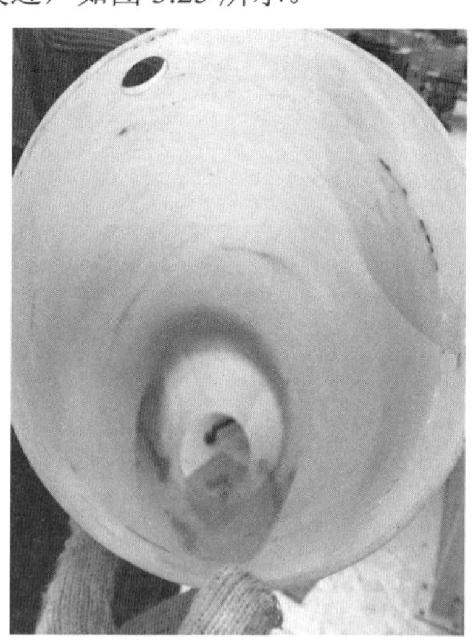
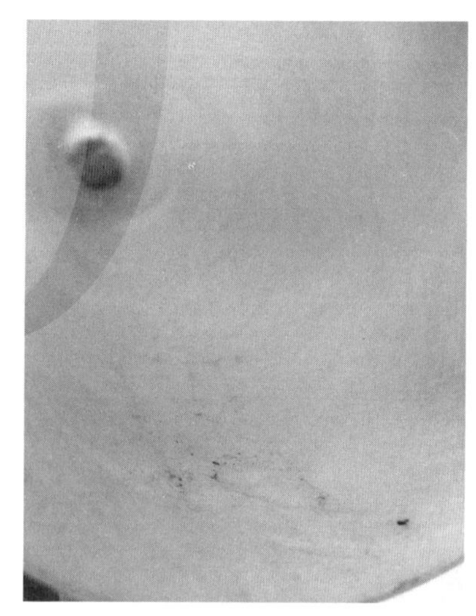

图3.24　避雷器下节绝缘筒内壁放电点与水痕

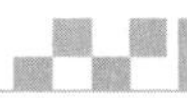

图3.25　避雷器下节绝缘筒外部放电痕迹

3. 绝缘筒烘干与试验检查

氧化锌避雷器绝缘筒是环氧树脂玻璃丝缠绕制成。按照组装工艺要求：避雷器组装前，各元件须在 80～100 ℃流动热风中干燥 10～12 h。

与抚顺电瓷厂技术部沟通后，结合试验检修中心的实际情况，采用 80 ℃流动热风对绝缘筒进行干燥 2 h。待冷却后立即进行绝缘电阻、持续运行电压下红外测温。

试验检修中心烘房及其控制与消防，如图 3.26 所示。流动热风烘干 2 h 后的红外测温（108 kV，30 min），如图 3.27 所示。

图3.26　试验检修中心烘房及其控制与消防

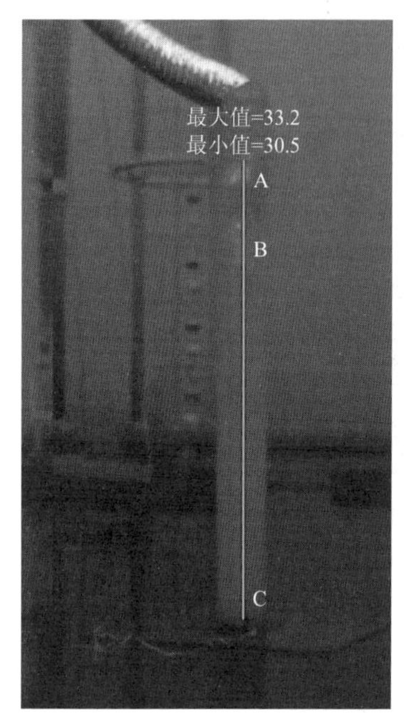

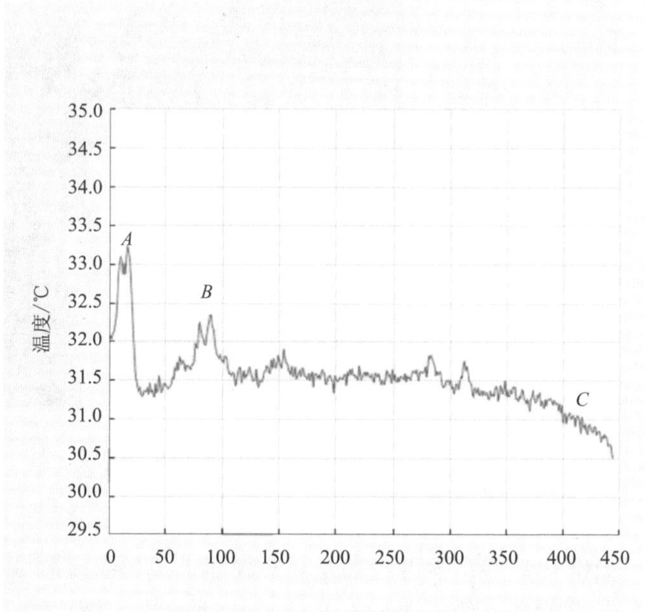

图3.27 流动热风烘干2 h后的红外测温（108 kV，30 min）

小结：

经过烘干 2 h 后绝缘电阻测试结果＞1 TΩ，远大于刚解体时的绝缘电阻。

红外测温发现大部分局部发热点都消失，还剩下绝缘筒上端（避雷器密封受损一端）部分发热点。

通过该试验说明：绝缘筒发热是由于受潮导致，且还处于发展初期；需要干燥更长时间，才能确定 *A* 点、*B* 点绝缘是否永久性破坏（后续具备条件进行）。

（六）预防措施

因避雷器下节上端的密封圈和密封硅脂失效，导致避雷器内部所有的部件都受潮，绝缘筒局部绝缘性能下降，在高电压作用下，绝缘筒发热。

因内部受潮，导致绝缘筒绝缘下降，在高电压作用下，绝缘受潮较严重部位发热较明显。绝缘筒与瓷外套之间是气体隔层（原为高纯氮气，现今成分复杂），绝缘筒的热量，通过气体层、瓷套等介质，经过复杂的热传导、对流和辐射，在对应瓷套外表形成温差。通过红外精准测温，发现了该细微的温度差异。

（1）严格按照《电力设备检修试验规程》（Q/CSG 1206007—2017）、《金属氧化锌避雷器》（GB 11032—2016）标准试验、检修。

（2）对于运行年限较长、频繁承受过电压的避雷器，应该加强红外精准测温、阻性电流测试等技术监督。

（3）雷雨季节前，应该完成避雷器带电监测预试。

（4）红外精准测温应该严格、仔细执行《无损检测术语 红外检测》（GB/T 12604.9—2008）、《电气设备带电红外诊断应用规范》（DL/T664—2016）。

（5）雷电活动后，应增加特殊巡视。

【案例4】基于泄漏电流带电检测技术的500 kV××变电站500 kV高抗中性点避雷器内部受潮缺陷状态检修案例

（一）案例摘要

2018 年 5 月 3 日发现 500 kV××变电站 500 kV 宁七甲线高抗中性点避雷器计数器指针满偏，阻性电流、红外测温数据异常，红外测试最高温度为 30.2 ℃，后经停电试验也验证了避雷器存在严重缺陷，试验检查发现本体绝缘接近 0；解体后发现内部绝缘材料已高温熔化、氧化锌阀片破裂、环氧树脂绝缘材料碳化。

通过该案例得到的经验：通过避雷运行中避雷器泄漏电流监测、红外测温等综合分析手段，能有效发现避雷器内部受潮的缺陷，且通过停电试验确认，解体检查验证等全流程环节的分析判断，异常数据和解体分析得到一一验证，成功利用状态检修发现一起避雷器缺陷。

【关键词】金属氧化物避雷器（MOA）；阻性电流带电测试；红外测温；状态检修。

（二）状态感知

1. 泄漏电流在线监测情况

2018 年 5 月 3 日发现 500 kV××变电站 500 kV 宁七甲线高抗中性点避雷器泄漏电流异常增长——计数器指针满偏，如图 3.28 所示。

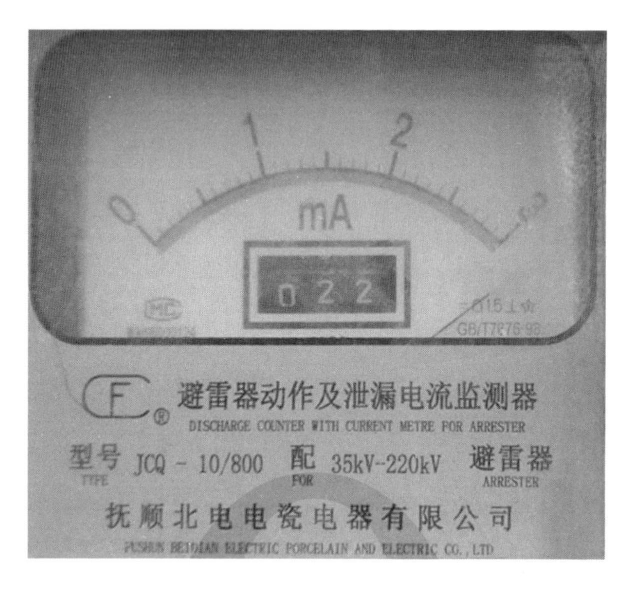

图3.28　500 kV××变电站500 kV宁七甲线高抗中性点避雷器计数器指针满偏

2. 精准红外测温

红外测温发现该避雷器本体整体明显异常发热，温度测试最高温度为 30.2 ℃，图谱中相比同类型设备异常发热较明显，如图 3.29 所示。

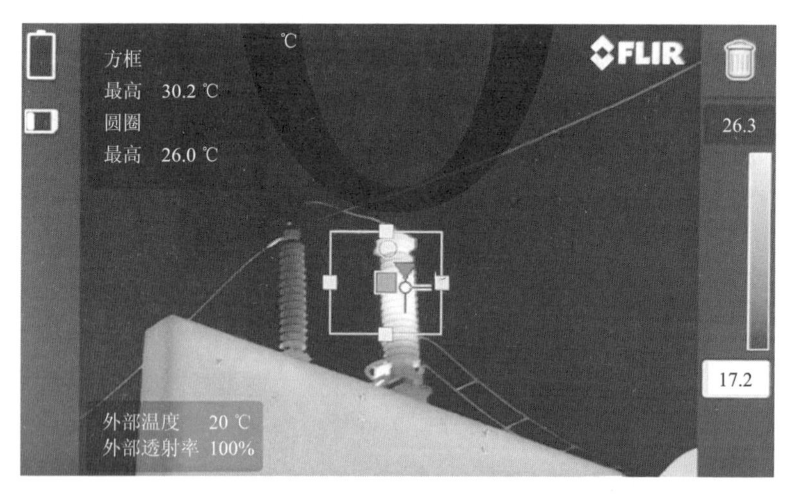

图3.29　500 kV××变电站500 kV宁七甲线高抗中性点避雷器红外测温图

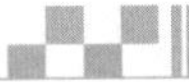

（三）诊断评估

本次对该中性点避雷器泄漏电流在线监测数据异常，依据《电力设备检修试验规程》（Q/CSG 1206007—2017）中规定，泄漏电流指示应无异常，指针满偏判断为不合格。

红外测温发现该避雷器整体异常发热，与同类型设备温差超过 0.5～1 K，依据《电气设备带电红外诊断应用规范》（DL/T 664—2016），红外测试结果不合格。

（四）运检策略

基于以上感知结果，建议停电开展避雷器泄漏电流试验检查，根据测试结果检修处理，并开展更换后避雷器的解体验证，重点检查密封性是否良好、有无受潮锈蚀，有无裂纹以及各元件接触固定是否良好。

（五）停电检修

2018 年 5 月 5 日，该避雷器停电退运，退运后开展试验检查，发现本体绝缘接近 0；解体后检查发现内部绝缘材料已高温熔化、氧化锌阀片破裂、环氧树脂绝缘材料已碳化，如图 3.30 和图 3.31 所示。

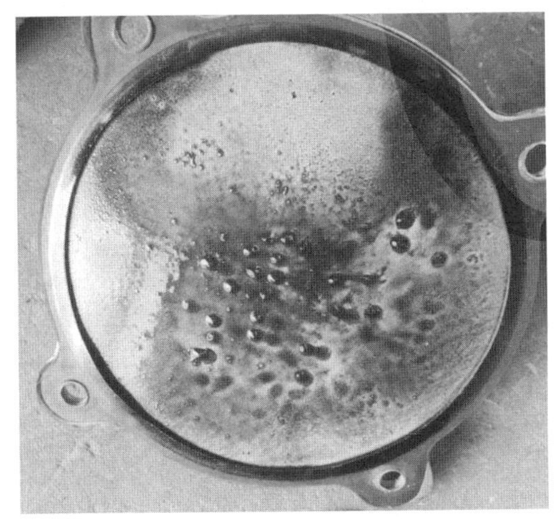

图3.30　500 kV××变电站500 kV宁七甲线高抗中性点避雷器解体图1

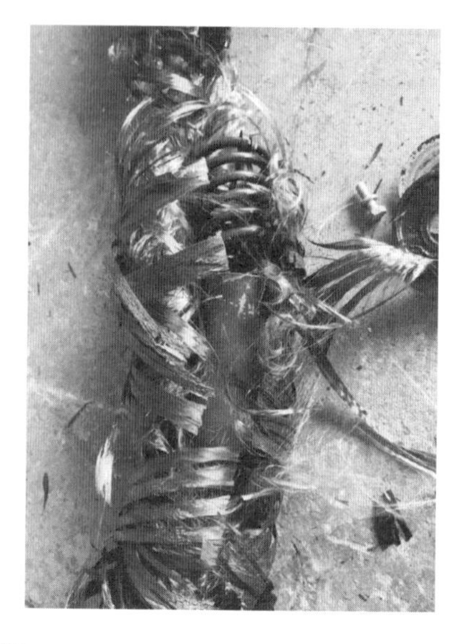

图3.31　500 kV××变电站500 kV宁七甲线高抗中性点避雷器解体图2

（六）缺陷原因及管控措施

1. 缺陷原因

500 kV 某线高抗中性点避雷器通过退运后试验及解体检查，未发现本体内部受潮，初步判断缺陷属于氧化锌阀片受线路故障三相不平衡，中性点受瞬时暂态电压冲击后（避雷器计数器有动作记录），氧化锌阀片破裂，绝缘下降；系统正常运行时，中性点电压漂移后，持续泄漏电流引起避雷器内部长时间发热，发热后进一步加速绝缘材料的劣化，直至绝缘材料熔化或炭化。

2. 管控措施

当电力系统正常运行时，设备中性点无电压或电压漂移较低，中性点避雷器泄漏电流接近 0，各运行单位应重点关注中性点避雷器计数器泄漏电流指示，当泄漏电流长时间出现指示时，开展精准红外侧温对比（中性点正常运行时，本体温度与相邻支柱瓷瓶温度相近），当避雷器内部绝缘下降泄漏增大时，若本体温度超过相邻支柱瓷瓶温度 0.5 K 以上时，可怀疑避雷器存在内部故障。

第 4 章　电容型设备状态检修案例选编

【案例1】基于容性设备介损与电容量带电测试技术为主的220 kV××变电站110 kV青月牵线189断路器电流互感器A相绝缘故障状态检修案例

（一）案例摘要

2014 年 7 月 6 日，容性设备在线监测系统监测到 220 kV××变电站 110 kV 青月牵线 189 电流互感器 A 相介损异常，三个月内介损增长率为 159%，随后又对其进行停电试验、油色谱分析，综合分析及更换后解体检查，发现该电流互感器内部存在局部放电。

通过该案例得到的经验：交接时应该进行局部放电、高压介质损耗测量，同时结合油色谱分析等辅助综合判断，能有效发现和防范电流互感器内部故障；加强投运前油色谱分析工作，交接实验前后对比油色谱数据。

【关键词】在线监测；局部放电；油色谱分析技术；状态检修。

（二）状态感知

2014 年 7 月 6 日，容性设备在线监测系统显示 189 断路器电流互感器 A 相数据异常，自 2014 年 4 月至 7 月由 0.421%增长至 0.654 0%，在 90 天内介损值增长率为 159%。189 断路器电流互感器 A 相介损在线监测数据，见表 4.1。

表 4.1 189 断路器电流互感器 A 相介损在线监测数据

测试时间	tan δ/%
2014 年 4 月 8 日	0.412 1
2014 年 5 月 8 日	0.455 8
2014 年 6 月 20 日	0.607 0
2014 年 7 月 6 日	0.654 0

（三）运检策略

（1）带电监测专业每天观察数据变化趋势，遇到特殊情况时及时进站开展实时测试检查。

（2）运行专业每天一次巡视、红外测温，发现异常立即上报，充分做好停电准备工作。

（3）停电开展试验检查。

（四）停电检修

1. 停电试验

2014 年 8 月 13 日，试验人员对 220 kV××变电站 189 断路器电流互感器进行了停电试验，并与 2011 年停电试验数据进行比较，A 相增长量为 66.49%，B 相增长量为 15%，C 相增长量为 6.8%。189 断路器电流互感器停电试验数据，见表 4.2。

表 4.2 189 断路器电流互感器停电试验数据

相别	测试时间/年	tan δ/%	电容量/pF
A 相	2011	0.185	860.2
	2014	0.308	862.2
B 相	2011	0.173	851.6
	2014	0.199	852.7
C 相	2011	0.219	864.0
	2014	0.234	864.6

2. 油色谱分析

2014 年 8 月 13 日，化验班对 110 kV 青月牵线 189 电流互感器取样分析，油色谱、微水数据见表 4.3。

表 4.3　绝缘油化验数据　（单位：μL/L）

相别	H_2	CO	CO_2	CH_4	C_2H_4	C_2H_6	C_2H_2	总烃	微水
A 相	10 006.4	2435	507.9	475.7	1.7	80.8	0.5	558.7	11.7
B 相	74	1 060.7	581.3	6.7	0.4	3.6	0	9.3	11.3
C 相	87.5	337	851.8	2.5	0.4	1.8	0	4.7	10

从油色谱数据可以看出，189 电流互感器 A 相油色谱数据 H_2、总烃含量超过注意值（H_2≤150，总烃≤100），通过三比值法编码为 110，判断 189 电流互感器 A 相内部出现局部放电。通过特征气体法判断特征为：电流互感器油中总烃含量不好，H_2 含量大于 100 μL/L，并占氢烃总量的 90%以上，CH_4 占总烃的 75%以上，为主要成分，判断 189 电流互感器 A 相内部出现局部放电。

（五）解体检查

110 kV 青月牵线 189 电流互感器 A 相更换后，对其开展解体分析工作，解体结果如下。

1. 电路互感器内部锡纸有受热现象

电路互感器内部锡纸有受热现象，如图 4.1 所示。

图4.1　锡箔纸受热

2. 游离碳聚集点

电流互感器U型铝板上出现游离碳聚集点，如图4.2所示，在游离碳聚集点绝缘纸包裹处出现放电痕迹，如图4.3所示。

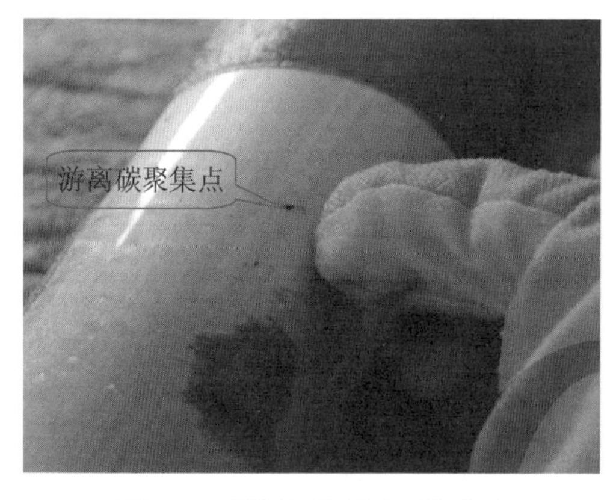

图4.2　U型铝板上游离碳聚集点

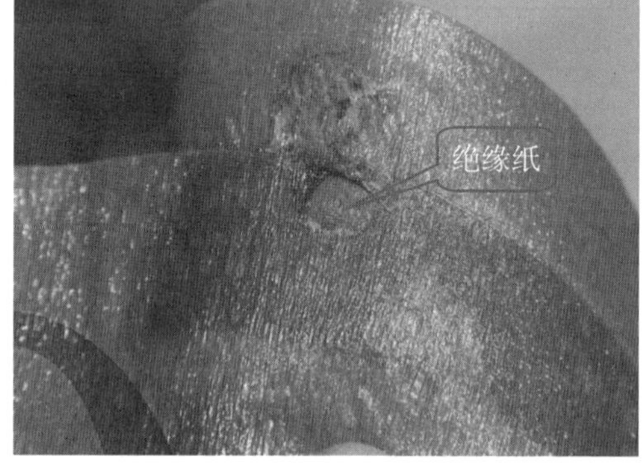

图4.3　游离碳聚集点出绝缘纸放电痕迹

通过对189电流互感器A相进行解剖分析时发现，电流互感器内部无受潮现象；锡箔纸有受热痕迹；内部U型铝板上有游离碳聚集点；在游离碳聚集点处绝缘纸有受热点，判断A相电流互感器内部出现局部放电现象。

（六）预防措施

（1）生产厂家应该严格控制制造工艺，确保工艺缺陷能在制造过程中被及时发现与控制。

（2）交接时应该进行局部放电、高压介质损耗测量，同时结合油色谱分析等方法辅助综合判断，有效发现和防范电流互感器内部故障。

（3）加强投运前油色谱分析工作，交接实验前后完成油色谱数据对比。

（4）加强运行中互感器油色谱异常处理。运行中当互感器油色谱分析出现数据异常时，应该立即停电进行相关试验，分析具体原因，特别在油色谱中氢气和总烃含量超过注意值时，应该缩短油色谱检测周期，并进行高压介损及油质分析，进一步检测互感器绝缘状况和内部情况。

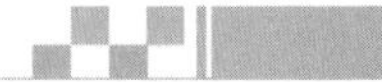

【案例2】基于外观巡视检查技术为主的220 kV××变电站220 kV东果Ⅱ回线电流互感器C相绝缘故障状态检修案例

（一）案例摘要

2016 年 7 月 26 日，巡视检查发现 220 kV 东果Ⅱ回线电流互感器 C 相膨胀器鼓起，并将顶盖顶出，采用停电试验、油色谱分析技术对其进行综合分析诊断，评估该电流互感器健康水平——内部存在绝缘故障。最后通过计划停电及解体检查，发现该电流互感器内部存在局部放电，主要是由于干燥不彻底，主绝缘下降，产生高密度、低能量局部放电引起油中成分超注意值。

通过该案例得到的经验：交接试验时应该进行局部放电、高压介质损耗测量，同时结合油色谱分析等辅助综合判断，有效发现和防范电流互感器内部故障；加强投运前油色谱分析工作，交接试验前后对比油色谱数据。

【关键词】外观巡视检查；油色谱分析技术；状态检修。

（二）状态感知

2014 年 7 月 26 日，巡视检查发现 220 kV 东果Ⅱ回线电流互感器 C 相膨胀器鼓起，并将顶盖顶出。初步判断电流互感器内部存在放电或过热隐患，绝缘油高温分解产生大量气体使互感器内部压力增大，导致膨胀器鼓起，急需停电检查。

（三）停电检查

1. 停电试验

220 kV 东果Ⅱ回线电流互感器 C 相电气试验分析的试验数据见表 4.4 和表 4.5。电流互感器一次直流电阻无异常，主绝缘介损较出厂值增长较多，存在异常。

表 4.4　一次直流电阻测量

施加电流/A	直流电阻/μΩ	出厂值范围/μΩ
200	187	≤200

表 4.5　介损复测

电压/kV	介损/%	电容量/pF	备注
10	0.724	737.5	主绝缘现场介损值，异常
10	0.304	751.8	主绝缘介损出厂值

2. 油色谱分析

电流互感器油色谱分析显示：氢气（H_2）、甲烷（CH_4）、乙烷（C_2H_6）、乙炔（C_2H_2）含量异常增长，超注意值，见表 4.6；初步分析为电流互感器内部存在低能量、高密度的局部放电。

表 4.6　220 kV 东果Ⅱ回线 C 相电流互感器油色谱分析数据　（单位：$\mu L\cdot L^{-1}$）

参数	氢气（H_2）	甲烷（CH_4）	乙烷（C_2H_6）	乙炔（C_2H_2）	总烃
测试数据	39 460.5	4 170.9	172.7	2.2	4 345.8
规程规定值	150	—	—	1	100

（四）解体检查

在检修试验大厅对电流互感器进行解体检查，解体过程中对主屏间介损、主屏对零屏的介损及电容量进行了检查。数据见表 4.7 和表 4.8。主绝缘问题主要集中在 1～6 屏之间，初步判断故障是由于 1～6 屏之间绝缘性能不良。

表 4.7　解剖主绝缘主屏间介损试验数据

屏位	介损（1 kV 下）/%	电容量/nF
0 主～1 主	0.227	5.65
1 主～2 主	0.794	6.637
2 主～3 主	2.972	6.718
3 主～4 主	2.249	6.421
4 主～5 主	1.824	6.717
5 主～6 主	0.956	6.863
6 主～7 主	0.501	6.275
7 主～8 主	0.293	6.604
8 主～9 主	0.330	7.09

表 4.8　主绝缘主屏对零屏的介损

屏位	介损（1 kV 下）/%	电容量/nF
0 主～1 主	0.227	5.65
0 主～2 主	0.449	3.051
0 主～3 主	0.994	2.096
0 主～4 主	1.133	1.577
0 主～5 主	1.159	1.274
0 主～6 主	1.082	1.072
0 主～7 主	0.977	912.8
0 主～8 主	0.884	799.7
0 主～9 主	0.823	716.3

解体检查电容屏、绝缘纸等未发现明显异常（图 4.4），电容屏间无明显击穿放电。结合分屏试验判断主绝缘内部受潮，怀疑电流互感器出厂时干燥不彻底。

图4.4　电流互感器电容屏上未发现裂纹

（五）经验总结

（1）生产厂家应该严格控制干燥工艺，确保工艺缺陷能在制造过程中被及时发现与控制。

（2）交接时应该进行局部放电、高压介质损耗测量，同时结合油色谱分析等辅助综合判断，有效发现和防范电流互感器内部故障。

（3）加强运行中互感器油位和膨胀器外观检查，发现油位异常上涨甚至膨胀器、顶盖鼓起时，应停电进一步检测互感器绝缘状况和内部情况。

【案例3】基于精准红外测温技术和二次电压监测技术为主的220 kV××变电站110 kV新四Ⅱ回线路CVT故障状态检修案例

（一）案例摘要

2013 年 5 月 12 日，220 kV××变电站 110 kV 新四Ⅱ回线线路电压互感器断线告警，现场检查 110 kV 新四Ⅱ回线 A 相线路电压互感器二次电压异常；经精准红外测温，发现电压互感器下部（电磁单元部分）过热，判断电压互感器状态异常。经停电试验、油色谱技术分析及解体检查，发现该互感器由于注油孔密封螺栓无密封胶垫，进水受潮，长时间的受潮导致绝缘击穿，内部放电过热。

通过该案例得到的经验：应充分利用二次电压监测技术和精准红外测温技术，按期开展测温工作，当设备温度横向比较出现异常时，及时分析处理。

【关键词】二次电压监测；精准红外测温；受潮；绝缘击穿。

（二）状态感知

2013 年 5 月 12 日，220 kV××变电站 110 kV 新四Ⅱ回线线路电压互感器断线告警，110 kV 新四Ⅱ回线 A 相线路电压互感器二次电压 34 V，并不断下降，至 28 V 停止下降，经精准红外测温，发现电压互感器下部（电磁单元部分）过热，温度为 58 ℃，环境温度为 23 ℃。

电容式电压互感器电磁单元发热，如图 4.5 所示。

图4.5 电容式电压互感器电磁单元发热

（三）停电检查

1. 停电试验

（1）线路电容式电压互感器 A 相绝缘电阻测试结果见表 4.9。

表 4.9 线路电容式电压互感器 A 相绝缘电阻测试结果

试验项目	一次	N	1a1n	dadn
绝缘电阻/MΩ	22 000	0.74	0.68	6.3

（2）介损测试结果。

通过停电绝缘电阻、介损及电容量测试结果，初步判断该互感器内部存在受潮故障。介损测试结果见表 4.10。

表 4.10 介损测试结果

被试单元		介损/%	C_x/pF	$C_总$/pF	C_n/pF	C/%
A 相	C21	8.102	12 470	104 84	10 271	2.07
	C22	8.108	65 840			

2. 油色谱分析

油色谱分析数据见表 4.11，通过油色谱数据分析，该互感器存在受潮及低温过热情况。

表 4.11 油色谱分析数据

组分	H_2	CO	CO_2	CH_4	C_2H_6	C_2H_4	C_2H_2	总烃	含水量
体积比/（$\mu L \cdot L^{-1}$）	717.52	7 456.46	96 074.17	1 783.54	1 750.97	856.77	29.02	4 420.30	84

（四）解体检查

对该电压互感器进行解体检查，检查图片如图 4.6～4.10 所示。

经解体检查，管法兰密封处密封良好无进水。故障发生的主要原因是注油孔密封螺栓无密封胶垫，导致进水受潮，长时间的受潮导致绝缘击穿。

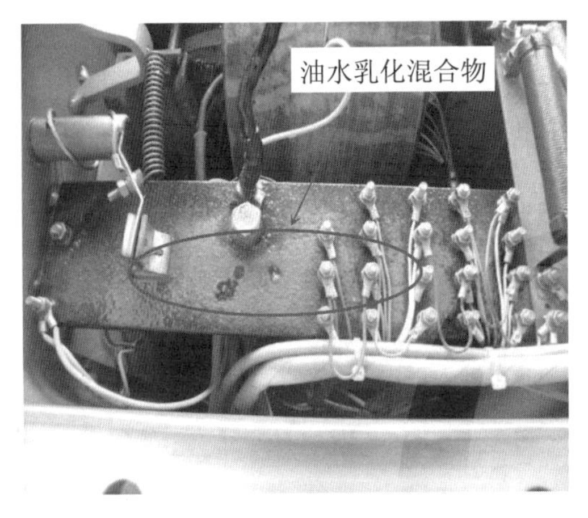

图4.6　检查图片1

图4.7　检查图片2

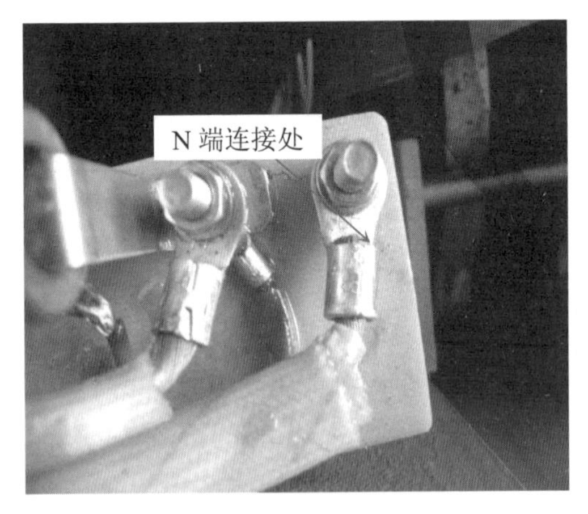

图4.8　检查图片3

图4.9　检查图片4

图4.10　检查图片5

（五）经验总结

（1）生产厂家应该改进设计，将注油孔螺栓设计在油箱侧面，减少进水的可能；严格控制装配制造工艺，确保工艺缺陷能在制造过程中被及时发现与控制。

（2）电容式电压互感器在交接验收或B修时，应注意检查注油孔的密封情况。

（3）加强运行中互感器二次电压监测和精准红外测温，发现二次电压异常或电磁单元发热，应停电进一步检测互感器绝缘状况和内部情况。

【案例4】基于容性设备介损与电容量带电测试技术为主的220 kV××变电站212断路器电流互感器A相故障状态检修案例

（一）案例摘要

220 kV××变电站212断路器电流互感器于2016年6月投产运行，2016年7月在带电测试中发现212断路器A相CT带电介损数据异常，并带电开展油色谱分析，综合分析判断该电流互感器健康水平——内部存在绝缘故障。最后通过停电检查、解体检查、厂家制造工艺检查，发现该电流互感器内部存在局部放电，主要是由于干燥不彻底，主绝缘下降，产生高密度、低能量局部放电引起油中气体组分含量超过注意值。

通过该案例得到的经验：通过运行中容性设备介损与电容量带电测试结合油色

谱分析等综合判断，能及时有效发现电流互感器内部隐患和防范流互感器故障。

【关键词】容性设备带电测试；油色谱分析；局部放电。

（二）状态感知

1. 容性设备介损与电容量带电测试

2016 年 7 月在带电测试中发现 220 kV Ⅰ、Ⅱ段母联 212 断路器 A 相 CT 介损数据异常。因为是首次带电测试，故无初始值对比，开展横向对比发现 A 相介损相对 B 相、C 相最小值大 422%，测试数据见表 4.12。判断 A 相电流互感器异常，随后对该电流互感器带电取油样进行色谱检查。

表 4.12　212 断路器电流互感器介质损耗带电测试数据

试验项目	$\tan\delta$/%	C_x/pF
A	1	791.5
B	0.27	767.5
C	0.192	779.1

2. 油色谱分析

A 相电流互感器油色谱分析见表 4.13，初步分析为电流互感器内部存在低能量、高密度的局部放电。

表 4.13　220 kV 母联 212 断路器电流互感器 A 相色谱分析数据（单位：$\mu L\cdot L^{-1}$）

参数	氢气（H_2）	甲烷（CH_4）	乙烷（C_2H_6）	乙炔（C_2H_2）	总烃
测试数据	18 020	1 238	45.7	0.9	1 285.4
规程规定值	150	—	—	1	100

（三）检修策略

由于 212 断路器电流互感器和本章案例 2 中的电流互感器是同一厂家同一批次产品，故将此电流互感器返厂检查。检查情况如下。

1. 油样分析

电流互感器油各项试验总体情况见表 4.14，详细数据分别见表 4.15～4.17，初步分析为电流互感器内部存在低能量、高密度的局部放电。

表 4.14　电流互感器油各项试验总体情况

试验项目	结论
油颜色	正常
油色谱分析	不合格
含气量	合格
90 ℃时介损	合格
油电气击穿强度	合格

表 4.15　电流互感器油色谱检测数据　（单位：μL·L^{-1}）

油中气体组分	氢气（H_2）	甲烷（CH_4）	乙烷（C_2H_6）	乙炔（C_2H_2）	总烃
测试数据（耐压前）	6 149.53	562.57	70.60	1.60	635.54
测试数据（耐压后）	2 473.92	544.61	67.06	1.54	613.94
规程规定值	150	—	—	1	100

表 4.16　电流互感器油含气量检测数据

测试次数	1	2	平均	结论
测试数据	10	9	10	合格

表 4.17　电流互感器耐压、介损检查数据

检测项目	油色	90 ℃时介损		耐压强度/kV							结论
		介损 tan δ/%	电容量 C/pF	第 1 次	第 2 次	第 3 次	第 4 次	第 5 次	第 6 次	平均	
测试数据	浅	0.13	27	68.3	58.8	81.3	71.4	76.3	76.8	72.1	合格

2. 电气试验分析

电流互感器电气各项试验总体情况见表 4.18，详细数据分别见表 4.19～4.21，经初步分析，3～6 屏之间绝缘性能偏低，初步判断主绝缘内部受潮，怀疑电流互感器出厂时干燥不彻底。

表 **4.18** 电流互感器电气各项试验总体情况

试验项目	结论
460 kV 10 min 耐压试验	通过
局放试验	不合格
高压介损试验	不合格
分屏介损	3～6 屏之间介损不合格
分屏绝缘	3～6 屏之间绝缘偏低

表 **4.19** 电流互感器局放试验情况

电压/kV	局放量/pC	备注
42.5	63	局放起始电压为 42.5 kV，局放量超过注意值 6 pC
175	800	—
460	＞10 000	局放量超过仪器量测

表 **4.20** 电流互感器高压介损情况

升压过程介损测试情况			降压过程介损测试情况		
电压/kV	tan δ/%	C_x/pF	电压/kV	tan δ/%	C_x/pF
10	0.97	791.34	10	0.97	791.34
20	1.10	791.5	20	1.13	791.63
40	1.31	792.0	40	1.34	792.07
73	1.52	792.7	73	1.57	793.16
120	1.67	794.0	120	1.71	794.70
146	1.69	794.8	—	—	—

表 4.21　电流互感器分屏介损及绝缘情况

屏位	tan δ/%	C_x/pF	绝缘/GΩ
0～1	0.19	6 483	＞10
1～2	0.17	6 883	＞10
2～3	0.20	7 414	＞10
3～4	1.71	7 346	2
4～5	4.82	7 094	1
5～6	2.89	6 983	1
6～7	0.32	7 030	＞10
7～8	0.18	7 194	＞10
8～9	0.24	6 445	＞10

3. 解体情况分析

解体检查未发现明显异常。

4. 工艺检查情况

对该批次电流互感器生产工艺检查，发现存在缺陷的电流互感器都出自同一干燥罐，如图 4.11 所示。

电器产品进罐情况登记表

No: 1

HD/QR07. 22-2007

铭牌型号	生产型号	基本技术参数（以审定单为准）		产品编号	审定单号	备注
LB-220	LB-220W3	2×800/5(计量、测量抽2×400/5)	4×5P30/0.5/0.2S	16-137 138 139 140 141 142 143 144 145 146 147 148	[illegible] 重庆双山	[illegible]
LB-220	LB-220W2	2×600/5计量测量抽2×300/5	6×5P40/0.5S/0.2S	[illegible] 129 [illegible] 132 133 134 158	审63211 [illegible]	[illegible]
LB-220	LB-220W2	2×600/5计量测量抽2×300/5	5×5P40/0.5S/0.2S	16-151	审63212 [illegible]	[illegible]
LB-110	LB-110W3	第一个P级：500-1000/1 第二个P级：200-400/1	5P40/5P40	16-157 158 159 160 161 162 163 164	[illegible]	[illegible]
LB-110	LCWB6-110W	2×300/5	0.5S/5P30/5P30	16-165 166 167 168 169 170 171 172 173 174 175 176	[illegible] 罗马尼亚	[illegible]
LB-110	LCWB6-110W	2×250/5	0.2S/10P30/10P30/10P30	16-151 152 153 154 155 156	审63010 罗马尼亚	[illegible]
LB-110	LCWB6-110W	2×150/5	0.5S/5P30/5P30	16-177 178 179 180 181 182	审63011 罗马尼亚	[illegible]

填报人：赵仲春　　填报日期：2016年1月5日

图4.11　出现故障的电流互感器处于同一干燥罐中

对这一干燥罐的电流互感器整个干燥过程进行检查，发现干燥过程中出现温度计故障，停止干燥约 3 h，后又启动并按干燥工艺要求干燥了 235 h，如图 4.12 和表 4.22 所示。

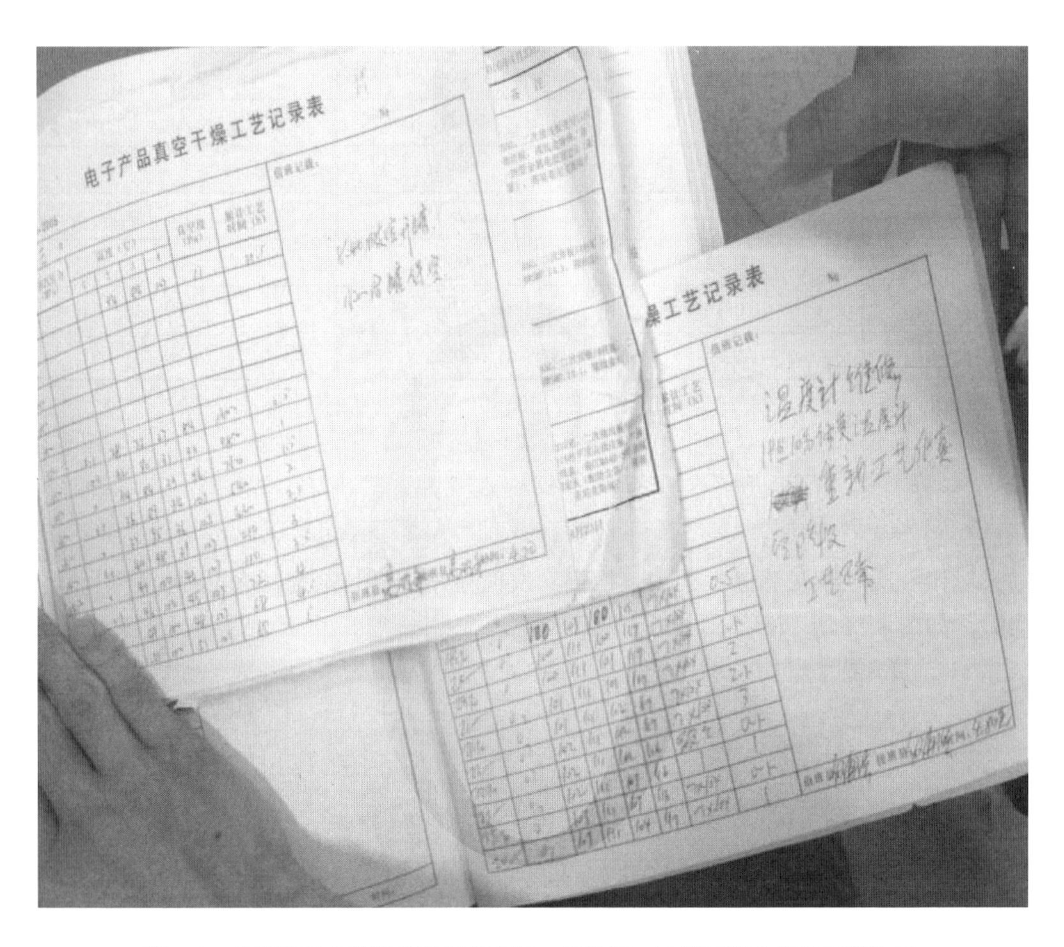

图4.12　有缺陷的电流互感器都出自同一干燥罐，干燥过程中出现间断约3 h

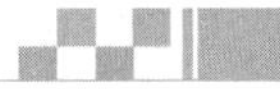

表 4.22　电流互感器干燥工艺要求

序号	工艺阶段	真空度/Pa	罐顶温度 t_1/℃	工艺要求	工艺时间/h
1	加热阶段	大气压	115±5	—	36
2	低真空阶段	7×10^4–5 000	115±5	抽 3 h 破空，停 1 h，为 1 个循环≥170 kV；12 个循环≤145 kV；8 个循环	51（≥170 kV） 33（≤145 kV）
		7×10^4	115±5	—	6（≥170 kV） 4（≤145 kV）
		4×10^4	115±5	—	6（≥170 kV） 4（≤145 kV）
		2×10^4	115±5	—	6（≥170 kV） 4（≤145 kV）
		5 000 以下	115±5	—	20（≥170 kV） 13（≤145 kV）
3	高真空阶段	残压≤80	115±5	—	110（≥170 kV） 80（≤145 kV）
4	累计工艺时间	—	—	—	235（≥170 kV） 174（≤145 kV）

注：器身温度（t_1）达到 100 ℃方可计入有效工艺时间。

5. 结论

电流互感器制造厂在制造过程中，未严格遵守干燥工艺要求，干燥不彻底，电流互感器主绝缘下降，产生高密度、低能量局部放电。

（四）经验总结

（1）生产厂家应该严格控制制造工艺，确保工艺缺陷能在制造过程中被及时发现与控制。

（2）交接时应该进行局部放电、高压介质损耗测量，同时结合油色谱分析等辅助综合判断，有效发现和防范电流互感器内部故障。

（3）运行中容性设备介损与电容量带电测试能及时有效发现电流互感器内部隐

患，再辅以油色谱分析综合诊断互感器内部状态，如有异常进一步检测互感器绝缘状况和内部情况。

【案例5】基于精准红外测温和容性设备介损与电容量带电测试技术为主的220 kV××变电站220 kV果铝Ⅰ、Ⅱ回断路器电流互感器C相故障状态检修案例

（一）案例摘要

在 2016 年 5 月 3 日带电测试中，发现 220 kV××变电站 220 kV 果铝Ⅰ、Ⅱ回线 242 断路器 C 相、243 断路器 C 相电流互感器介质损耗带电测试数据与 2015 年数据比较，增长较快（242 断路器 C 相 CT 介损增长率为 5 207.14%，电容量增长率为 7.3%；243 断路器 C 相 CT 介损增长率为 4 155.3%，电容量增长率为 7.46%）。随后对其开展精准红外测温工作，220 kV××变电站 220 kV 果铝Ⅰ、Ⅱ回线电流互感器 C 相相对 A 相、B 相本体温升较大（242 断路器电流互感器 C 相本体相对 A 相、B 相最大温升为 43.05%，242 断路器电流互感器 C 相本体相对 A 相、B 相最大温升为 39.33%）。

通过该案例得到的经验：充分利用容性设备在线监测、带电测试，以及精准红外测温技术，及时发现设备故障。

【关键词】带电测试；精准红外测温。

（二）状态感知

1. 精准红外测温

2016 年 5 月 3 日 220 kV××变电站红外带电测试（表 4.23）中发现 220 kV 果铝Ⅰ回 242 断路器 CT 本体 C 相相对 A 相、B 相最大温升为 43.05%，220 kV 果铝Ⅱ回 243 断路器 CT 本体 C 相相对 A 相、B 相最大温升为 39.33%。因为本身整体温度趋于平衡，温差在 1 K 范围内，而且运行测温为每个月开展一次，在 4 月份的测温中未发现异常，经过一个月的运行，温升过大，初步判断 220 kV 果铝回 242、243 断路器 C 相 CT 内部整体发热，绝缘老化。220 kV 果铝Ⅰ回线 242 断路器 CT 红外测试图谱，如图 4.13 所示。220 kV 果铝Ⅱ回线 243 断路器 CT 红外测试图谱，如图 4.14 所示。

表 4.23　220 kV××变电站红外带电测试

相别	温度/℃	对比相别	温度/℃	温升/%
220 kV 果铝 I 回 242CT C 相	20.6	220 kV 果铝 I 回 242CT A 相、B 相	14.4	43.5
220 kV 果铝 II 回 243 CT C 相	20.9	220 kV 果铝 II 回 243 CT A 相、B 相	15.0	39.3

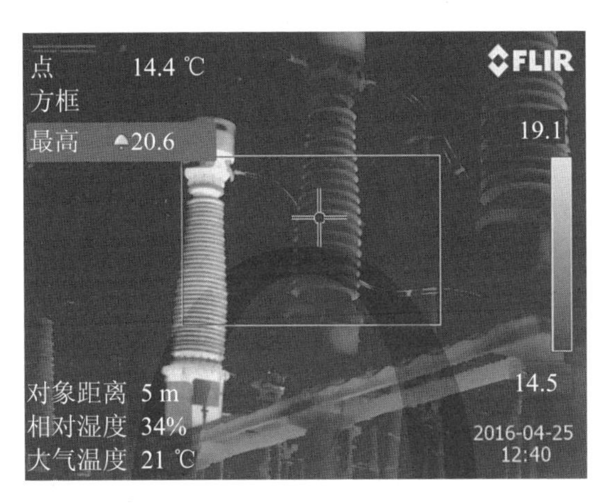

图 4.13　220 kV 果铝 I 回线 242 断路器 CT 红外测试图谱

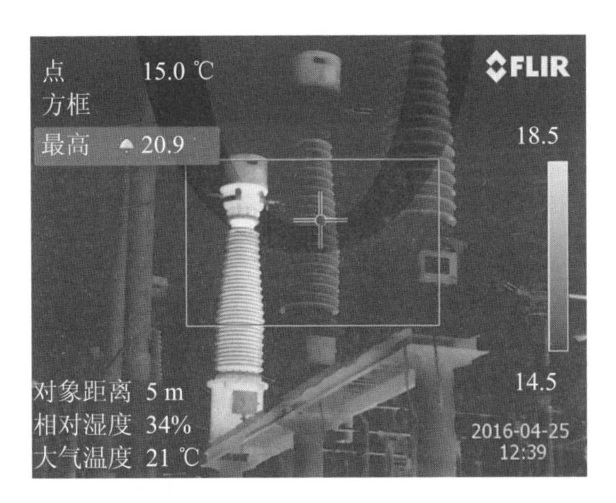

图 4.14　220 kV 果铝 II 回线 243 断路器 CT 红外测试图谱

2. 介损及电容量带电测试

介损及电容量带电测试结果，见表 4.24。

表 4.24　介损及电容量带电测试结果

设备间隔	测试时间	相别	tan δ/%	C_x/pF	备注
220 kV 果铝 I 回 242 断路器 CT	2015.3	A	0.476	870.2	2016 年 C 相数据异常
		B	0.353	879.5	
		C	0.196	860.5	
	2016.5	A	0.497	870.3	
		B	0.358	877.8	
		C	10.402	923.3	
220 kV 果铝 II 回 243 断路器 CT	2015.3	A	A 相于 2015 年 4 月更换		
		B	0.363	894.9	—
		C	0.217	856.7	—
	2016.5	A	0.322	774.9	A 相更换后
		B	0326	898.3	—
		C	9.234	920.6	异常

2016 年 5 月 3 日，介损带电测试中发现 220 kV 果铝 I 回 242 断路器 C 相 CT 介损增长率为 5 207.14%，电容量增长率为 7.3%，220 kV 果铝 II 回 243 断路器 C 相 CT 介损增长率为 4 155.3%，电容量增长率为 7.46%。依据规程，tan δ 值与出厂试验值或历年的数值比较不应有显著变化（一般不大于 30%），此两个设备增长率过大，介损和电容量都超过规程规定值，判断设备内部有绝缘劣化，绝缘油质量降低等缺陷。建议开展 tan δ 与温度、电压的关系，当 tan δ 随温度明显变化或试验电压由 10 kV 到 $U_m/\sqrt{3}$，tan δ（%）变化绝对量超过 ±0.3，不应继续运行。

（三）检修策略

带电测试反应电流互感内部存在严重隐患，立即停电进行试验检查（其中 242 断路器 CT 因相同状态的 243 断路器 CT 已试验确诊，故未再开展停电试验诊断，直接进行了更换）。

1. 电气试验

电气试验测试结果，见表 4.25。

表 4.25 电气试验测试结果

设备间隔	测试时间	相别	tan δ/%	C_x/pF	备注
220 kV 果铝Ⅱ回 243 断路器 CT	2015.4.14	A	0.21	774	A 相更换后
		B	0.286	898.7	—
		C	0.299	858.6	—
	2016.5.5	A	0.207	778.5	—
		B	0.271	903.1	—
		C	2.664	866.4	异常

2016 年 5 月 5 日 220 kV××变电站 220 kV 果铝Ⅱ回 243 断路器 CT 介损相对 2015 年 4 月增长率为 790.97%，由于绕组及末屏的绝缘电阻经过试验测试合格（一次绕组 7.1 GΩ，末屏引下线 3.35 GΩ，末屏端子 7.73 GΩ），现场也检查互感器外观密封性良好，互感器无明显进水现象。依据规程，该 CT 应退出运行，该增长率反映了 2015 年 4 月至 2016 年 5 月该 CT 内部绝缘整体老化严重。

2. 油色谱分析

2016 年 5 月 5 日对 220 kV××变电站 220 kV 果铝Ⅱ回 243 断路器 C 相电流互感器油化验数据见表 4.26。

表 4.26 243 断路器 C 相电流互感器油化验数据

成分	H_2	CO	CO_2	CH_4	C_2H_4	C_2H_6	C_2H_2	总烃	微水
含量/（$\mu L\cdot L^{-1}$）	38 284.4	92.7	513.2	4 021.5	14.2	2 864.7	19.2	6 919.8	9.96

本次试验中，H_2 含量占 73%，主要气体为 H_2、CH_4、C_2H_6，判断为 CT 内部发生过局部放电；出现 H_2 和 C_2H_2，因为 C_2H_2 产生的温度很高，一般都是发生电弧放电，判断绝缘严重老化，电容发生击穿，也符合电容量增加的表征。

（四）经验总结

精准红外测温、介损电容量带电测试能在不停电的情况下较及时准确地发现电流互感器内部隐患，应大力推广和普及。

【案例6】基于容性设备介损与电容量带电测试技术为主的110 kV××变电站110 kVⅡ段母线电压互感器电容量增长超注意值状态检修案例

（一）案例摘要

2019 年 7 月 18 日测量，110 kV 清寻线 C 相线路电压互感器电容值减小量超注意值，110 kVⅡ段母线 A 相、B 相、C 相电压互感器电容值在合格范围内，精准红外测温结果为温度无异常；2019 年 7 月 25 日复测，110 kVⅡ段母线 C 相电压互感器电容值与铭牌值进行比较，发现其增长值超注意值，精准红外测温结果为温度无异常，110 kV 清寻线 C 相线路电压互感器电容值与铭牌值进行比较，无异常。

通过该案例得到的经验：充分利用容性设备在线监测、带电测试，以及精准红外测温技术，及时发现设备异常，并制定检修策略，有效进行设备状态跟踪。

【关键词】容性设备带电测试；绝对测量法；相对测量法。

（二）状态感知

1. 绝对测量法

（1）以 110 kVⅡ段母线电压互感器为参考。

2019 年 7 月 18 日测量，以 110 kVⅡ段母线电压互感器电压值作为参考电压，测试环境：天气晴、温度 28 ℃、湿度 45%，测量原理图如图 4.15 所示。

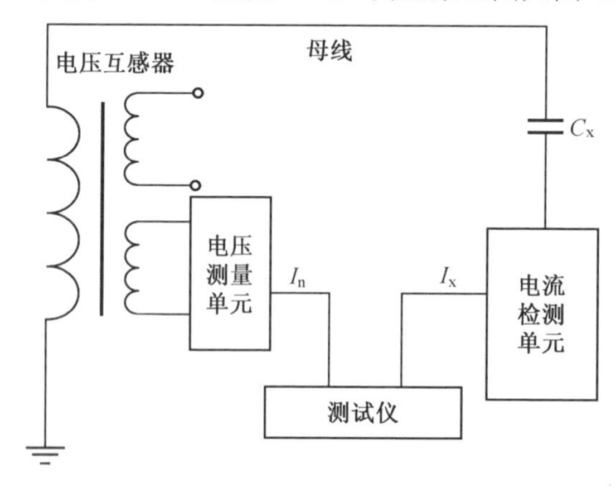

图4.15　绝对测量法测试接线示意图

带电测试数据见表 4.27。

表 4.27　带电测试数据

测试对象	参考 PT 名称	电容量初始值 C_0/pF	电容量本次值 C_x/pF	偏差/%
110 kV 2 号主变 110 kV 侧 A 相套管	110 kV Ⅱ段母线电压互感器	455	452.7	−0.51
110 kV 2 号主变 110 kV 侧 B 相套管	110 kV Ⅱ段母线电压互感器	342	339.6	−0.70
110 kV 2 号主变 110 kV 侧 C 相套管	110 kV Ⅱ段母线电压互感器	339	325.3	−4.04
110 kV 清寻线 192 断路器电流互感器 A 相	110 kV Ⅱ段母线电压互感器	826	829.4	0.41
110 kV 清寻线 192 断路器电流互感器 B 相	110 kV Ⅱ段母线电压互感器	781	784.2	0.41
110 kV 清寻线 192 断路器电流互感器 C 相	110 kV Ⅱ段母线电压互感器	783	762.2	−2.66
110 kV 清寻线线路 C 相电压互感器	110 kV Ⅱ段母线电压互感器	9 900	9 404	−5.01
110 kV 内桥 190 断路器电流互感器 A 相	110 kV Ⅱ段母线电压互感器	783.9	788.4	0.57
110 kV 内桥 190 断路器电流互感器 B 相	110 kV Ⅱ段母线电压互感器	796.6	802.5	0.74
110 kV 内桥 190 断路器电流互感器 C 相	110 kV Ⅱ段母线电压互感器	804	780.8	−2.89
110 kV Ⅱ段母线电压互感器 A 相	110 kV Ⅱ段母线电压互感器	15 190	15 110	−0.53
110 kV Ⅱ段母线电压互感器 B 相	110 kV Ⅱ段母线电压互感器	15 150	15 170	0.13
110 kV Ⅱ段母线电压互感器 C 相	110 kV Ⅱ段母线电压互感器	14 960	14 840	−0.80

以 110 kVⅡ段母线电压互感器二次电压作为参考电压时，110 kV 清寻线 C 相线路电压互感器电容值增长量超注意值，而 110 kVⅡ段母线 A 相、B 相、C 相电压互感器电容值在合格范围内。但分析数据发现，以 110 kVⅡ段母线 C 相电压互感器为参考电压的所有各设备 C 相的电容量测试变差都比较大，故判断并不是 110 kV 清寻线 C 相线路电压互感器电容值增长，反而应该是作为参考的 110 kVⅡ段母线 C 相电压互感器电容量发生了变化。

（2）以 110 kV 清寻线线路电压互感器为参考。

2019 年 7 月 25 日复测，因 110 kVⅡ段母线 C 相电压互感器计量绕组电压值比 A 相、B 相两相电压值要高，故未取用 110 kVⅡ段母线 C 相电压互感器电压，而是以 110 kV 清寻线 C 相线路电压互感器二次电压为基准电压。110 kV 清寻线 C 相线路电压互感器所能取到的二次电压为辅助绕组电压，其额定电压比为 100 V，而测试仪器所需电压为基本二次绕组电压，其额定电压为 $100/\sqrt{3}$ V，需以测量电容值乘以 $\sqrt{3}$ 才是互感器的准确电容值。110 kV 清寻线 C 相线路电压互感器一次电压为 113 kV，测试环境：小雨、温度 19 ℃、湿度 69%，测试接线示意图如图 4.16 所示，测试数据见表 4.28。

表 4.28 带电测试数据

被测设备	参考设备	参考电压/kV	测量电流/mA	铭牌电容值/pF	本次测量值/pF	偏差/%
110 kVⅡ段母线 C 相电压互感器	110 kV 清寻线 C 相线路电压互感器	113.3	316.6	14 960	15 368.04	2.73
110 kV 清寻线 C 相线路电压互感器	110 kV 清寻线 C 相线路电压互感器	113.3	200.7	9 900	9 733.84	−1.68

根据《电力设备检修试验规程》（Q/CSG 1206007—2017），以 110 kV 清寻线 C 相线路电压互感器电压作为参考电压时，其他设备 C 相电容量均测试正常，110 kVⅡ段母线 C 相电压互感器电容值增长量超注意值，110 kV 清寻线 C 相线路电压互感器电容值在合格范围内。

2. 同相比较法

以 110 kV 清寻线 C 相线路电压互感器作为参考设备，对 110 kVⅡ段母线 C 相电压互感器进行测试，测试环境：小雨、温度 19 ℃、湿度 69%。测试原理如图 4.16 所示。

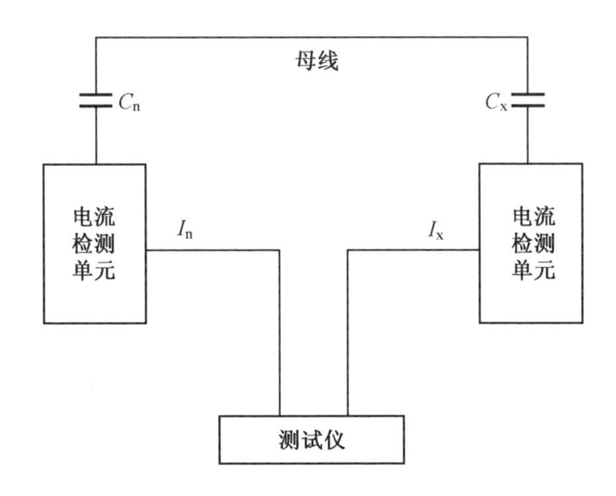

图4.16　同相比较法测试接线示意图

测量数据、铭牌电容比、测量电容比见表 4.29 和表 4.30。

表 4.29　带电测试数据

被测设备/pF	参考设备/pF	参考电流/mA	被测电流/mA	相对电容比值
110 kVⅡ段母线电压互感器 C 相	110 kV 清寻线线路 C 相电压互感器	200.7	316.9	1.579 0

表 4.30　带电测试数据

铭牌电容比		
被测设备铭牌电容/pF	参考设备铭牌电容/pF	铭牌电容比值
14 960	9 900	1.511 1
实测电容比		
被测设备测量电容值/pF	参考设备测量电容值/pF	测量电容比值
15 368.04	9 733.84	1.578 8

采用同相比较法所测得的相对电容比值，与绝对测量法所测得的电容值之比，所得数值比较接近，也验证了110 kVⅡ段母线C相电压互感器电容量确实存在增长，增长值为率为2.73%，根据《电力设备检修试验规程》（Q/CSG 1206007—2017），电容值与出厂值相比，增加量超过2%时，应缩短试验周期。

3. 电压电流计算

根据绝对测量法所测电压电流，依据电压、电流、电容关系公式，可算出电容值。

参考电压：113.3 kV。

测量电流：316.6 mA。

依据公式

$$U = IX_c \tag{4.1}$$

$$X_c = \frac{1}{\omega C} \tag{4.2}$$

$$\omega = 2\pi f \tag{4.3}$$

其中

$$f = 50\ \text{Hz},\quad U = \frac{113.3}{\sqrt{3}} \tag{4.4}$$

得

$$C = \frac{I}{2\pi f U} \approx 15\,410\ \text{pF}$$

计算所得电容值与铭牌值相比，增长率为：3.01%。

（三）检修策略

由于110 kVⅡ段母线C相电压互感器电容量增长值为率为2.73%，按规程要求缩短测试周期，故2020年、2021年持续跟踪带电测试，并2021年安排了110 kVⅡ段母线C相电压互感器停电试验，试验结果电容量增长率为3.78%，与带电测试的结果基本吻合，判断设备确有问题，并安排进行了更换。

（四）经验总结

（1）容性设备介损电容量带电测试的两种测量方法都需选取基准参考设备，不能武断地直接根据测试结果判断设备状况。应进行数据分析，当发现其他设备测试值出现统一增大或减少较多时，一般判断参考设备出现了异常，并选取其他设备作为基准参考设备进行复测分析，避免出现误判断。

（2）容性设备介损电容量带电测试能及时有效地反应设备的健康状况，能够替代停电预试项目作为获取设备状态量的有效手段。

【案例7】基于红外精准测温技术为主的110 kV××变电站110 kV王洛牵Ⅱ回线线路A相电压互感器二次面板下端接地螺丝异常发热（放电球隙未接地）检修案例

（一）案例摘要

2020 年 7 月 23 日，带电监测技术人员对 110 kV 某变电站 110 kV 变电一次设备开展带电监测预试工作，发现 110 kV 王洛牵Ⅱ回线路 A 相电压互感器二次端子箱下端接地螺丝发热。热点最高温度 33.5 ℃，BC 相同一部位温度均为 23.5 ℃，相间温差 10 ℃，发热原因可能是接地螺丝松动造成接触不良。按照《带电设备红外诊断应用规范》（DL/T 664—2016）10.2 发热缺陷对电设备运行的影响程度定级——该缺陷可能会造成该相电容式电压互感器电容单元尾部悬浮放电，造成设备非计划停运，影响程度严重，故定级为紧急缺陷，建议尽快停电处理。采用 FLUKE Tix1000 红外成像仪进行测试，热敏度 NETD≤0.05 ℃（50 mK），图像分辨率 1 024×768。2020 年 7 月 30 日，检修试验人员对 110 kV 王洛牵Ⅱ回线路 A 相电压互感器进行停电处理。110 kV 王洛牵Ⅱ回线路 A 相电容式电压互感器二次端子箱外观图，如图 4.17 所示。该电压互感器电气连接原理图，如图 4.18 所示。

通过该案例得到的经验：充分利用精准红外测温技术，及时发现设备异常。

【关键词】精准红外测温。

图4.17　110 kV王洛牵Ⅱ回线路A相电容式电压互感器二次端子箱外观图

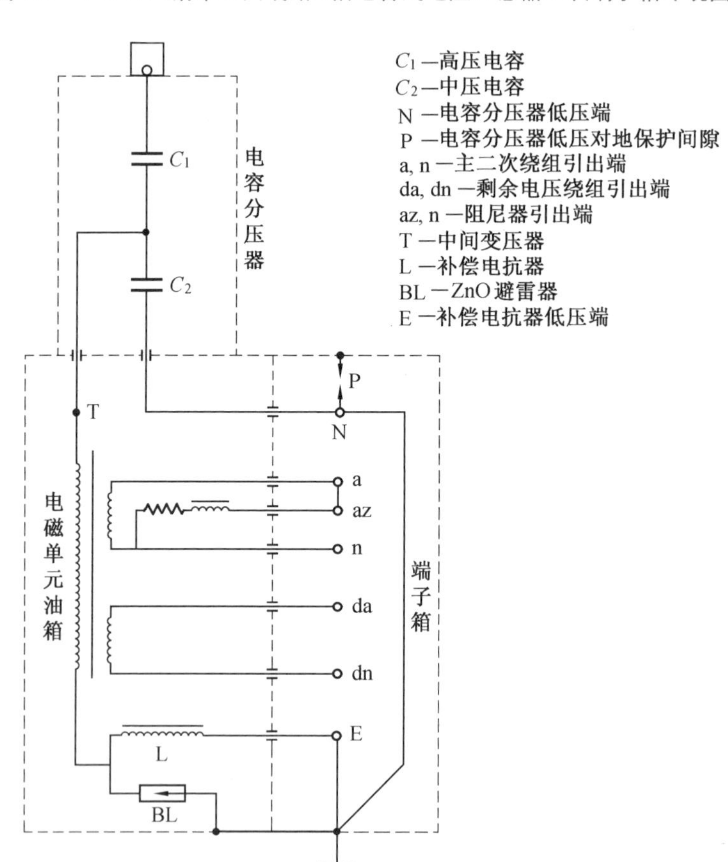

图4.18　该电压互感器电气连接原理图

（二）状态感知

测试环境见表 4.31。110 kV 王洛牵 II 回线路 A 相电压互感器二次端子箱下端接地螺丝热像图如图 4.19 所示。110 kV 王洛牵 II 回线路 B、C 相电压互感器二次端子箱下端接地螺丝热像图如图 4.20 所示。

表 4.31　测试环境信息

测试时间	环境温度/℃	天气
2020-07-23	24	阴

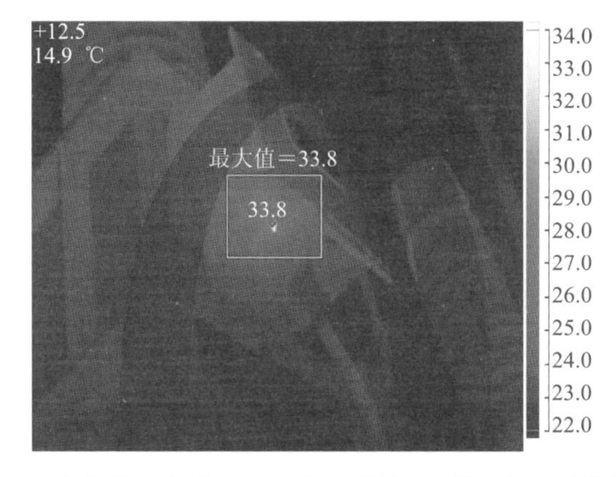

图4.19　110 kV王洛牵 II 回线路A相电压互感器二次端子箱下端接地螺丝热像图

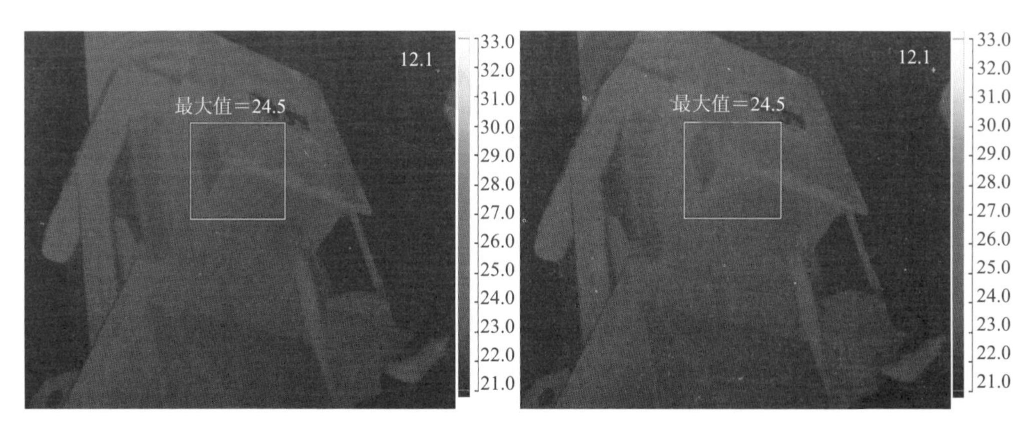

图4.20　110 kV王洛牵 II 回线路B、C相电压互感器二次端子箱下端接地螺丝热像图

110 kV 王洛牵Ⅱ回线路 A 相电压互感器二次端子箱下端接地螺丝异常发热。热点最高温度 33.5 ℃，BC 相相同部位温度均为 23.5 ℃，相间温差 10 ℃。

发热原因可能是接地螺丝松动造成接触不良。

（三）检修策略

按照《带电设备红外诊断应用规范》（DL/T 664—2016）10.2 发热缺陷对电设备运行的影响程度定级，该缺陷可能会造成电容式电压互感器电容单元尾部悬浮放电，导致设备非计划停运，定级为紧急缺陷，建议尽快停电处理。

（1）尽快停电，对电压互感器本体进行高压试验，检查是否满足运行条件，否则应该更换电压互感器。

（2）对松动螺丝进行紧固、对电压互感器 N 端接地可靠性进行检查。

（3）检查支柱绝缘子、保护球间隙是否满足运行要求，必要时应该进行更换。

（四）停电检修

1. 停电检查

2020 年 7 月 30 日，变检人员对 110 kV 王洛牵Ⅱ回线路 A 相电压互感器进行检查。同类型电压互感器二次端子箱内部图示如图 4.21 所示。N 端接地保护球隙及支柱绝缘子烧毁如图 4.22 所示。

2. 停电试验

2020 年 7 月 30 日，试验人员对 110 kV 王洛牵Ⅱ回线路 A 相电压互感器进行高压试验。

试验气候：晴天，20 ℃，45%。

仪器仪表详细信息见表 4.32。110 kV 王洛牵Ⅱ回线路 A 相电压互感器高压试验，见表 4.33。

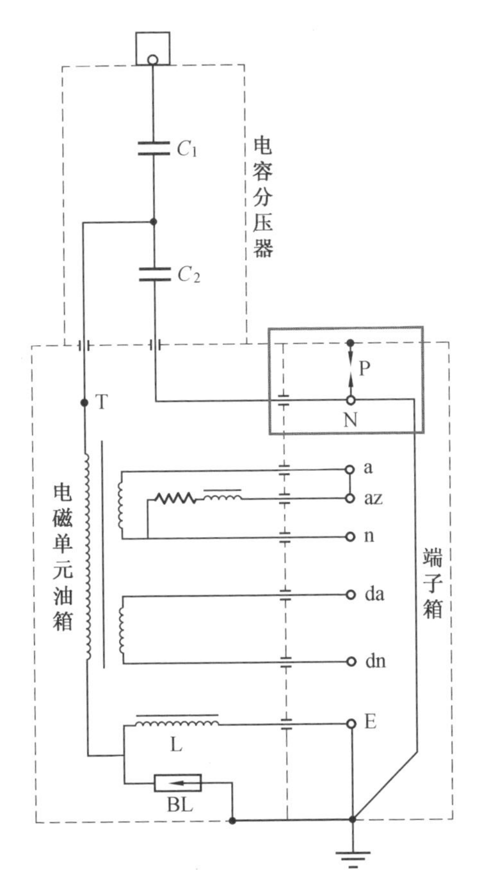

图4.21 同类型电压互感器二次端子箱内部图示

图4.22 N端接地保护球隙及支柱绝缘子烧毁

表 4.32 仪器仪表

序号	名称	型号	厂家	编号	有效日期
1	高压数字兆欧表	MI 3205	METREL	18150649	2021-04-21
2	抗干扰介损测量仪	AI-6000K	济南泛华仪器设备有限公司	C30103	2020-10-10

表 4.33　110 kV 王洛牵Ⅱ回线路 A 相电压互感器高压试验

<table>
<tr><td rowspan="2">绝缘电阻</td><td>C11（MO）</td><td>C12（MO）</td><td>低压端对地（MO）</td><td colspan="2">中间变压器一次对二次及地（MO）</td></tr>
<tr><td>200 000</td><td>200 000</td><td>51 000</td><td colspan="2">23 700</td></tr>
<tr><td>电容单元</td><td>C11</td><td>C12</td><td>C11+C12</td><td>铭牌值</td><td>偏差</td></tr>
<tr><td>C_x</td><td>12 360 pF</td><td>49 830 pF</td><td>9 903.5 pF</td><td>9 896 pF</td><td>0.08%</td></tr>
<tr><td>tan δ</td><td>0.086%</td><td>0.097%</td><td>—</td><td>—</td><td>—</td></tr>
</table>

根据中国南方电网有限责任公司企业标准《电力设备检修试验规程》（Q/CSG 1206007—2017）判据：

（1）绕组及末屏的绝缘电阻。

①一次绕组对二次绕组及地的绝缘电阻与出厂值及历次数据比较，不应有显著变化。一般不低于出厂值或初始值的 70%。

②电容型电流互感器末屏绝缘电阻不宜小于 1 000 MΩ。

（2）tan δ及电容量。

电容型电流互感器主绝缘电容量与初始值或出厂值差别超过±5%时应查明原因。

结论：110 kV 王洛牵Ⅱ回线路 A 相电压互感器本体试验数据合格。

3. 检修处理

（1）将烧毁的 N 端接地保护球隙及支柱绝缘子拆除。

（2）更换 N 端接地保护球隙及支柱绝缘子，将 N 端引出线与支柱绝缘子上端连接。

（3）将保护球隙及支柱绝缘子上端接地。

（4）用万用表测量，确认 N 端与地之间导通。

N 端接地线未连接、规则地折在一侧，如图 4.23 所示。缺陷处理后的实景图，如图 4.24 所示。

图4.23　N端接地线未连接、规则地折在一侧

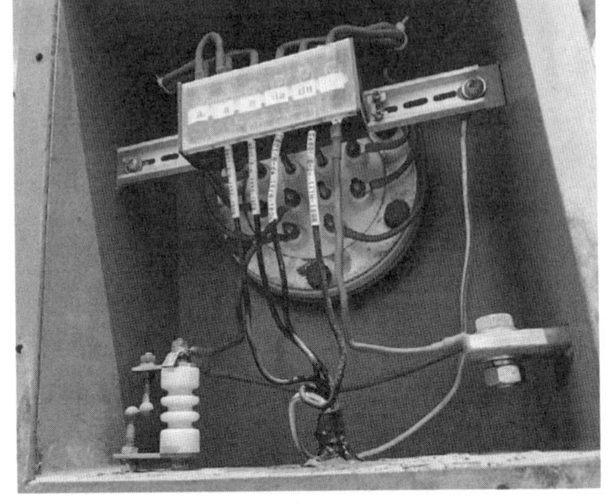

图4.24　缺陷处理后的实景图

（五）原因分析

发现故障前，最后一次涉及 110 kV 王洛牵Ⅱ回线路 A 相电压互感器的停电工作是：2016 年 9 月 6 日～7 日，某委托施工单位负责开展的 110 kV 王洛牵Ⅱ回线路 A 相电压互感器结合滤波器拆除作业。

缺陷过程推演示意图如图 4.25 所示。

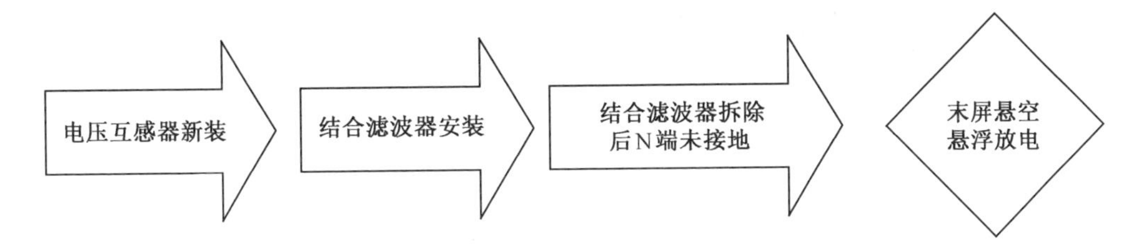

图4.25　缺陷过程推演示意图

（1）电压互感器新装，保护球隙支柱绝缘子上端与地之间，通过红线接地。

（2）安装结合滤波器时，解开红线接地，并接入结合滤波器。此时 N 端电流通过结合滤波器，其接地分为两种情况：结合滤波器使用时，其接地刀闸出于分位，电流在远端经过分析后接地；结合滤波器不使用时，其接地刀闸出于合位，即电流通过结合滤波器的接地刀闸接入地网。总之，这个阶段，N 端电流通过结合滤波器接地，而图 4.26 中的 N 端接地线处于无用状态，与支柱绝缘子上端解开后，被折叠后（人工折痕明显）闲置于二次端子箱的右下侧。

（3）拆除结合滤波器时，仅仅拆除图 4.27 中的结合滤波器接入线，未将支柱绝缘子上端接地。

图4.26　接入结合滤波器后N端接地线断开状态

图4.27　接入结合滤波器后的球隙及其支柱绝缘子

（4）电压互感器运行后，N 端电流只能通过球隙放电，伴随放电和发热，支柱绝缘子被烧溶，球隙上半部分因支柱绝缘热熔支撑硬度不够，在重力作用下塌落，幸运的是塌落后与下半部分球体接触，让 N 端没有完全悬空（图 4.28）。

（5）球隙上半部分塌落后与下半部分球体接触，让 N 端没有完全悬空。这种不可靠的接触方式，让 N 端电流通过二次端子箱下端的外壳导入接地网，但是接触面一直在放电、发热。本次红外测温时，该异常被发现，并及时处理。

（6）之前的红外测温没有发现的原因有 3 种可能：①受到震动等影响，在接触良好的时候，发热不明显。②红外测温时，受到环境高温的影响，无法发现其温差。例如本次测到的热点温度幅值 33 ℃左右，当环境温度≥热点温度幅值时，无法发现异常温差。③二次端子箱下端与支柱绝缘子固定螺丝发热，在现有的文献案例中属于首例，红外测温时，只测试了 PT 本体和二次端子箱，遗漏了其下端。

末屏电流通过保护球隙下半部分球，流经二次面板下端外壳接地
保护球隙上部分

图4.28　N端不可靠接地运行状态

（六）预防措施

（1）投运前，必须确保电容式电压互感器、高压套管等设备末屏可靠接地。

（2）涉及电压互感器等二次接线的作业，必须正确使用、填写、存档二次措施单。

（3）涉及外单位的工作，必须严格履行好验收职责。

（4）在作业、验收工作中，涉及电压互感器、高压套管等末屏接地的，检查接地可靠性时，必须使用万用表进行量化，确保已经接线且接地可靠。

（5）对昆明供电局拆除过结合滤波器的电容式电压互感器，进行 N 端接地可靠性专项检查。

（6）红外测温时，严格执行《带电设备红外诊断应用规范》（DL/T 664—2016）。同时应该尽量多角度、各部位进行测温。

【案例8】基于精准红外测温技术为主的500 kV××变电站2号主变220 kV侧A相电压互感器故障（内部渗油）状态检修案例

（一）案例摘要

2020 年 5 月 19 日，通过精准红外测温，发现 500 kV 变电站 2 号主变 220 kV 侧电容式电压互感器 A 相中部温度异常，相间温差大于 3 K，5 月 21 日，变电修试所带电监测班开展复测，测试结果与初测结果一致。经停电检查，C_{12} 介损值为 0.336，超出标准值 0.2，介损超标，与出厂时的 0.060 相比，已超出近 6 倍，更换后又对其开展解体检查，确认其发热原因是下节电容单元顶部缺油，缺油量大约为总量的 1/8～1/4。

通过该案例得到的经验：充分利用精准红外测温技术，及时发现设备异常。

【关键词】精准红外测温。

（二）状态感知

2020 年 5 月 19 日，500 kV××巡维中心在开展精益化测温时，发现 500 kV 变电站 2 号主变 220 kV 侧电容式电压互感器 A 相温度异常，中部有发热，相间温差大于 3 K。2020 年 5 月 21 日，变电修试所安排带电测试班到现场对 500 kV 变电站 2 号主变 220 kV 侧电容式电压互感器开展电容量及介损带电测试，并复测红外测温。测温结果为 A 相中部 34.1 ℃，B 相中部 30.7 ℃，C 相中部 31.1 ℃，相间温差 3.4 ℃。A 相发热情况，如图 4.29 所示。三相发热情况对比（从左到右分别为 A 相、B 相、C 相），如图 4.30 所示。

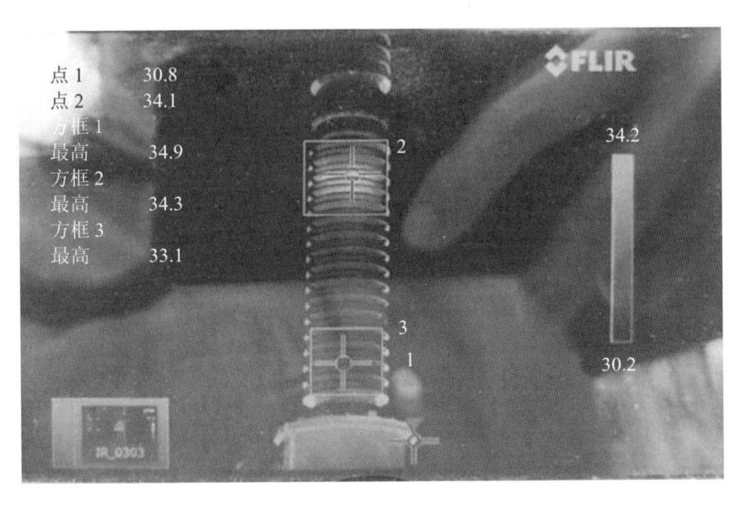

图4.29 A相发热情况（单位：℃）

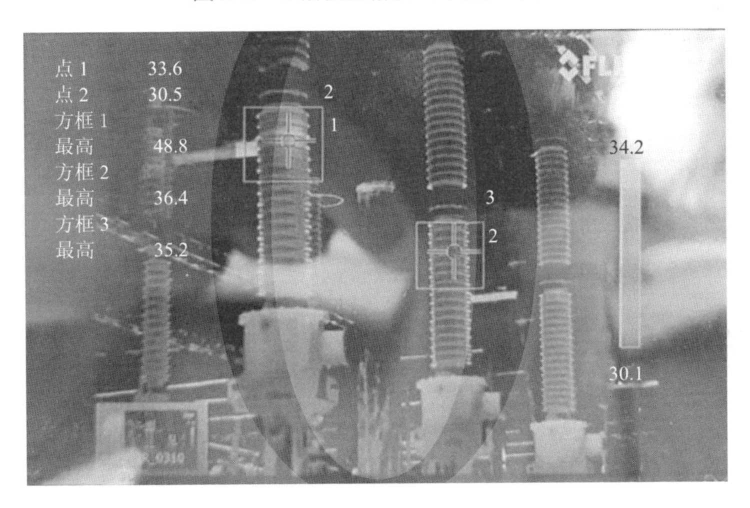

图4.30 三相发热情况对比（从左到右分别为A相、B相、C相）（单位：℃）

电容量及介损带电测试结果正常，数据见表 4.34。

表 4.34 带电测试结果

相别	tan δ/%	C_x/pF	I/mA	U/kV
A 相	0.067	10 090	419.9	132.2
B 相	0.030	10 100	423.4	133.2
C 相	0.103	10 100	421.5	132.7

1. 故障设备基本情况

本次故障220 kV电容式电压互感器铭牌信息见表4.35。

表4.35　设备铭牌信息

型号	额定电压	生产厂家	出厂日期	出厂编号
TYD220/$\sqrt{3}$-0.01 H	220/$\sqrt{3}$ kV	西安西电电力电容器	2014年2月	21402080

电容式电压互感器在结构上主要由电容分压器和电磁单元组成，该220 kV电容式电压互感器在外形上由2节瓷套组成，C_2在上节瓷套中，C_{11}和C_{12}在下节瓷套中，并由法兰与电磁部分连接在一起。图4.31为220 kV CVT下节电容单元连同电磁单元结构示意图。

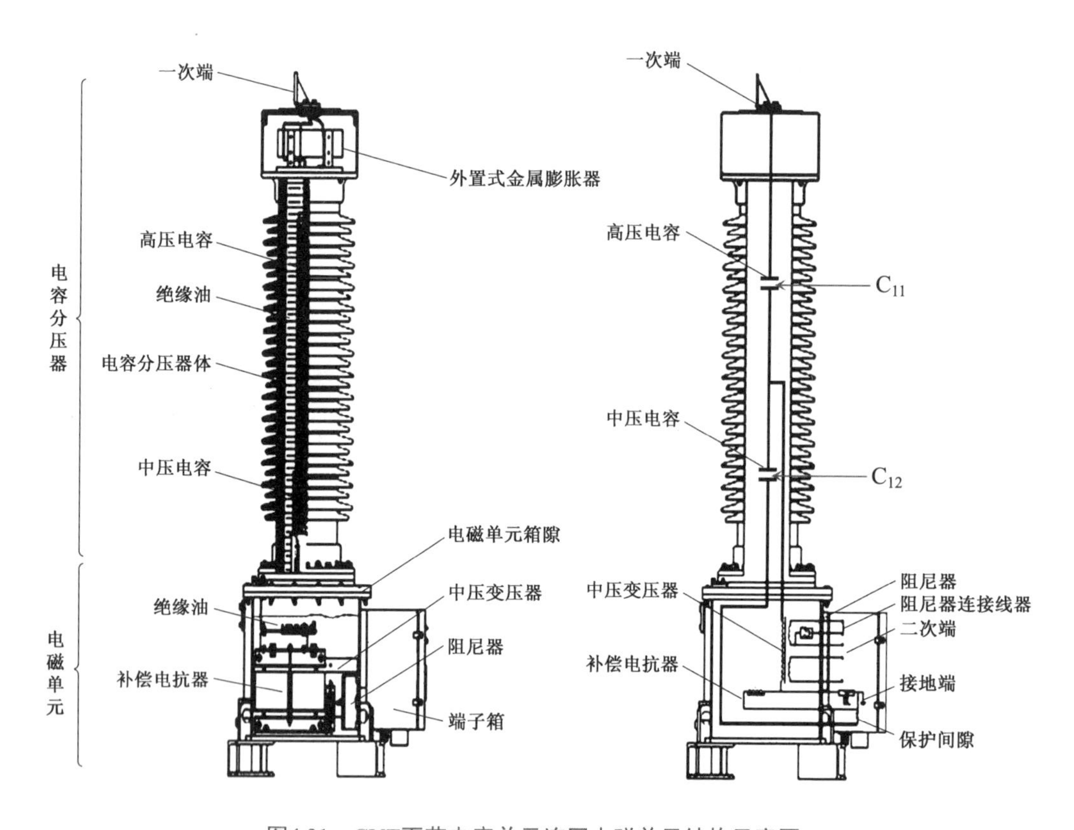

图4.31　CVT下节电容单元连同电磁单元结构示意图

2. 故障设备历史试验数据

该 CVT 于 2014 年 2 月出厂，2015 年 9 月投入运行，期间进行过两次周期预试定检，表 4.36 为介损数据，表 4.37 为电容量数据。

表 4.36　介损历史数据对比　（单位：%）

tan δ/%	A 相（21402080）			B 相（21402095）			C 相（21402094）		
部位	C_{11}	C_{12}	C_2	C_{11}	C_{12}	C_2	C_{11}	C_{12}	C_2
测量方法	自激法	自激法	反接带屏蔽	自激法	自激法	反接带屏蔽	自激法	自激法	反接带屏蔽
出厂（2014）	0.060		0.060	0.060		0.060	0.060		0.060
交接（2015）	0.124	0.125	0.110	0.098	0.123	0.108	0.102	0.102	0.098
2017.04.11	0.112	0.058	0.087	0.102	0.063	0.085	0.111	0.069	0.078
2020.03.25	0.087	0.179	0.068	0.086	0.061	0.063	0.089	0.060	0.065

表 4.37　电容量历史数据对比　（单位：pF）

电容量/pF	A 相（21402080）				B 相（21402095）				C 相（21402094）			
部位	C_{11}	C_{12}	$C_{11}+C_{12}$	C_2	C_{11}	C_{12}	$C_{11}+C_{12}$	C_2	C_{11}	C_{12}	$C_{11}+C_{12}$	C_2
测量方法	自激法	自激法	自激法	反接带屏蔽	自激法	自激法	自激法	反接带屏蔽	自激法	自激法	自激法	反接带屏蔽
铭牌值	86 500	26 510	20 291	20 110	84 800	26 810	20 370	20 300	84 600	26 760	20 300	20 200
出厂（2014）	86 500	—	20 290	20 110	84 800	—	20 370	20 300	84 600	—	20 330	20 200
交接（2015）	87 020	26 450	20 284	20 120	85 130	26 730	20 342	20 290	85 030	26 680	20 308	20 210
2017.04.11	86 830	26 400	20 245	20 140	85 030	26 680	20 308	20 340	84 790	26 630	20 567	20 250
2020.03.25	87 200	26 520	20 335	20 180	85 310	26 770	20 376	20 380	85 180	26 720	20 339	20 280

在历史数据中，电容量变化甚微，对于介损值，2020 年预试数据与上一周期数据及出厂值相比有异常增长，但与交接数据相近，且仍符合规程要求。

（三）停电检查

根据设备故障情况，于 2020 年 5 月 23 日对××变电站 2 号主变 220 kV 侧三相 CVT 进行更换。2020 年 5 月 27 日，试验一班对更换下来的 CVT 进行诊断性试验检查，包括绝缘电阻、介损、电容量试验，以排查互感器发热原因。

1. 停电检查

由于发热部位为下节瓷套的上部，故本次检查主要针对该节电容开展。表 4.38 为绝缘电阻试验数据，表 4.39 为介损与电容量数据。

表 4.38 绝缘电阻数据

C11/GΩ	C12/GΩ	N/GΩ	E/GΩ
200+	200+	200+	102

中国南方电网有限责任公司企业标准《电力设备检修试验规程》要求，电容式电压互感器极间绝缘≥5 000 MΩ，低压端对地绝缘电阻≥100 MΩ，中间变压器一次对二次及地绝缘电阻＞1 000 MΩ。本次绝缘电阻试验数据显示，该节电容极间绝缘、低压端对地绝缘、中间变压器一次对二次及地绝缘电阻阻值均远大于要求值，符合中国南方电网有限责任公司企业标准《电力设备检修试验规程》要求，绝缘良好。

表 4.39 介损与电容量数据

部件	tan δ/%	C_x/pF	C_n/pF	ΔC/%
C11	0.101	87 020	86 500	0.601
C12	0.336	26 580	26 510	0.264

南网《电力设备检修试验规程》要求，对于电容量：每节电容值偏差不超出额定值的-5%～+10%范围，电容值与出厂值相比，增加量超过+2%时，应缩短试验周期，由多节电容器组成的同一相，任何两节电容器的实测电容值相差不超过 5%；对于介损：10 kV 试验电压下的 tan δ值不大于下列数值：油纸绝缘 0.5%，膜纸复合绝缘 0.2%。该 CVT 属于膜纸复合绝缘，C_{12} 介损值为 0.336%，超出标准值 0.2，介损超标，与出厂时的 0.060%相比，已超出近 6 倍。电容量均在要求范围内。根据 C_{12} 介损超标，初步判断下节瓷套上部电容单元存在缺陷。

2. 解体检查

（1）外观检查。

该 CVT 外观检查外绝缘表面无脏污、无破损、无裂纹，无放电现象，检查分压电容及电磁单元外部均无渗漏油迹象，检查油箱密封面无漏油，二次端子面板内清洁完整，无进水及放电现象。检查电磁单元油位，发现 A 相油位指示为满油状态，明显高于 B 相、C 相。三相油箱油位对比，如图 4.32 所示。

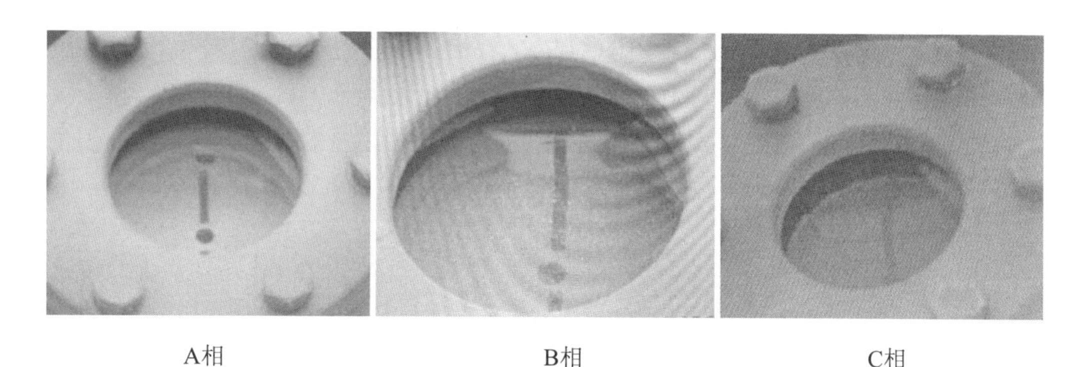

图4.32　三相油箱油位对比

（2）解体过程。

解体前，先通过放气孔对电磁单元进行排气，可以听到轻微“滋滋”的排气声，排气后将电容单元与电磁单元接触面的油箱大盖螺栓取下，内圈螺栓还未进行操作，此时，电容单元与油箱大盖的接触面有渗漏油现象。箱内油体清澈。内圈螺丝处渗漏油情况，如图 4.33 所示。

图4.33　内圈螺丝处渗漏油情况

电容单元全部油排出后，进行油量对比，排出油量与厂家标定油量不符，初步显现电容单元缺油。进行进一步解体，将电容单元内部膜纸绝缘电容芯子和顶部金属膨胀器取出。检查顶部盖板，密封圈完好，内部无凝结水气。

经检查，电容单元顶部第 1 小组单片电容（大约 12 片）相对干燥，并无油浸痕迹，顶部缺油部位电容单元与中部浸油部位电容单元相对比，缺油部位手指摸上去不会沾油，确认下节电容单元顶部缺油，缺油量大约为总量的 1/8～1/4。电容芯子缺油部位对比，如图 4.34 所示。电容芯子整体对比，如图 4.35 所示。

图4.34　电容芯子缺油部位对比

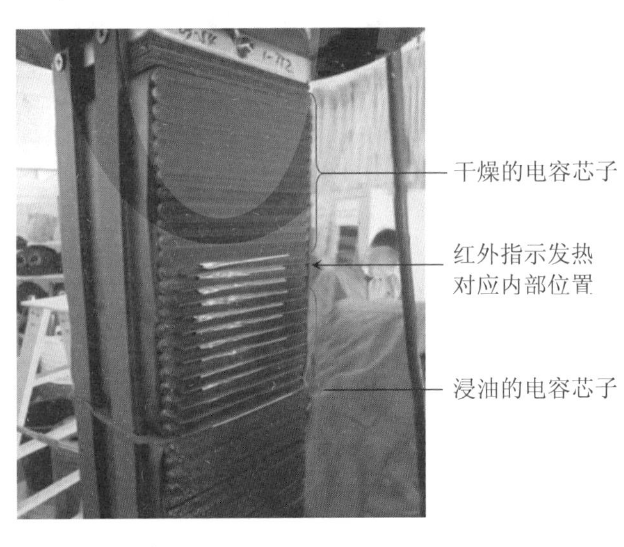

图4.35　电容芯子整体对比

单片电容单元外观良好（图 4.36），用万用表进行电容量测量，单片电容单元电容量为 1.8～2.1 μF 左右，未发现有击穿现象。单片电容单元打开为三层膜一层锡箔纸的层叠结构，检查内部并无放电灼烧痕迹，也未见有发热引起膜纸发黄的部位。

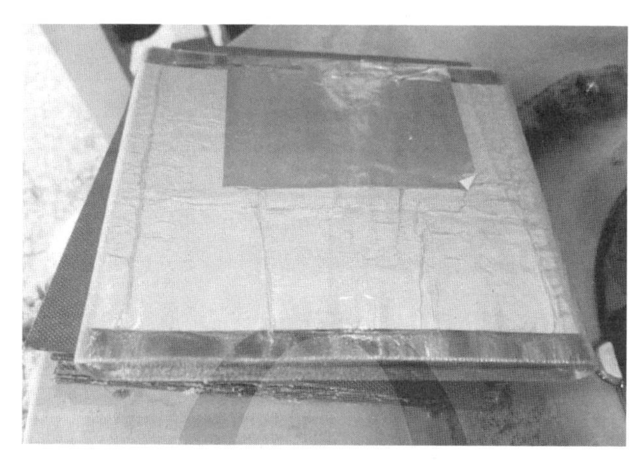

图4.36　单片电容单元外观

至此，进一步检查，寻找下节电容单元与电磁单元间是否存在油渗漏途径。电容单元与电磁单元中间为法兰间隔，法兰中间 N 端与 E 端瓷套贯穿而过，重点检查这两个贯穿瓷套与法兰连接处是否存在渗漏可能。电磁单元顶部法兰，如图 4.37 所示。电磁单元顶部法兰顶面，如图 4.38 所示。电磁单元顶部法兰底面，如图 4.39 所示。

图4.37　电磁单元顶部法兰

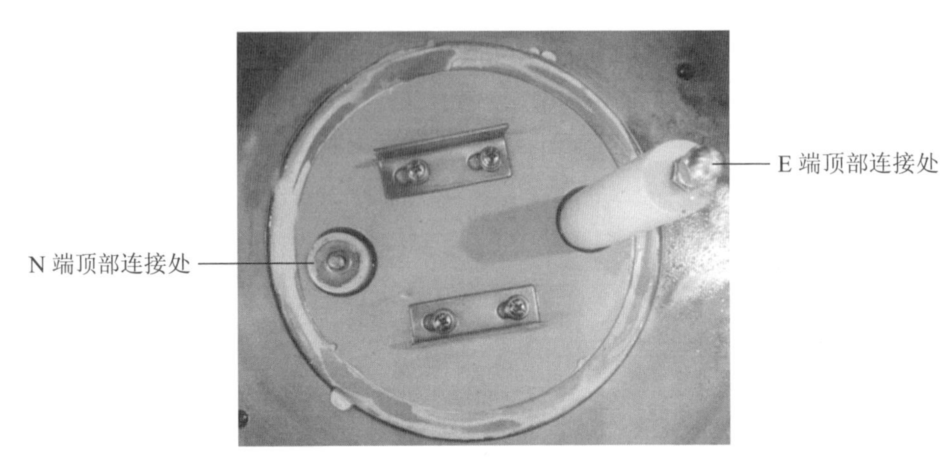

图4.38　电磁单元顶部法兰顶面

图4.39　电磁单元顶部法兰底面

经检查，N 端瓷套与法兰底部连接面处的密封圈，未处于连接处接缝位置，虽然紧紧套在瓷套上，但并未起到密封作用。图 4.40 中可以看到，密封胶圈并未封在法兰处，而是与法兰还间隔了大概 0.5 cm 左右的瓷套本体。

图4.40 N端瓷套底部密封情况

E 端瓷套与法兰接触面处有密封胶圈，通过瓷套底部四颗螺丝将密封胶圈压接在瓷套与法兰连接处，起到密封作用，但密封胶圈压接并不均匀，如图 4.41 所示，一侧有明显缝隙，有缝隙一侧相对应的螺丝未压紧，弹片并未吃力。四颗螺丝的螺杆长度不一致，图片靠左侧螺丝螺栓长度不足，螺母只吃进去几牙，中空。

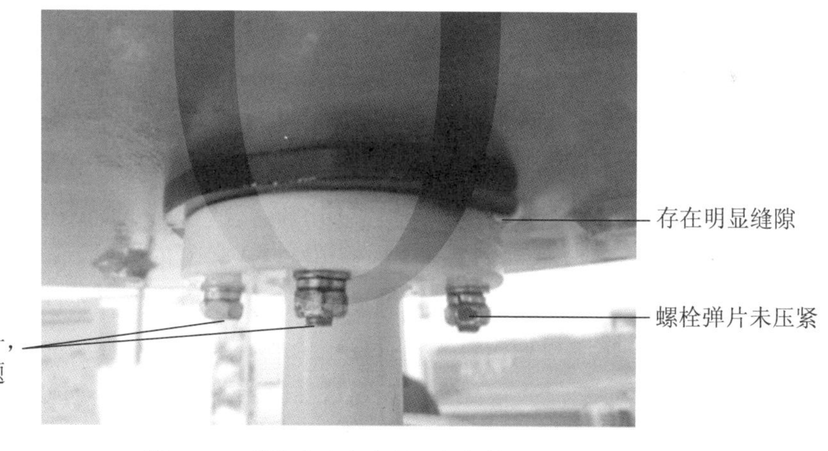

图4.41 E端瓷套底部密封不均匀情况

之后针对发现的底部密封不良问题，进行验证，将油箱大盖螺栓拧紧，在法兰瓷套贯穿处顶部滴入墨水，由于油箱大盖密封恢复后，油箱内压力增大，观察发现，E 端瓷套上部的墨水有冒泡现象，验证密封确实存在问题，试验人员注意到，冒泡部位刚好位于螺丝弹片未压紧，密封有缝隙处。E 端瓷套上部，如图 4.42 所示。

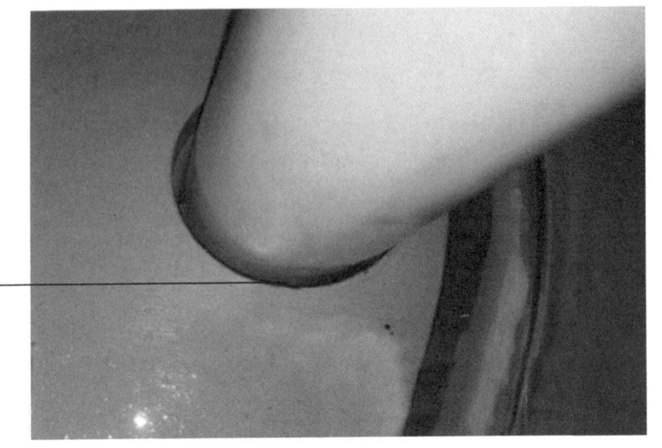

图4.42 E端瓷套上部验证情况

（3）综合分析。

此次针对××变电站 220 kV 电容式电压互感器，结合以上常规试验及解体诊断，进行综合分析判断，得出如下结论。

由于厂家出厂工艺不良，CVT 电磁单元与下节电容单元间 N 端、E 端瓷套部位密封失效，导致电容器单元绝缘油向内渗漏，进入到电磁单元油箱，该 CVT 下节电容单元处于缺油运行状态。缺油状态使得下节电容单元内部形成一个“油-电容单元-空气”的空间，顶层缺油部分的单片电容单元处于电压强度相对高的部位，两种不同介电常数和电导率的组合绝缘结构在外加交流电场后，电场分布不均，伴随能量损耗，介质损耗增大，造成局部发热。且对于膜纸复合绝缘的电容器油介质为有机合成绝缘油，它比油纸绝缘的电容器所选用的矿物油介质更容易溶解一些杂质，在缺油状态下 Garton 效应更为显著，在常规预试电压较低的情况下，更容易出现介损值偏大的情况。由于发热时间不长，温度不高，暂未造成电容元件击穿现象，电容量未表征出明显变化。短期内若未进行停电处理，则可能出现局部电容单元击穿并使绝缘劣化的问题，更严重情况下可能导致互感器爆炸烧毁，造成事故。

所以，本次 220 kV 电容式电压互感器发热缺陷，属于厂家出厂工艺不良，N 端、E 端瓷套密封失效，致使下节电容单元绝缘油内部渗漏到电磁单元，在缺油运行状态下最终导致介损偏大，发热。

（四）预防措施

（1）加强产品出厂监督，提高产品质量。本次缺陷罪魁祸首就是产品密封性能

存在缺陷，导致电容单元缺油运行，因此厂家必须加强设备生产过程中的技术监督管理，减少设备因生产工艺原因造成的设备缺陷和隐患，从源头上降低缺陷发生的概率。

（2）完善规程对介损增长幅度的界定。可以看到，该故障 CVT 在 2020 年 3 月的停电周期预试时，试验人员就已经发现 C12 介损值横比纵比都存在异常增长，但仍在规程要求范围内，且与交接试验数据相对比，增幅有所下降。电容量变化在正常范围内。现有规程中，并未涉及当 CVT 当介损值与历史值相比较有异常增长时的执行措施，导致无章可循。

（3）加强设备交接试验全过程管理，确保交接试验数据的可信度，提高后期周期试验数据的可参考性。CVT 出厂日期为 2014 年 2 月，交接试验为 2015 年 4 月，停电放置时间过长，更有可能发生 Garton 效应，所以，在交接验收过程中，遇到介损异常偏大情况，应慎重考虑试验顺序，可以在进行高电压试验后再进行介损复测。

（4）在日常预试过程中，电容量正常，介损异常增大，但未超过规程要求的情况时有发生，怀疑为 Garton 效应影响。对于膜纸复合绝缘介质的 CVT 来说，更容易发生 Garton 效应，为避免因为 Garton 效应导致的介损偏大，造成设备缺陷误判，可以采取以下措施：①Garton 效应是因绝缘介质中少量杂质在不同电压下的分布结构造成的，因此首先要加强生产过程中的技术监督管理，提高品控；②对于运行时间较长的 CVT，周期试验尽量在设备停运后的数个小时内进行，避免在无电情况下静置时间过长后进行介损试验；③当电容量正常，介损偏大时，在条件允许情况下应安排进行高压介损试验进行确认，避免盲目下结论。

（5）对电压致热型设备的红外精确测温是及时发现内部缺陷的有效手段，在专业巡视中应积极开展，当红外测温发现异常及缺陷时，应立即退出运行并进行诊断性试验，防止出现设备事故。

（6）本次 CVT 发热缺陷究其根本为厂家密封工艺问题，可能会导致批次性问题，对于同一厂家同一型号同一批次 CVT 应密切关注，加强红外测温、油位检查等检测手段，防止事故发生。

第5章　高压开关柜状态检修案例选编

【案例1】基于局部放电带电测试技术的110 kV××变电站35 kV金锋线开关柜穿柜及母排套管脏污受潮故障状态检修案例

（一）案例摘要

2016年12月14日使用PDS-T90局放测量仪测试，发现110 kV××变电站35 kV金锋线开关柜超声及特高频局放异常。利用局放检测和定位系统定位分析，存在多点放电问题，局放信号源1最大幅值位于35 kV金锋线开关柜后柜下部B相穿柜套管位置，具有沿面放电特征；局放信号源2最大幅值位于35 kV金锋线开关柜前柜上部C相母排套管位置，具有沿面放电特征。经停电检查发现，该前后柜的套管、母排表面脏污受潮，存在明显放电痕迹；高压室顶端通风孔有漏雨痕迹。经母排和套管拆解深度清理和通风孔封堵，有效减小了局放信号。

通过该案例得到的经验：第一局放带电测试和特高频时差定位，能够有效地分辨真实的局放信号和外部干扰信号，并最终定位开关柜内部放电源所在位置；第二母排、套管沿面放电类局放，需将整体母线、套管拆解后清理，受潮严重的应整体更换各绝缘件；高压室内应做好防雨、除污、除湿措施。

【关键词】沿面放电；特高频时差定位；套管；受潮。

（二）状态感知

35 kV金锋线开关柜超声波局放异常。如图5.1所示，超声波幅值图最大值22 dB，频率成分2＞频率成分1；超声波相位图每周期两簇驼峰状信号，打点位置大小均有；超声波波形图每周期两组，大小脉冲均有，相位宽度较宽。信号具有沿面放电特征。

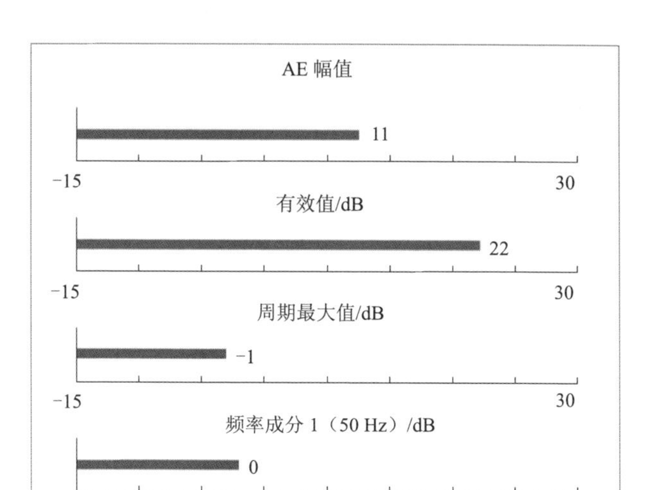

（a）

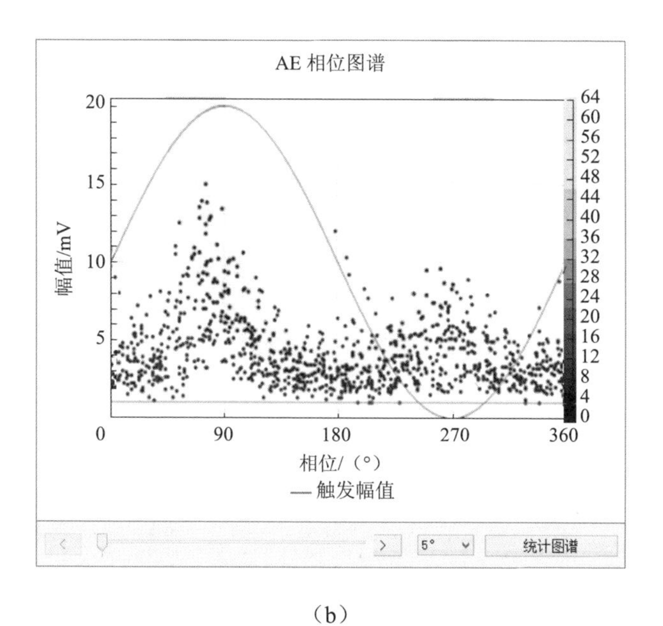

（b）

图 5.1　超声波幅值/相位/波形图谱

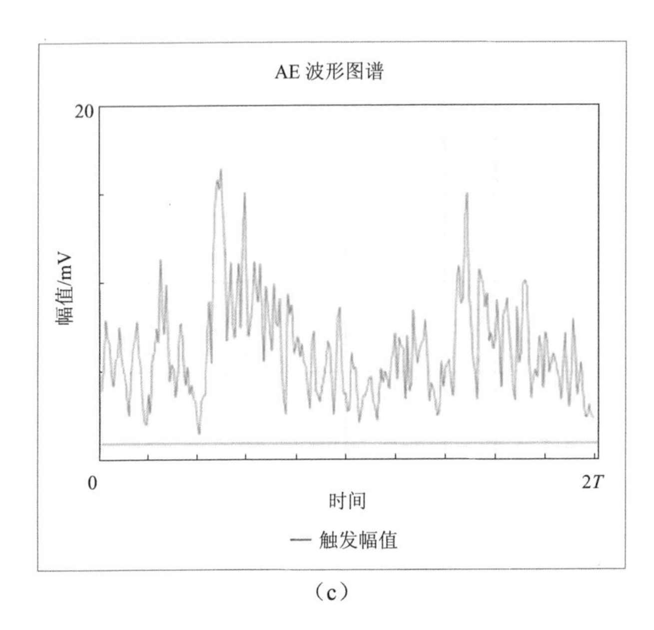

（c）

续图 5.1

35 kV 金锋线开关柜特高频局放异常。如图 5.2 所示，放电信号在工频相位的正负半周均会出现，信号强度相对较低，相位分布较宽，放电次数较多，工频相位下的对称性不强。信号具有沿面放电特征。

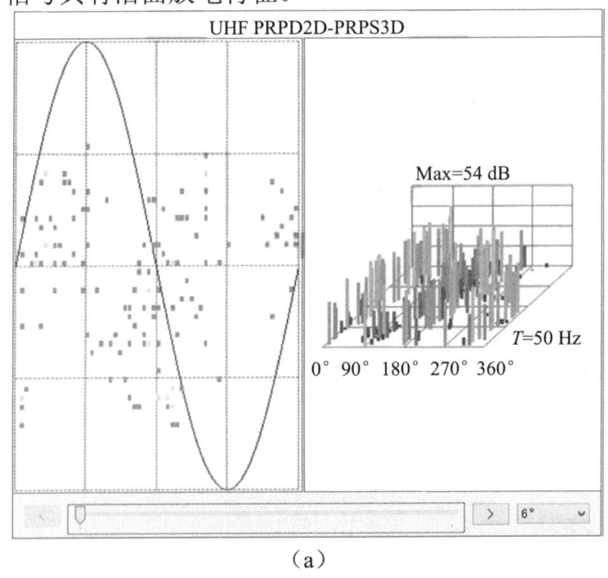

（a）

图 5.2　特高频 PRPD&PRPS/周期图谱

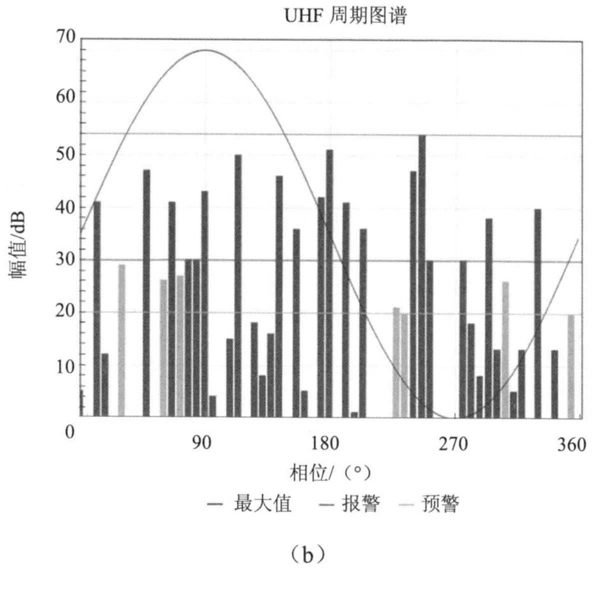

（b）

续图 5.2

（三）诊断评估

使用局放检测及定位系统进一步定位分析，多通道信号对比排除外界干扰，并利用特高频时差定位技术，可判断出多点放电位置。局放信号源 1 最大幅值位于 35 kV 金锋线开关柜后柜下部 B 相穿柜套管位置，具有沿面放电特征，最大幅值约为 52.8 mV；局放信号源 2 最大幅值位于 35 kV 金锋线开关柜前柜上部 C 相母排套管位置，具有沿面放电特征，最大幅值 42.5 mV。

1. 局放信号源 1 分析

（1）放电类型。

如图 5.3 所示，幅值最大 52.8 mV，工频周期内出现两簇明显的局放信号，工频相位相关性强，脉冲信号有大有小，且脉冲数较多。具有典型的沿面放电特征。

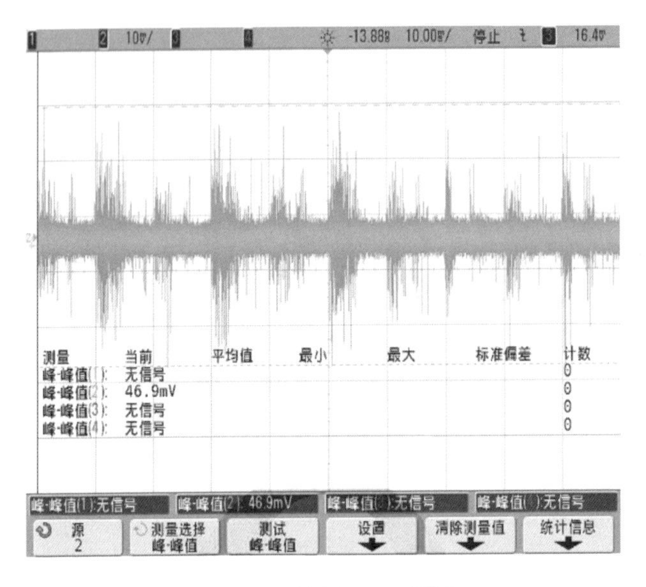

图 5.3　示波器 10 ms 图谱

（2）定位分析。

第一步：水平方向定位。特高频传感器 1、特高频传感器 2 位置及对应示波器波形图谱如图 5.4 所示，特高频传感器 3 用于检测开关柜室空间信号。由示波器图谱可知，特高频传感器未检测到局放信号，判断局放源来自于开关柜方向。特高频传感器 1 波形起始沿超前特高频传感器 2 波形 360 ps，可以判断该信号源来自于特高频传感器 1 和 2 中垂线面上偏左约 10 cm 位置，如图 5.4 所示。

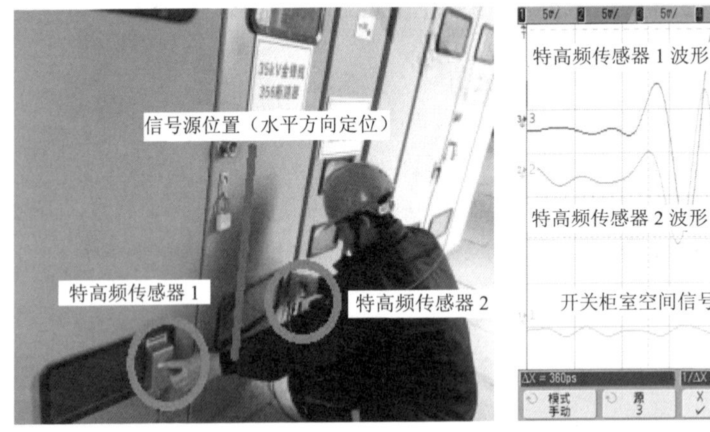

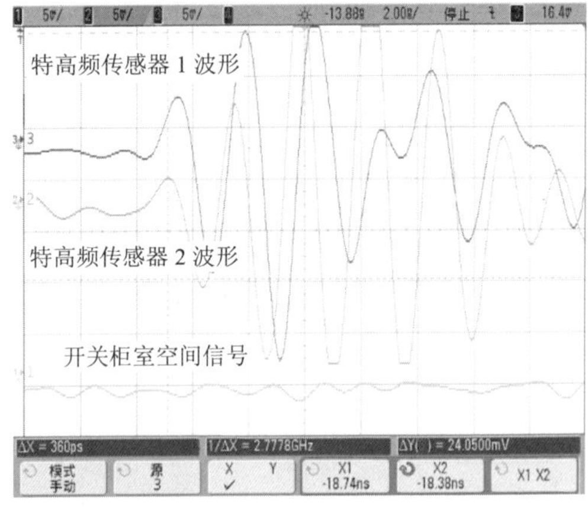

图 5.4　现场测试及示波器图谱

第二步：高度方向定位。特高频传感器 1 和特高频传感器 2 位置及对应示波器波形图谱如图 5.5 所示，由示波器波形图谱可知，特高频传感器 1 和特高频传感器 2 波形起始沿重合，可以判断信号来自于特高频传感器 1 和 2 中垂线面上，如图 5.5 所示。综合上一步骤，局放源位置来自于图 5.5 中白色圆圈内。对应开关柜内 B 相穿柜套管附近区域。

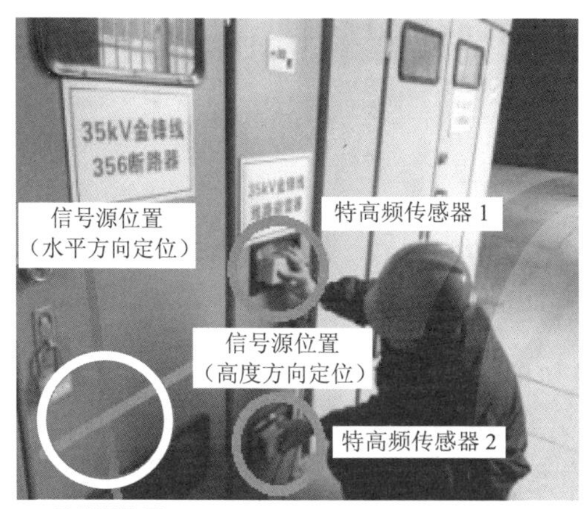

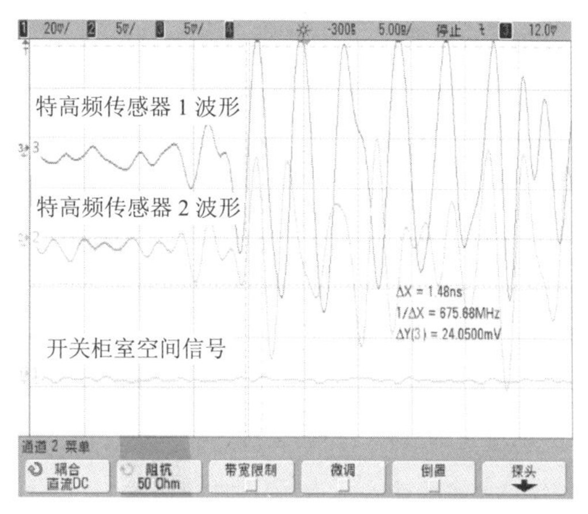

图 5.5　现场测试及示波器图谱

2. 局放信号源 2 分析

（1）放电类型。

如图 5.6 所示，幅值最大 42.5 mV，工频周期内出现两簇明显的局放信号，工频相位相关性强，脉冲信号有大有小，且脉冲数较多，具有典型的沿面放电特征。

（2）定位分析。

第一步：水平方向定位。特高频传感器 1、特高频传感器 2 位置及对应示波器波形图谱如图 5.7 所示，特高频传感器 3 用于检测开关柜室空间信号。由示波器波形图谱可知，特高频传感器 3 未检测到局放信号，判断局放源来自于开关柜方向。特高频传感器 1 波形起始沿与特高频传感器 2 波形起始沿重合，可以判断该信号源来自于特高频传感器 1 和 2 中垂线面上，如图 5.7 所示。

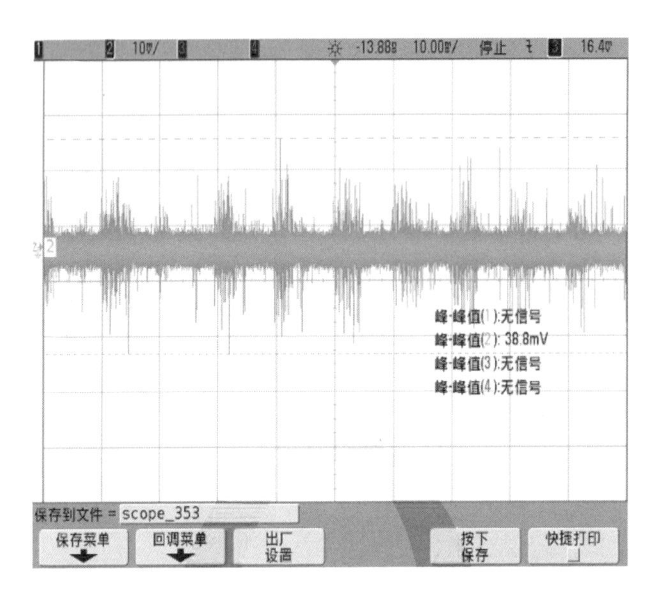

图 5.6　示波器 10 ms 图谱

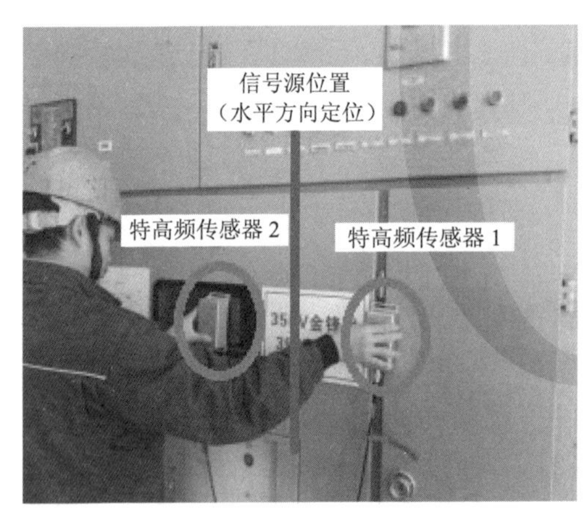

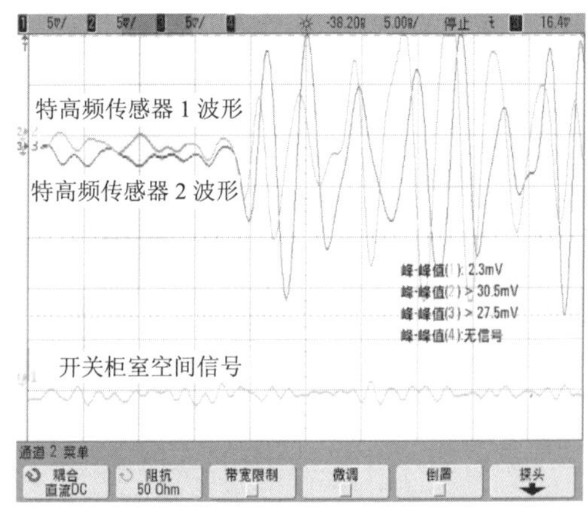

图 5.7　现场测试及示波器图谱

第二步：高度方向定位。特高频传感器 1 和特高频传感器 2 位置及对应示波器波形图谱如图 5.8 所示，由示波器波形图谱可知，特高频传感器 1 和特高频传感器 2 波形起始沿重合，可以判断信号来自于特高频传感器 1 和 2 中垂线面上，如图 5.8

所示。综合上一步骤，局放源位置来自于图 5.8 中白色圆圈内。对应开关柜内 C 相母排套管附件区域。

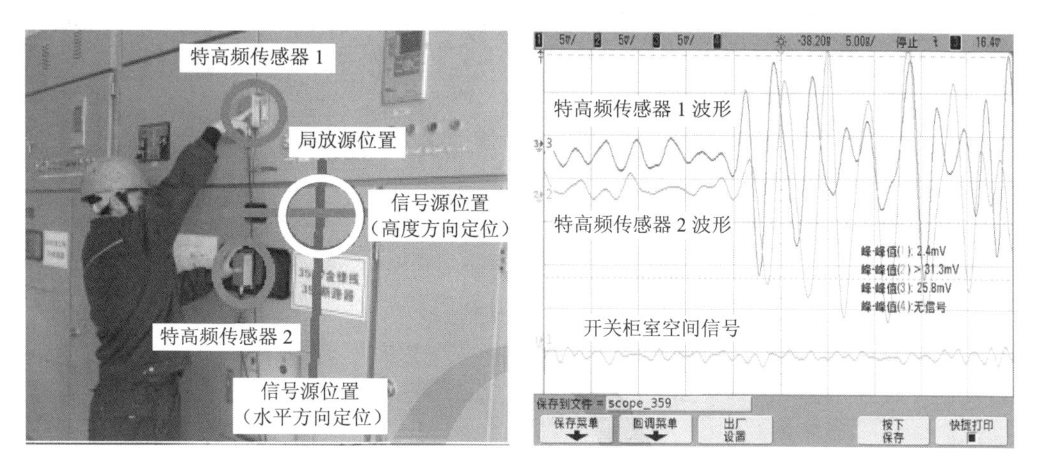

图 5.8　现场测试及示波器图谱

（四）运检策略

建议立即停电检修，重点检查穿柜套管、母排套管的脏污、受潮、放电痕迹，并进行全面清理，做好防污防潮措施，利用耐压局放试验进行效果验证。

建议未停运前，运行人员缩短周期跟踪巡视，发现异常及时汇报。

（五）停电检修

1. 外观检查

2017 年 1 月 11 日解体检修，35 kV 金锋线开关柜前柜和后柜三相母排、套管存在明显放电痕迹，表面脏污、受潮严重。高压室顶端存在通风孔，有漏雨痕迹，且在故障开关柜上方，如图 5.9 所示。

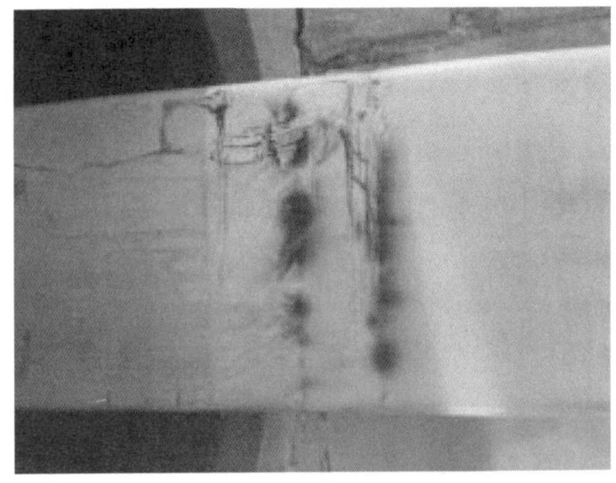

（a）A相套管及母排

（b）B相套管及母排

（c）C相套管及母排

图 5.9　解体放电痕迹

2. 处理过程

2017 年 1 月 11 日下午工作人员对开关柜进行第一次初步处理，主要方式是整体套管母排未拆解情况下对套管表面进行除污除湿处理，随后分别对 A 相、B 相、C 相三相进行耐压局放试验。现场传感器布置如图 5.10 所示，传感器 1 布置在开关柜前作为排除外界干扰，传感器 2 布置在开关柜内部，传感器 3 布置在试验变压器附近。由示波器图谱可知，传感器 2 检测到的局放信号起始沿超前传感器 1、3 接收到信号，局放信号最大幅值为 1.288 V，开关柜内依然存在放电幅值较大的局放源，建议继续检修。

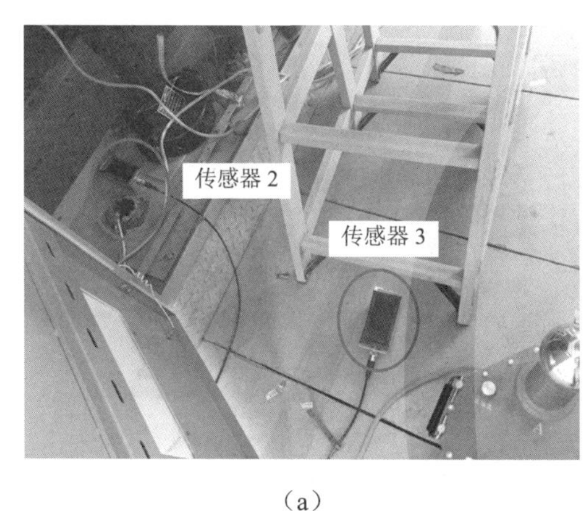

（a）

（b）

（c）

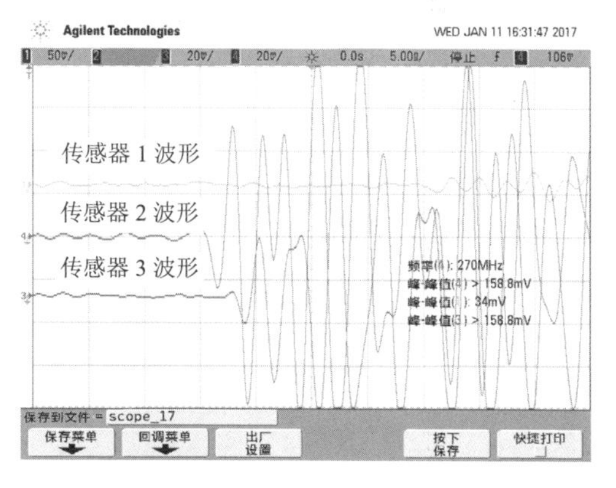

（d）

图 5.10　现场布置传感器及对应图谱

2017 年 1 月 11 日晚上工作人员对开关柜进行第二次深度处理。主要方式是把每个套管和母排均拆卸解体，随后分别对 A 相、B 相、C 相三相进行耐压局放试验。拆卸时发现套管内部的母线隔板表面依然存在水珠，部分母排表面存在明显放电痕迹，如图 5.11 所示。处理后耐压局放试验装置布局不变，发现局放信号明显变小，传感器 2 接收到的内部局放信号最大幅值 47 mV，暂不影响设备运行。最后对高压室上端通风孔进行了封堵。

本次故障的直接原因为开关柜内母排、套管脏污受潮，导致表面局部放电；根本原因为高压室通风孔位置设计不合理，雨水易进入使开关柜受潮。

现场布置传感器及对应图谱，如图 5.12 所示。

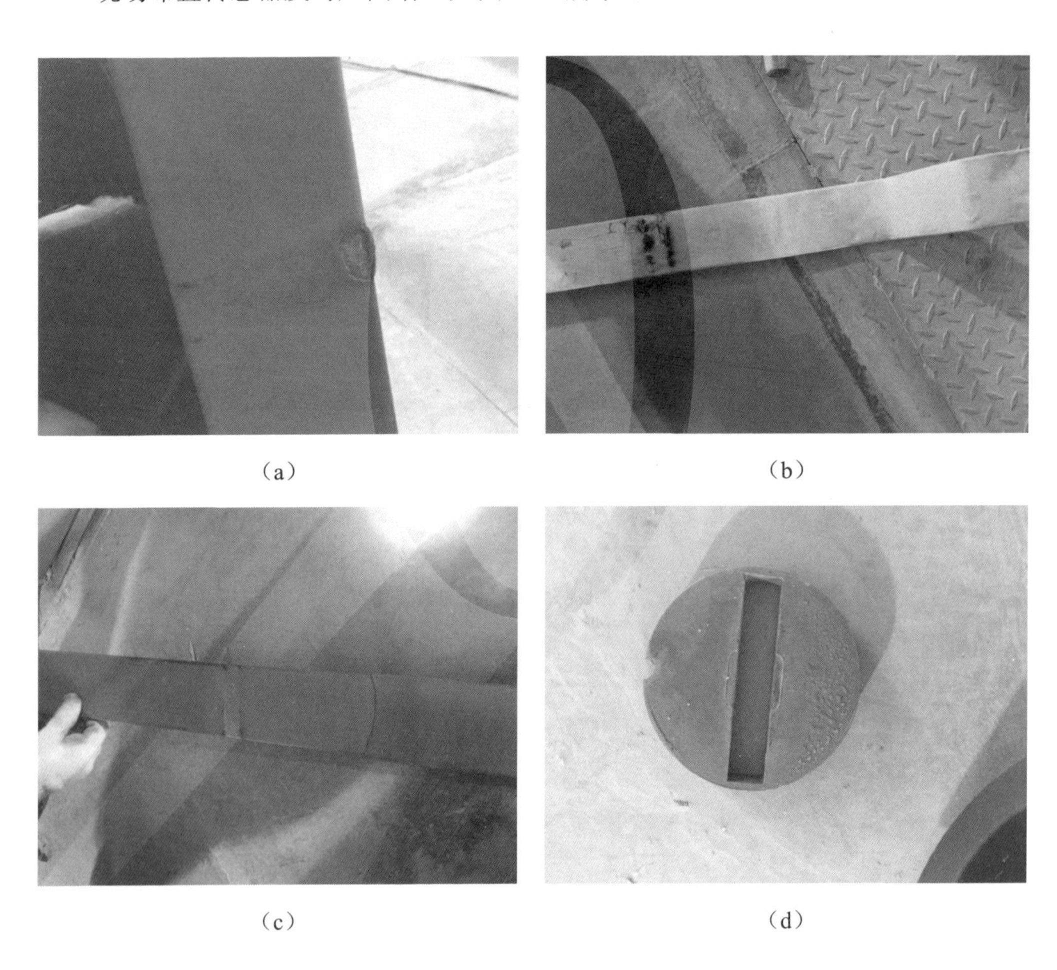

（a）（b）（c）（d）

图 5.11　第二次解体发现放电痕迹

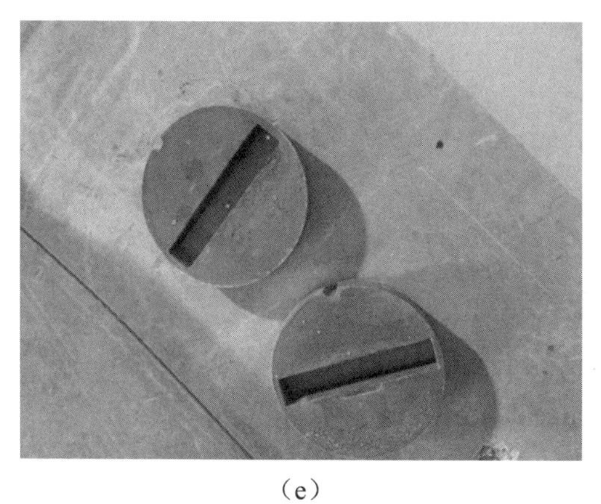

（e）

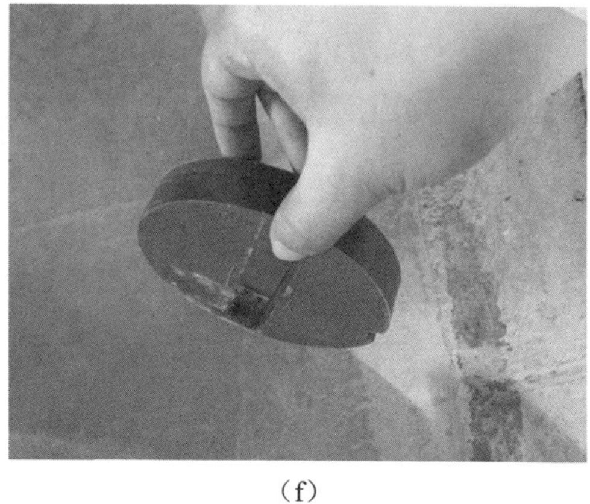

（f）

续图 5.11

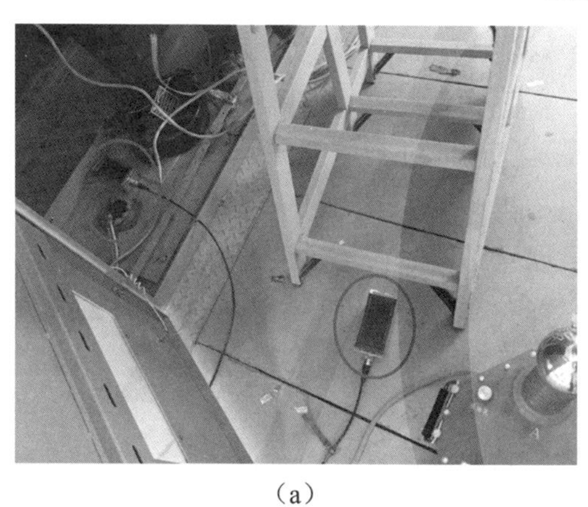

（a）

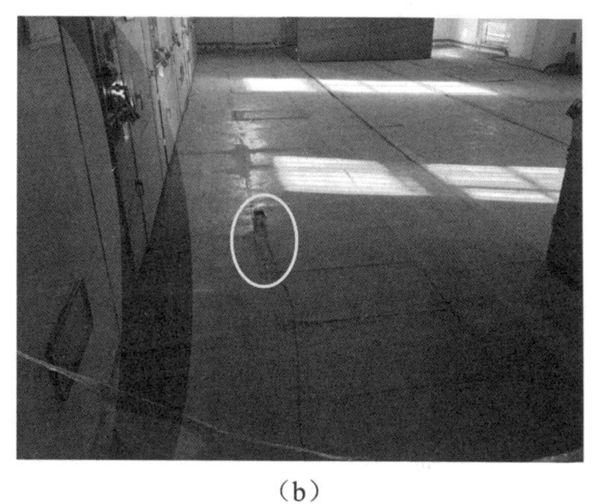

（b）

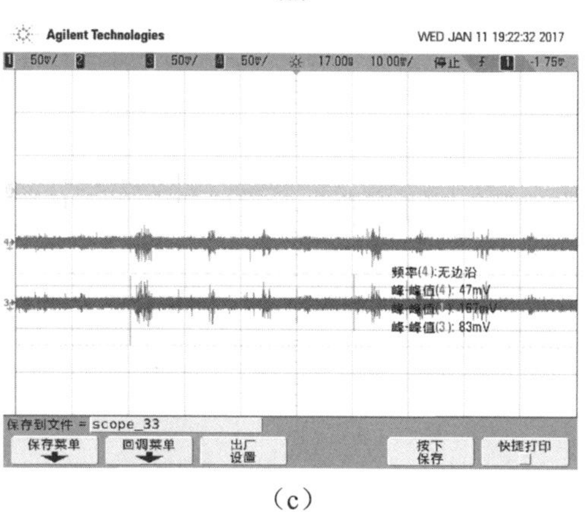

（c）

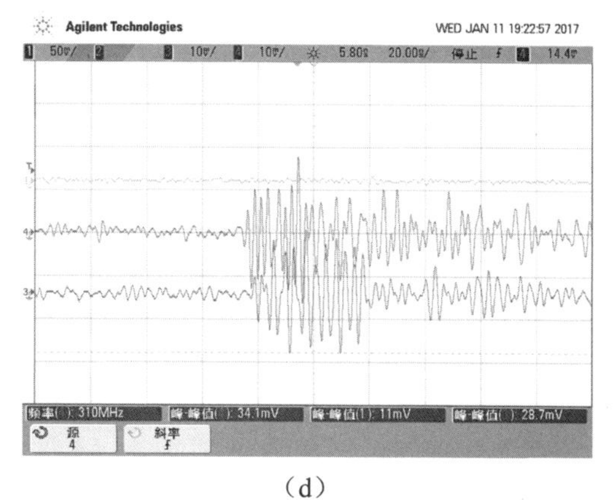

（d）

图 5.12　现场布置传感器及对应图谱

（六）预防措施

如发现母线、套管沿面放电类局放异常，建议将整体母线、套管拆解后清理，受潮严重的部分应整体更换各绝缘件；高压室内应做好防雨、除污、除湿措施。

【案例2】基于局部放电带电测试技术的110 kV××变电站10 kV西开Ⅰ回065开关柜电缆与零序电流互感器脏污受潮故障状态检修案例

（一）案例摘要

2018 年 9 月 18 日，使用 PDS-T90 局放测量仪测试，发现 110 kV××变电站 10 kV 西开Ⅰ回 065 开关柜超声及特高频局放异常，具有沿面放电特征，采用超声幅值定位法初步判断局放位于开关柜后柜下部，同时红外测温无异常。通过人机协同技术形成暗示效果，观察到 B 相电缆与零序电流互感器之间的绝缘件表面断断续续地产生微弱、极小的弧光点，通过窗口可以看到此处严重受潮，证实了检测与分析诊断的真实与可靠。

通过该案例得到的经验：（1）电缆出线位置易受潮发生绝缘问题，带电测试时应重点关注；（2）电缆出线部位有可视窗口，在仅有巡检设备且现场可形成暗示效果的情况下，通过人机协同技术，可第一时间判断局放异常位置，为后续检修提供可靠依据。

【关键词】超声波；特高频；沿面放电；人机协同；电缆；受潮。

（二）状态感知

10 kV 西开Ⅰ回 065 开关柜超声波局放异常。如图 5.13 所示，超声波幅值图最大值 16 dB，频率成分 2＞频率成分 1；超声波相位图每周期两簇驼峰状信号，打点位置大小均有；超声波波形图每周期两组，大小脉冲均有，相位宽度较宽。信号具有沿面放电特征。

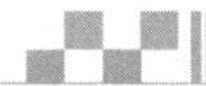

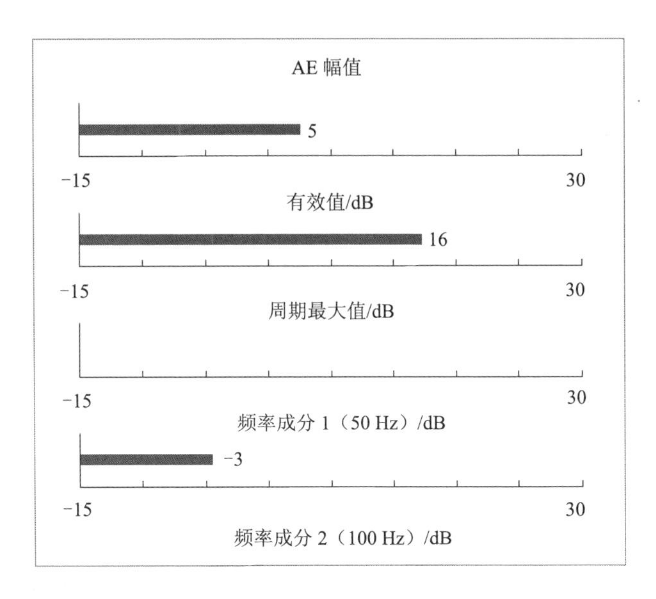

（a）

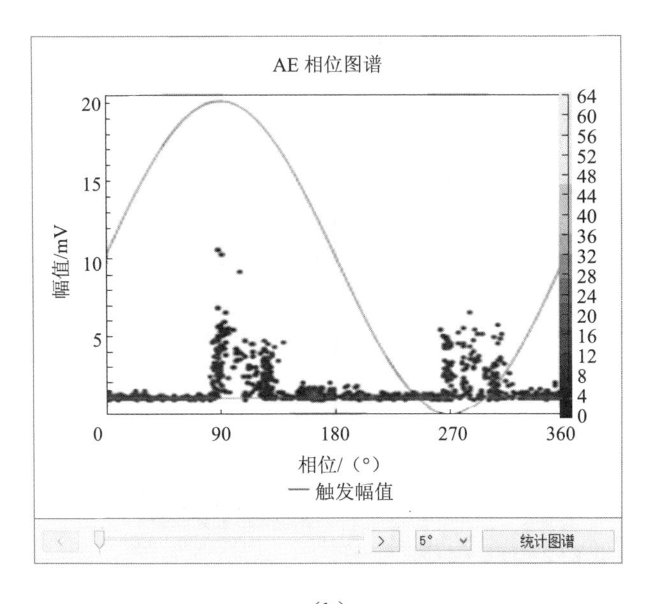

（b）

图 5.13　超声波幅值/相位/波形图谱

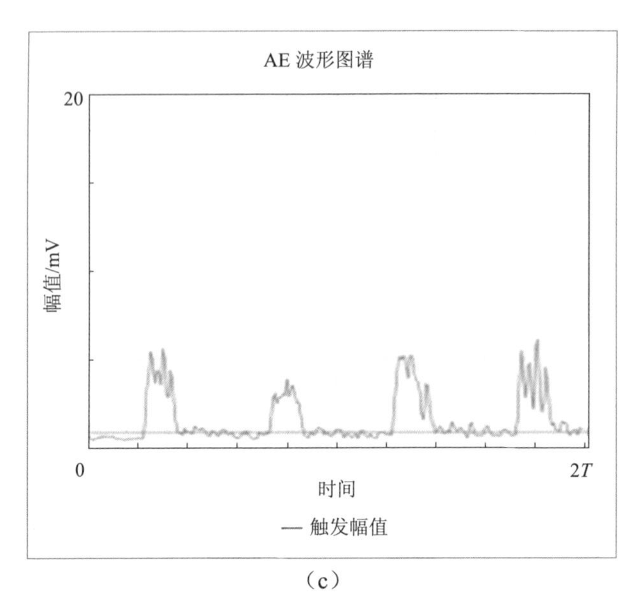

（c）

续图 5.13

10 kV 西开 I 回 065 开关柜特高频局放异常。如图 5.14 所示，在“高频”模式下特高频信号被淹没在背景噪声中，信号强度相对较低，放电信号在工频相位的正负半周均会出现，相位分布较宽，具有绝缘放电特征初期发展阶段。综合分析该局放为沿面放电问题。

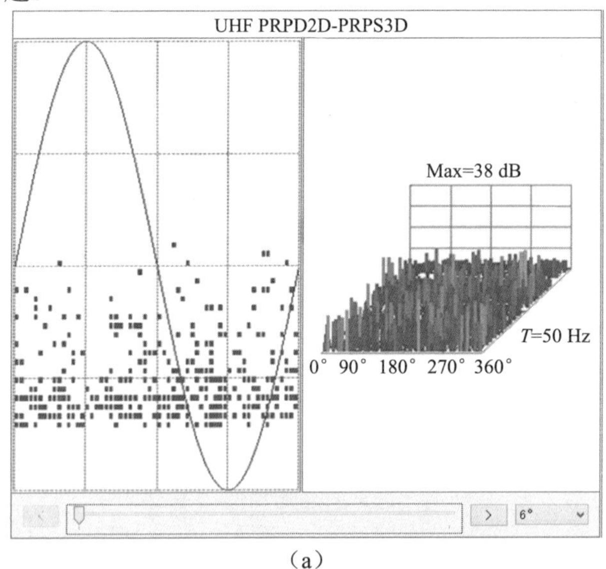

（a）

图 5.14　特高频 PRPD&PRPS/周期图谱

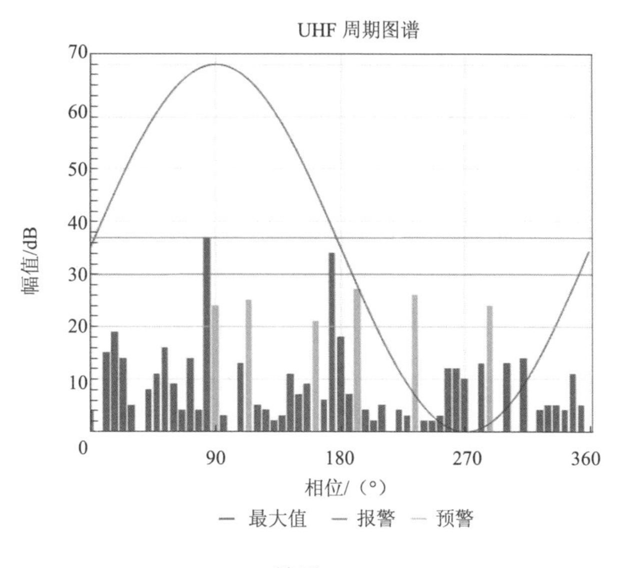

续图 5.14

（三）诊断评估

在仅有巡检设备的情况下，局放定位采取超声幅值定位法，最大幅值位于后柜下部，如图 5.15 所示。对柜体和柜内能够检测的部件进行红外测温，未发现异常。

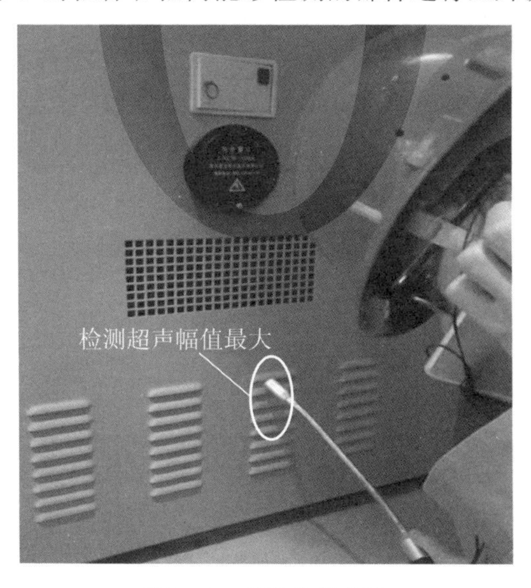

图 5.15　超声幅值定位

采用人机协同技术，通过光线遮挡形成暗室效果，观察柜内局放情况。经凝视10分钟发现在B相电缆与零序电流互感器之间的绝缘件表面断断续续地产生微弱、极小的弧光点。通过窗口可以看到此处严重受潮，如图5.16所示，验证了检测与分析诊断的可靠性。

图5.16 故障部位

（四）运检策略

建议立即停电检修，重新制作电缆头，并做好电缆沟处防潮、防污措施，投运后对开关柜进行局放复测。

建议未停运前，运行人员缩短周期跟踪巡视，发现异常及时汇报。

（五）停电检修

根据运检策略检修处理后，开关柜在运行状态下局放信号消失。

（六）预防措施

建议开关柜在投产前，对电缆沟进行有效封堵防止受潮。

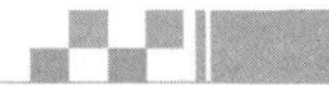

【案例3】基于局部放电带电测试技术的110 kV××变电站10 kV北京路线051开关柜、10 kV 1号站用变059开关柜电缆挂牌放电故障状态检修案例

（一）案例摘要

2019 年 6 月 20 日，使用 PDS-T90 局放测量仪测试，发现 110 kV××变电站 10 kV 北京路线 051 开关柜及 10 kV 1 号站用变 059 开关柜后柜超声局放异常现象，具有沿面放电特征，特高频测试无异常，经超声幅值定位并形成暗示效果，发现电缆挂牌处有弧光。停电检查后发现，电缆的标示牌为金属材料，挂牌处存在放电痕迹及刀痕。重新制作电缆头并更换非金属材料标示牌，局放信号消失。

通过该案例得到的经验：①电缆处标示牌应采用非金属材料；②加强电缆头制作工艺环节的技术监督。

【关键词】超声波；沿面放电；电缆；标示牌。

（二）状态感知

1. 10 kV 北京路线 051 开关柜

10 kV 北京路线 051 开关柜超声波局放异常。如图 5.17 所示，超声波幅值图最大值 2 dB，发展初期频率成分不明显；超声波相位图每周期两簇信号，具有驼峰状特征；超声波波形图每周期两组，大小脉冲均有，相位宽度较宽。信号具有沿面放电特征，且处于发展初期。特高频测试无异常。

2. 10 kV 1 号站用变 059 开关柜

10 kV 1 号站用变 059 开关柜超声波局放异常。如图 5.18 所示，超声波幅值图最大值 8 dB，频率成分 2＞频率成分 1；超声波相位图每周期两簇信号，具有驼峰状特征；超声波波形图每周期两组，大小脉冲均有，相位宽度较宽。信号具有沿面放电特征。特高频测试无异常。

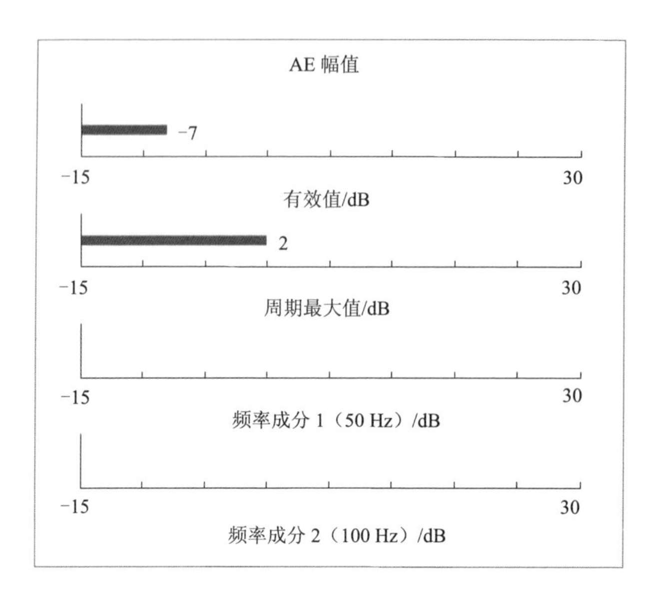

（a）

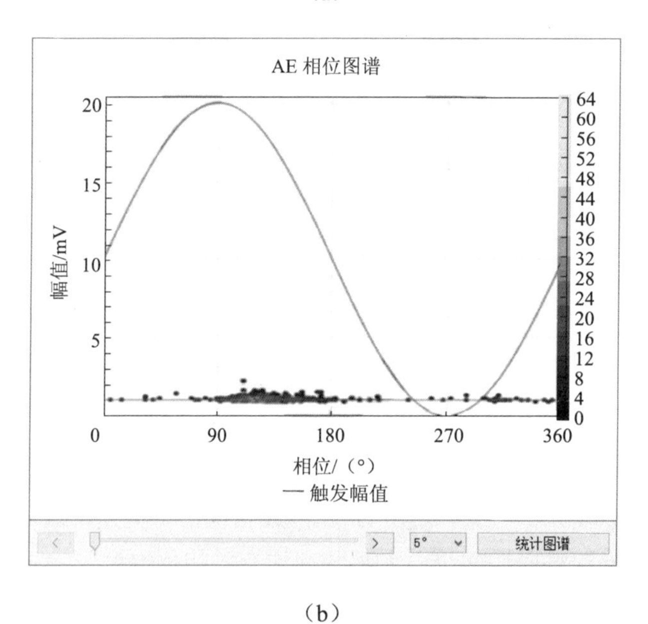

（b）

图 5.17　10 kV 北京路线 051 开关柜超声波幅值/相位/波形图谱

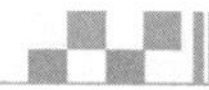

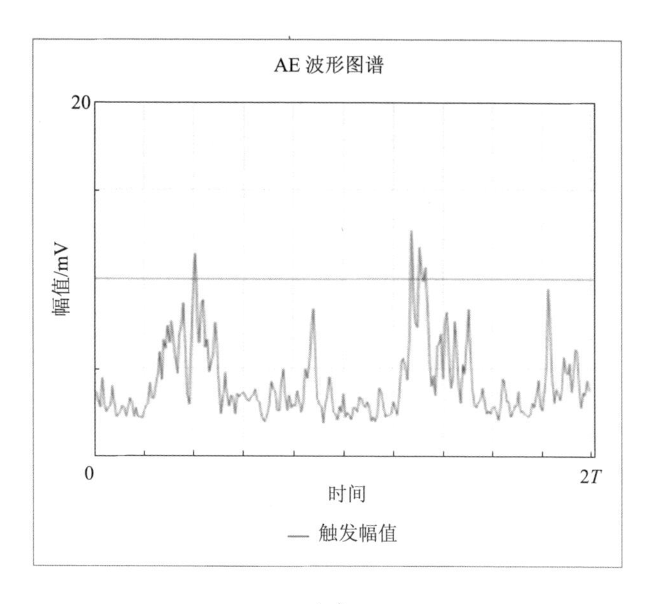

（c）

续图 5.17

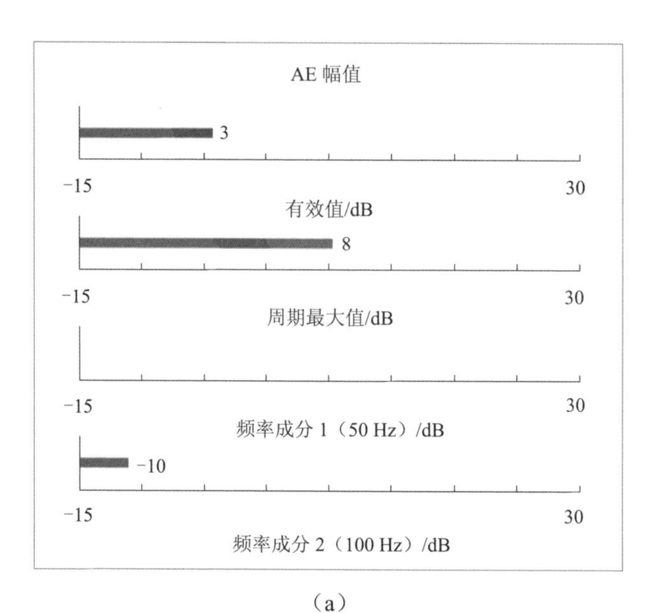

（a）

图 5.18 10 kV 1 号站用变 059 开关柜超声波幅值/相位/波形图谱

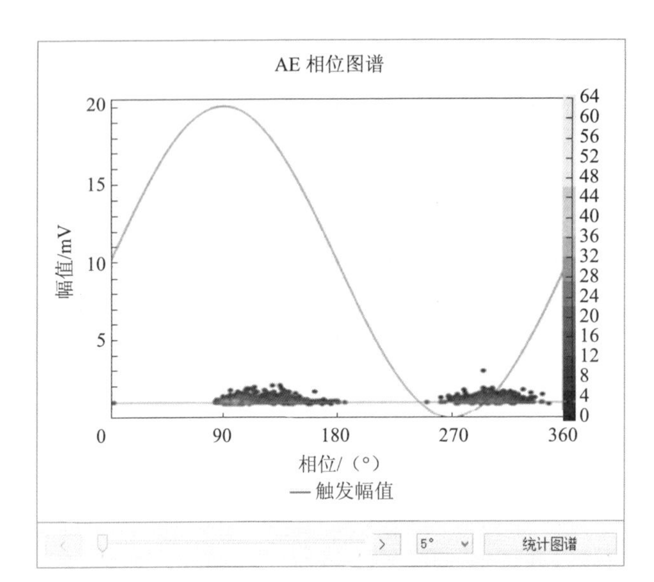
AE 相位图谱
幅值/mV
20
15
10
5
0
90
180
270
360
相位/（°）
— 触发幅值
64
60
56
52
48
44
40
36
32
28
24
20
16
12
8
4
0
5°
统计图谱

（b）

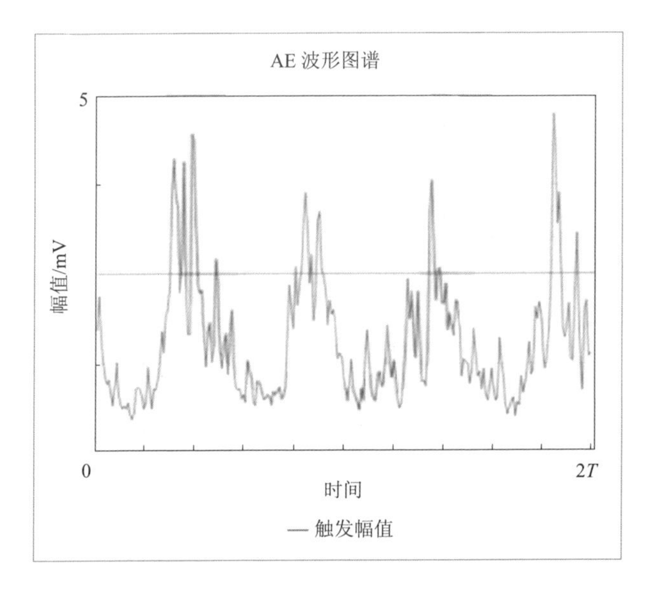
AE 波形图谱
幅值/mV
5
0
2T
时间
— 触发幅值

（c）

续图 5.18

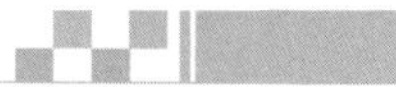

（三）诊断评估

在仅有巡检设备的情况下，局放定位采取超声幅值定位法。10 kV 北京路线 051 开关柜局放信号源位于开关柜的后下部区域内，如图 5.19 所示；10 kV 1 号站用变 059 开关柜局放信号源位于开关柜的后下部区域内，如图 5.20 所示。通过光线遮挡形成暗室效果，发现两个开关柜电缆挂牌处有弧光，如图 5.21 和图 5.22 所示。

图 5.19　051 开关柜超声幅值定位

图 5.20　059 开关柜超声幅值定位

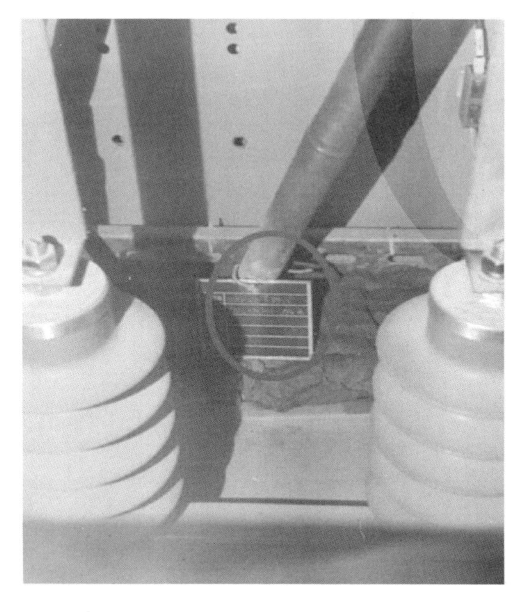

图 5.21　051 开关柜局放部位

图 5.22　059 开关柜局放部位

（四）运检策略

建议有条件下对开关柜进行停电检修，重新制作电缆头并采用非金属材料悬挂标示牌，开关柜投运后进行局放复测。

建议未停运前，运行人员缩短周期跟踪巡视，发现异常及时汇报。

（五）停电检修

在开关柜解体检查时发现电缆表面有放电痕迹及刀痕，标示牌为金属材料。产生局放异常的直接原因：在三相电缆聚合处，由于相间距离较近，标示牌铁丝形成尖端影响电场分布，对电缆表面进行放电，另外电缆外绝缘破损产生放电；根本原因：标示牌未采用非金属材料，电缆头制作工艺不良，验收环节监督不到位等。经重新制作电缆头并将标示牌更换为非金属材料后，开关柜在运行状态下局放信号消失。051 开关柜、0.59 开关柜解体检查情况，如图 5.23 和图 5.24 所示。

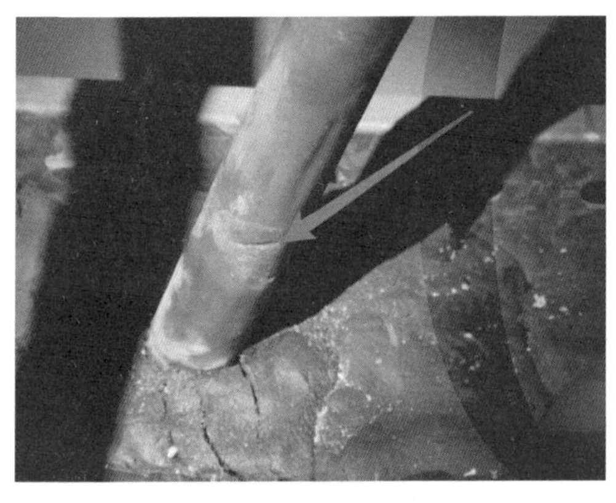

图 5.23　051 开关柜解体检查

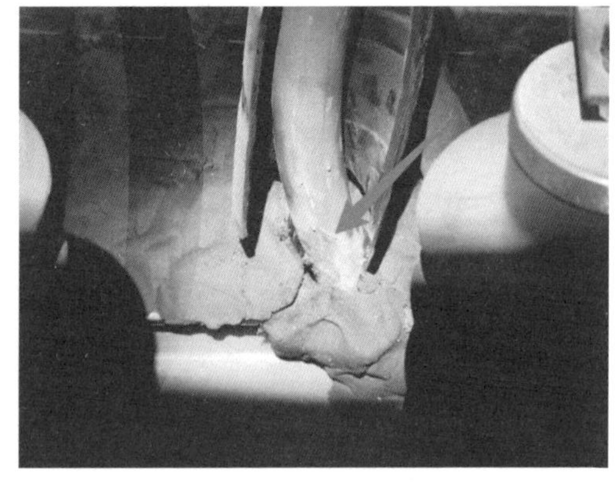

图 5.24　059 开关柜解体检查

（六）预防措施

电缆标示牌应采用非金属材料，防止电场畸变；加强电缆头制作工艺环节的技术监督。

【案例4】基于局部放电带电测试技术的110 kV××变电站10 kV六甲线060断路器开关柜避雷器引线脱落故障状态检修案例

（一）案例摘要

2017 年 6 月 5 日，使用 PDS-T90 局放测量仪测试，发现 110 kV××变电站 10 kV 六甲线 060 开关柜超声和特高频局放异常，10 kV 佳华Ⅱ回 062 开关柜特高频局放异常。经时特高频差定位判断 10 kV 六甲线 060 开关柜前柜下部中间位置存在金属性悬浮放电。配合耐压紫外局放测试解体检查，判断为 B 相避雷器引线脱落。紧固接线端子后，局放信号消失。

通过该案例得到的经验：①相邻开关柜均存在局放信号时，受信号传播影响，应采用特高频时差定位确定信号源位置；②配合耐压紫外局放测试，可有效检测金属性悬浮放电中引线脱落问题；③在开关柜投产前或日常检修试验中，应紧固接线端防止接头断裂或虚接。

【关键词】特高频时差定位；悬浮放电；引线脱落；紫外局放测试。

（二）状态感知

1. 10 kV 六甲线 060 开关柜

10 kV 六甲线 060 开关柜超声波局放异常。如图 5.25 所示，超声波幅值图最大值 32 dB，频率成分 2＞频率成分 1；超声波波形图每周期两组，幅值较大，相位宽度较窄。具有悬浮放电特征。

10 kV 六甲线 060 开关柜特高频局放异常。如图 5.26 所示，工频周期出现两簇幅值较大信号，集中于上部，正负半周对称，脉冲数较多，具有悬浮电极放电特征。

2. 10 kV 佳华Ⅱ回 062 开关柜

10 kV 佳华Ⅱ回 062 开关柜特高频局放异常。如图 5.27 所示，工频周期出现两簇幅值较大信号，集中于上部，正负半周对称，脉冲数较多，具有悬浮电极放电特征。

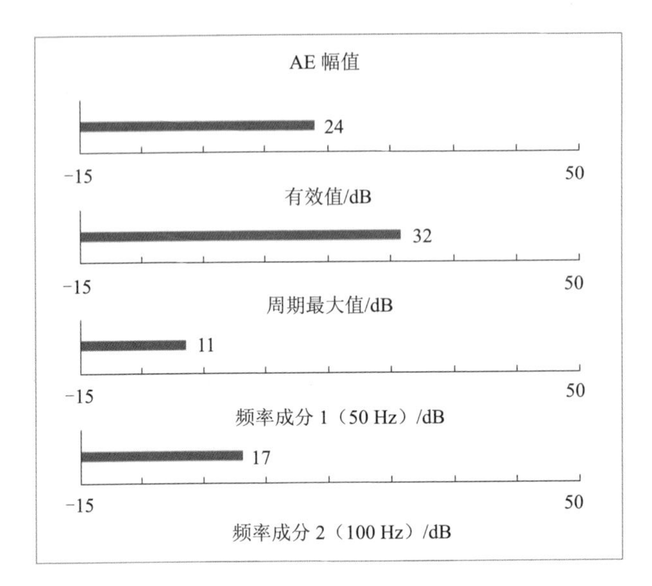

（a）

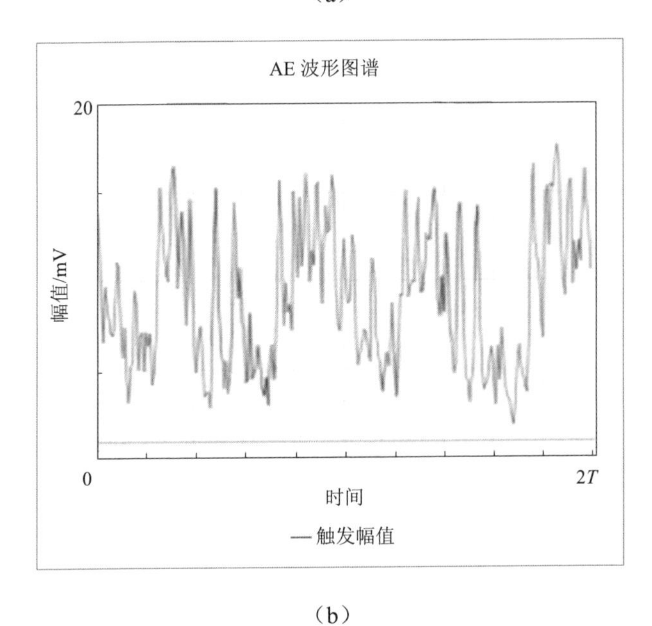

（b）

图 5.25　10 kV 六甲线 060 开关柜超声波幅值/相位/波形图谱

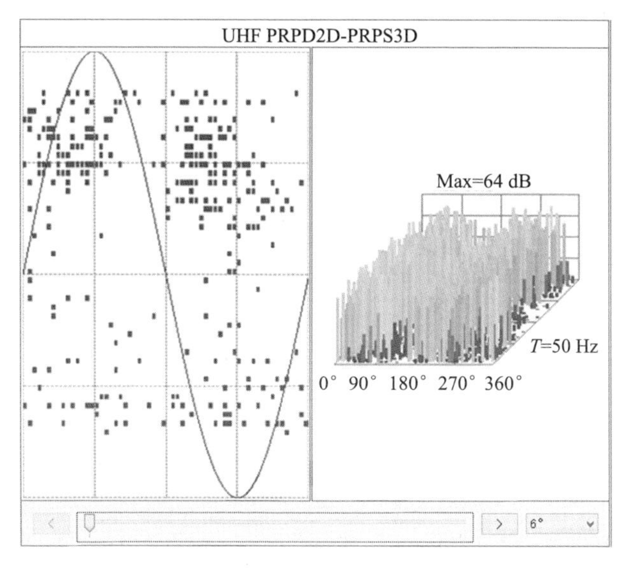

（a）

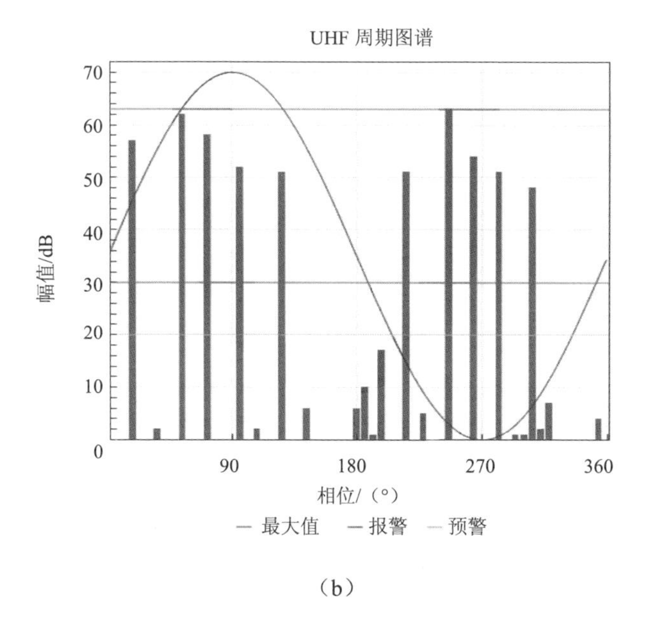

（b）

图 5.26　060 开关柜特高频 PRPD&PRPS/周期图谱

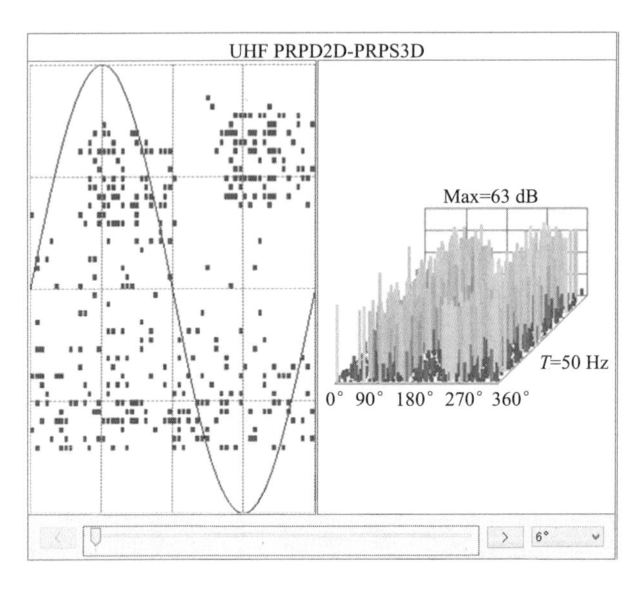

（a）

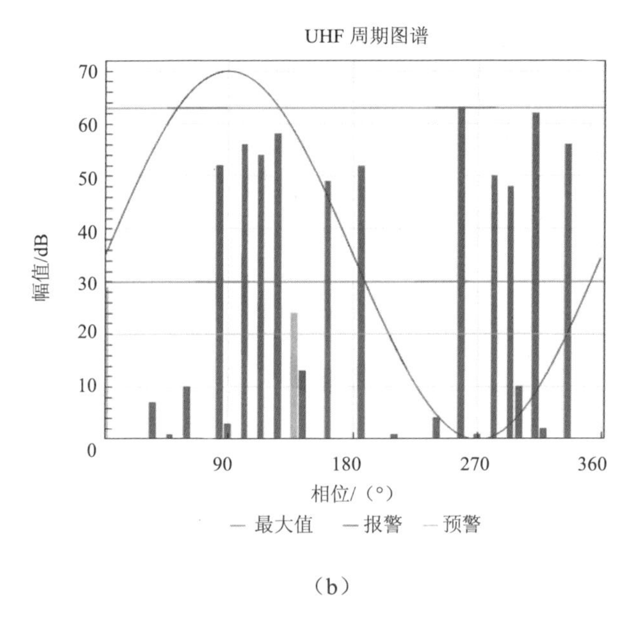

（b）

图 5.27　062 开关柜特高频 PRPD&PRPS/周期图谱

（三）诊断评估

使用 PDS-G1500 局放检测及定位系统进一步定位分析，局放信号源位于 10 kV 六甲线 060 开关柜柜内，具有悬浮放电特征，最大幅值 1.28 V。

1. 放电类型

如图 5.28 和图 5.29 所示，10 kV 六甲线 060 开关柜、10 kV 佳华Ⅱ回 062 开关柜最大幅值 1.28 V，工频周期内出现两簇明显的局放信号，幅值较大，脉冲数较多。具有金属性悬浮电极放电特征。

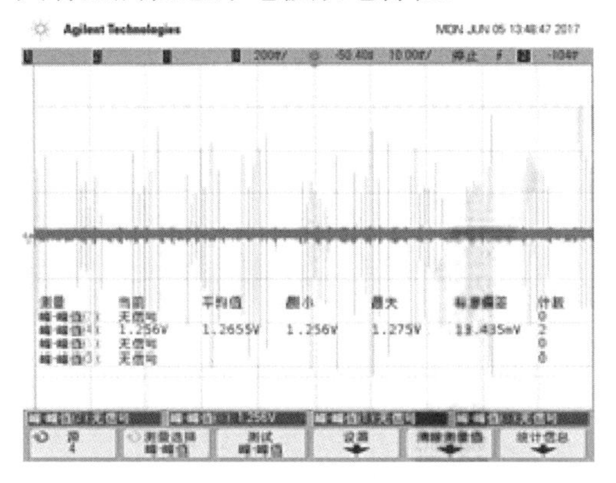

图 5.28　060 开关柜示波器 10 ms 图谱

图 5.29　062 开关柜示波器 10 ms 图谱

2. 定位分析

（1）定位源头。根据特高频传感器放置位置及图谱时差关系，可判断局放信号源位于 10 kV 六甲线 060 开关柜柜内，如图 5.30 所示。

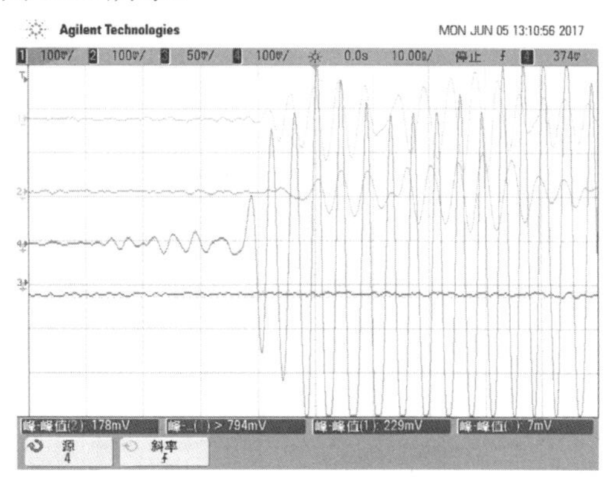

图 5.30　060 开关柜局放源头定位图

（2）水平方向定位。特高频传感器 1、特高频传感器 2 位置及对应示波器波形图谱如图 5.31 所示，特高频传感器 3 用于检测开关柜室空间信号。由示波器波形图谱可知，特高频传感器 3 未检测到局放信号，判断局放源来自于开关柜方向。特高频传感器 1 波形起始沿与特高频传感器 2 波形起始沿重合，可以判断该信号源来自于特高频传感器 1 和 2 中垂线面上，如图 5.31 所示。

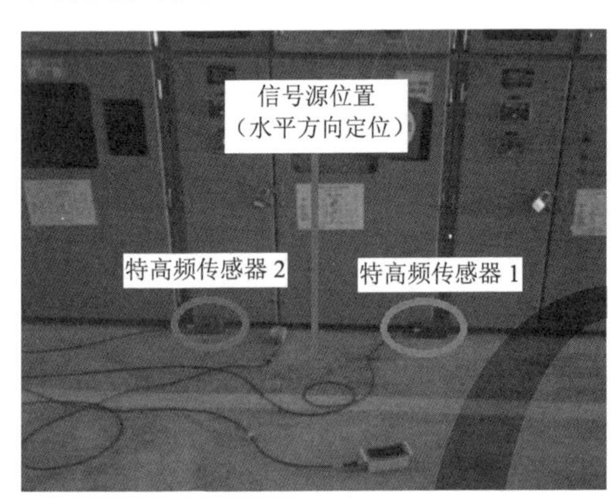

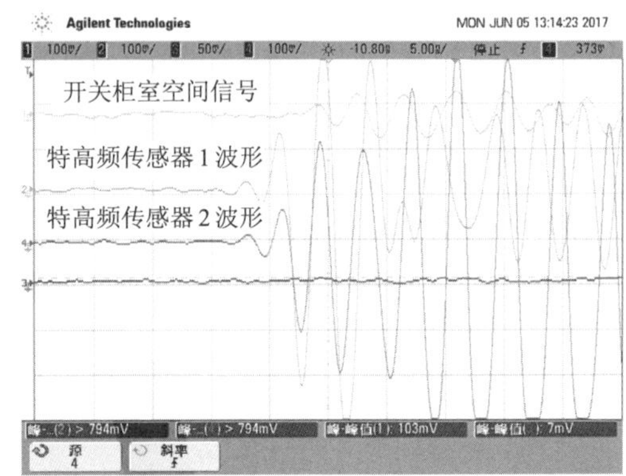

图 5.31　水平方向定位现场测试及示波器图谱

（3）高度方向定位。特高频传感器 1、特高频传感器 2 位置及对应示波器波形图谱如图 5.32 所示。由示波器波形图谱可知，特高频传感器 1 波形起始沿与特高频传感器 2 波形起始沿重合，可以判断该信号源来自于特高频传感器 1 和 2 中垂线面上，如图 5.32 所示，放电区域为白色圆圈所示区域。结合开关柜结构，此处为避雷器区域。

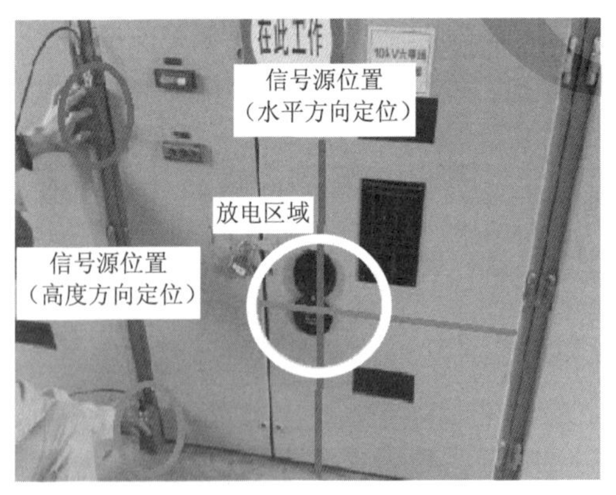

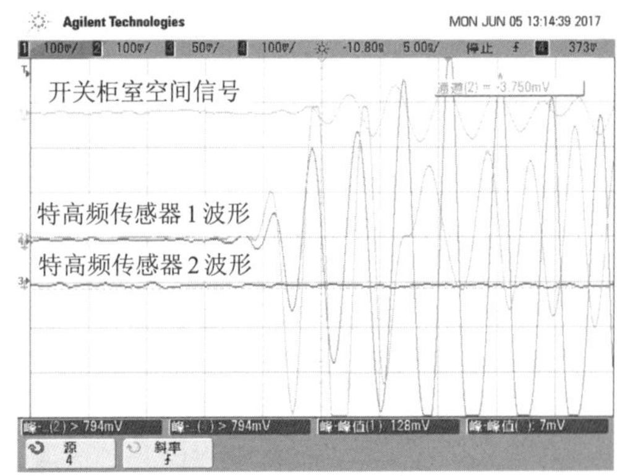

图 5.32　高度方向定位现场测试及示波器图谱

（四）运检策略

建议立即停电检修，配合耐压过程中的紫外局放测试，重点检查避雷器周围相关金属部件有无松动，投运后进行局放复测。

建议未停运前，运行人员缩短周期跟踪巡视，发现异常及时汇报。

（五）停电检修

2017年6月6日对10 kV六甲线060开关柜停电检查，开展耐压过程中的紫外局放测试，发现B相避雷器引线脱落，与铜排之间形成虚接如图5.33所示。局放直接原因：避雷器引流线与铜排虚接导致金属悬浮放电；根本原因：投产前引线接头压接不良，长期受应力作用导致接头松动虚接。紧固接线端子后，开关柜在运行状态下局放信号消失。

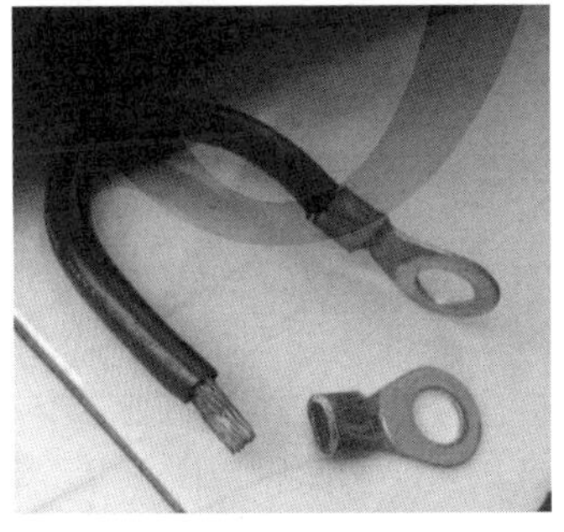

图5.33　060开关柜局放部位

（六）预防措施

在开关柜投产前及日常检修试验中紧固引线连接处，防止接头断裂或虚接。

【案例5】基于局部放电带电测试技术的110 kV××变电站10 kV银海金岸Ⅰ回087开关柜电缆相间气隙放电故障状态检修案例

（一）案例摘要

2018 年 11 月 9 日，使用 PDS-T90 局放测量仪测试，发现 110 kV××变电站 10 kV 银海金岸Ⅰ回 087 开关柜超声及特高频局放异常，位于后柜下部电缆处。运行状态下观察，A 相、C 相电缆间存在相间气隙放电。停电处理后，局放信号消失。

通过该案例得到的经验：电缆头制作过程中相间距离不能过近，否则易发生相间气隙放电。

【关键词】多点放电；电缆；相间气隙放电。

（二）状态感知

10 kV 银海金岸Ⅰ回 087 开关柜超声波局放异常。如图 5.34 所示，超声波幅值图最大值 24 dB，频率成分 2＞频率成分 1；超声波相位图前半周期内出现两簇波峰；超声波波形图脉冲之间间距不等，且无规律，每周期出现多组脉冲。信号具有多点放电特征。

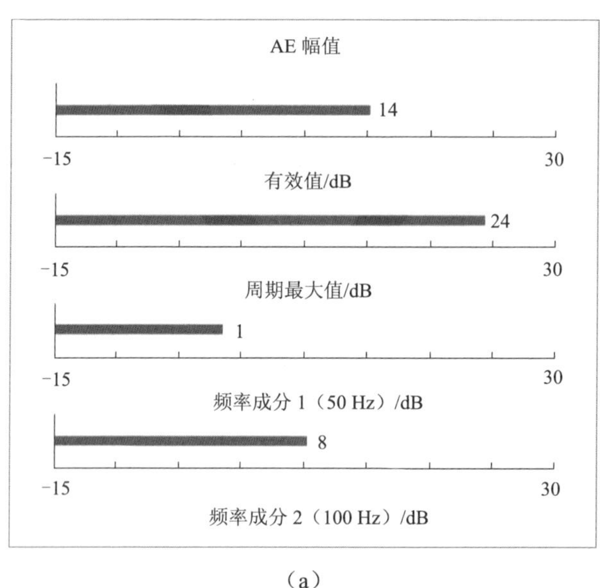

（a）

图 5.34　超声波幅值/相位/波形图谱

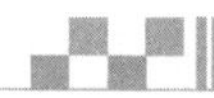

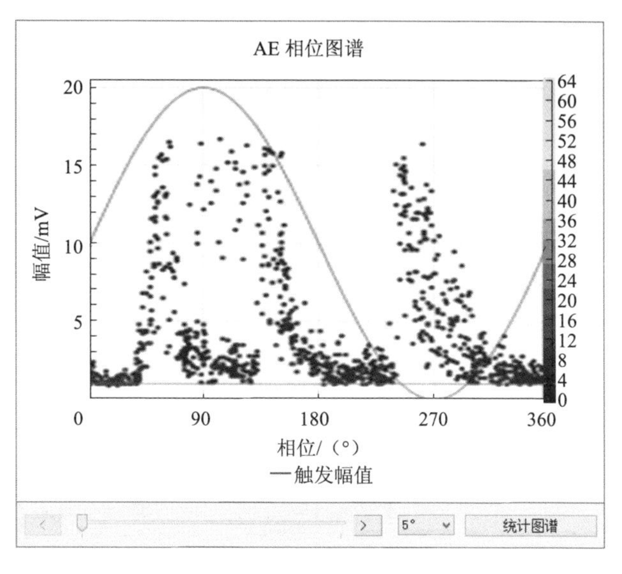

（b）

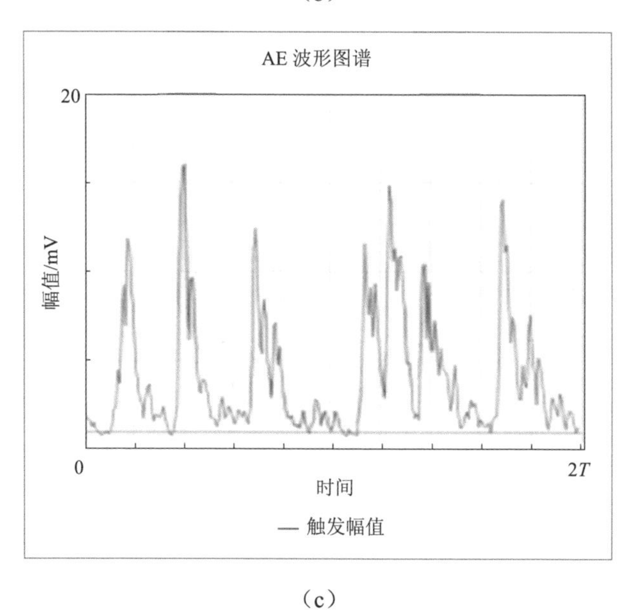

（c）

续图 5.34

10 kV 银海金岸 I 回 087 开关柜特高频局放异常。如图 5.35 所示，每周期一簇，幅值有大有小，信号强度相对较低，相位分布较宽，脉冲数较少，为发展初期，具有单边绝缘特征。综合上述图判断可知局放存在绝缘表面放电。

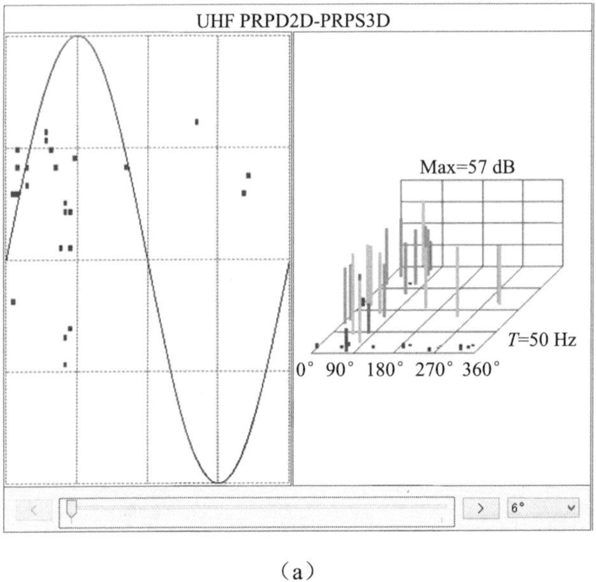

（a）

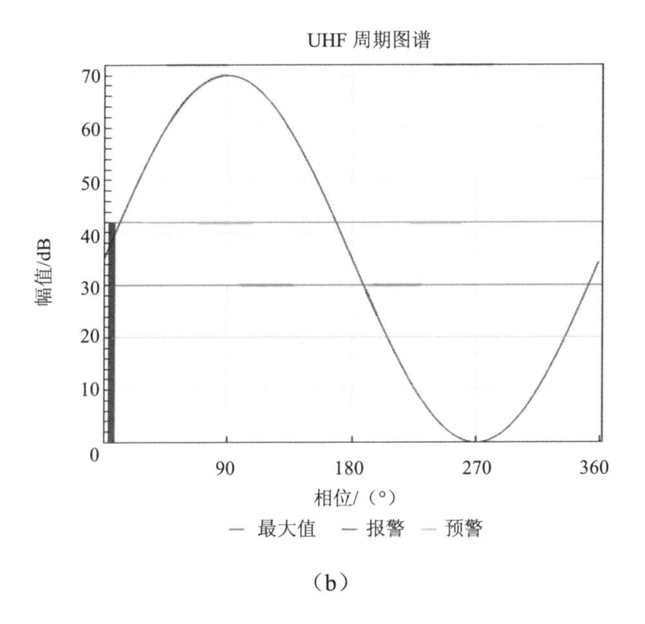

（b）

图 5.35 特高频 PRPD&PRPS/周期图谱

（三）诊断评估

在仅有巡检设备的情况下，局放定位采取超声幅值定位法。10 kV 银海金岸Ⅰ回 087 开关柜局放信号源位于开关柜的后下部出线电缆位置，如图 5.36 所示。通过光线遮挡形成暗室效果，发现电缆 A 相、C 相间距过近，相间有弧光，如图 5.37 所示。

图 5.36　超声幅值定位

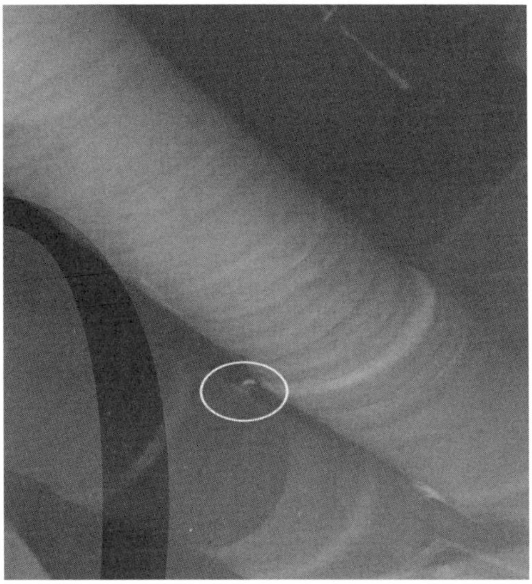

图 5.37　故障部位

（四）运检策略

建议立即停电检修，增大电缆相间间距，根据局放程度重新制作电缆头或更换电缆外绝缘，开关柜投运后进行局放复测。

建议未停运前，运行人员缩短周期跟踪巡视，发现异常及时汇报。

（五）停电检修

根据运检策略检修处理后，开关柜在运行状态下局放信号消失。

（六）预防措施

在电缆头施工中，注意增大相间间距，防止紧贴造成相间放电。

【案例6】基于局部放电带电测试技术的110 kV××变电站081开关柜出线电缆制作工艺不良外绝缘放电故障状态检修案例

（一）案例摘要

2017 年 7 月上旬，使用 PDS-T90 局放测量仪测试，发现 110 kV××变电站 10 kV 城区 6 号线 081 开关柜超声及特高频局放异常，具有沿面放电特征，故障定位于开关柜后柜下部。停电检查发现出线电缆外护套与带电金属部分直接接触导致放电，外护套有明显烧蚀痕迹，柜内受潮加速了绝缘老化。受停电时限影响，现场封堵了电缆沟，将锈蚀的金属件进行了更换，擦拭绝缘表面污渍和水分，并调整了电缆与带电部位的距离，重新更换了外包裹的绝缘皮。投运后复测局放信号减小，需跟踪关注局放变化趋势。

通过该案例得到的经验：电缆易采用热塑或冷塑材料加强绝缘强度；在制作电缆时充分考虑柜内空间，合理调整电缆长度，与带电部位保持足够的距离；增加室内除湿机数量，做好高压室防潮措施；在新设备投产前，强化关于电缆制作工艺及室内防潮措施的验收管理。

【关键词】沿面放电；电缆制作工艺。

（二）状态感知

10 kV 城区 6 号线 081 开关柜超声波局放异常。如图 5.38 所示，超声波幅值图最大值 26 dB，频率成分 2＞频率成分 1；超声波相位图每周期两簇信号，具有驼峰状特征；超声波波形图每周期两组，大小脉冲均有，相位宽度较宽。信号具有沿面放电特征。

10 kV 城区 6 号线 081 开关柜特高频局放异常。如图 5.39 所示，每周期两簇，信号强度相对较低，幅值有大有小，相位分布较宽，正负半周对称，脉冲数较多，具有绝缘放电特征。综合上述判断为沿面放电。

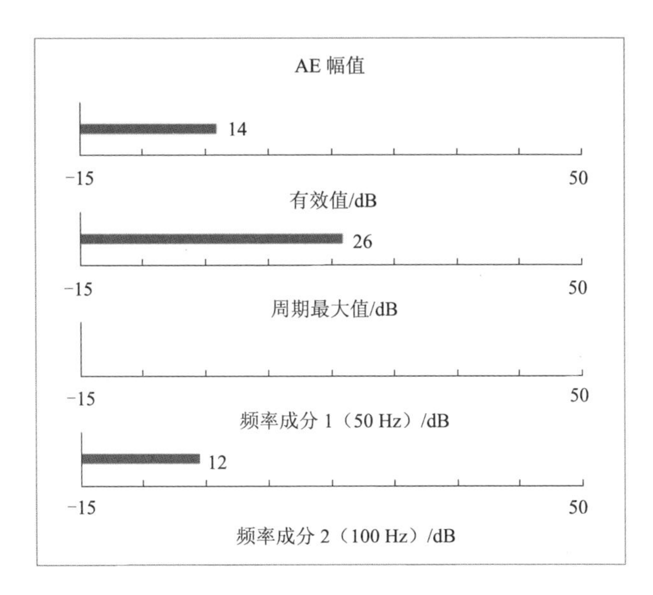

（a）

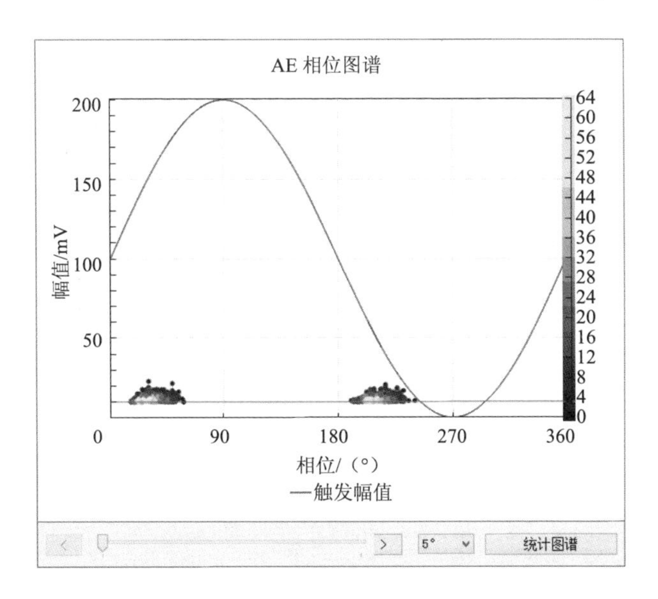

（b）

图 5.38　超声波幅值/相位/波形图谱

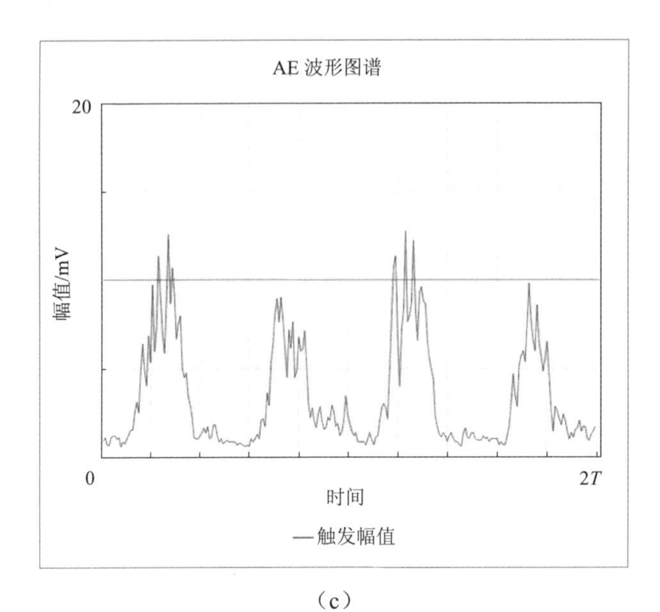

（c）

续图 5.38

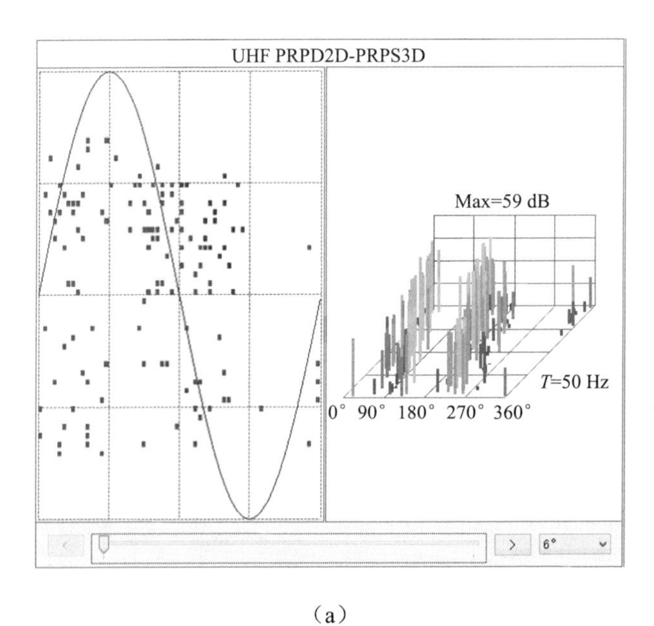

（a）

图 5.39　特高频 PRPD&PRPS/周期图谱

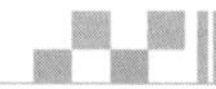

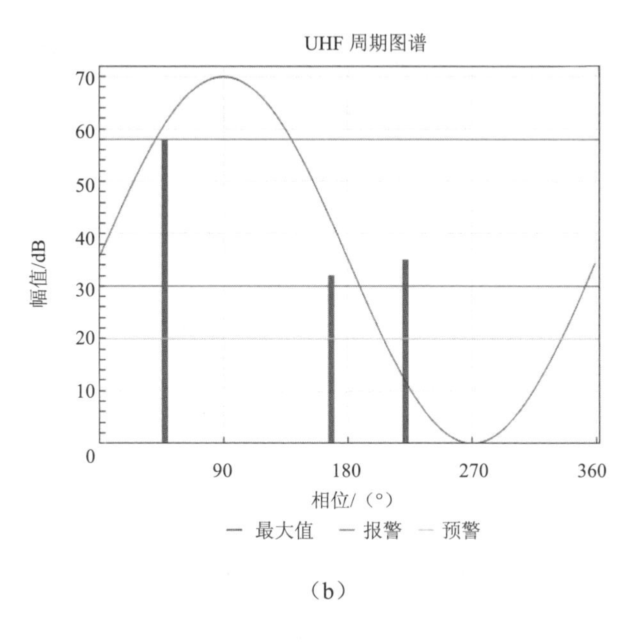

（b）

续图 5.39

（三）诊断评估

在仅有巡检设备的情况下，局放定位采取超声幅值定位法。10 kV 城区 6 号线 081 开关柜局放信号源位于开关柜的后下部出线电缆位置，如图 5.40 所示。

图 5.40　081 柜超声幅值定位在后柜下部

（四）运检策略

建议立即停电检修，重点检查电缆部位有无放电痕迹、污秽受潮、绝缘破损等情况，处理投运后进行局放复测。

建议未停运前，运行人员缩短周期跟踪巡视，发现异常及时汇报。

（五）停电检修

2017 年 7 月 27 日对 10 kV 城区 6 号线 081 开关柜停电检查，发现柜内受潮严重，金属件锈蚀，出线电缆外包裹的绝缘皮与带电金属部分直接接触，有明显烧蚀痕迹，如图 5.41 所示。

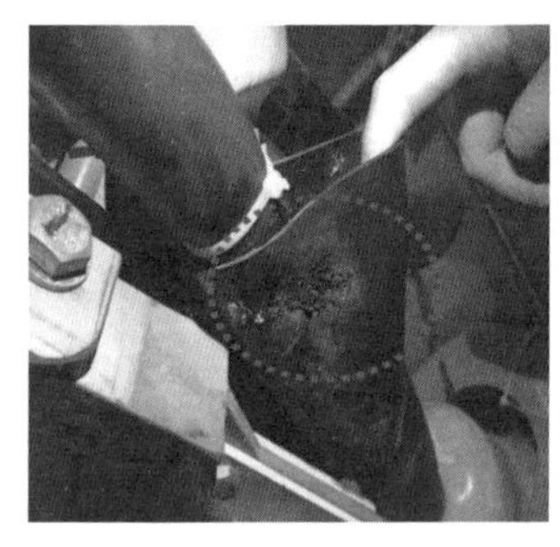

（a）电缆外护套烧损

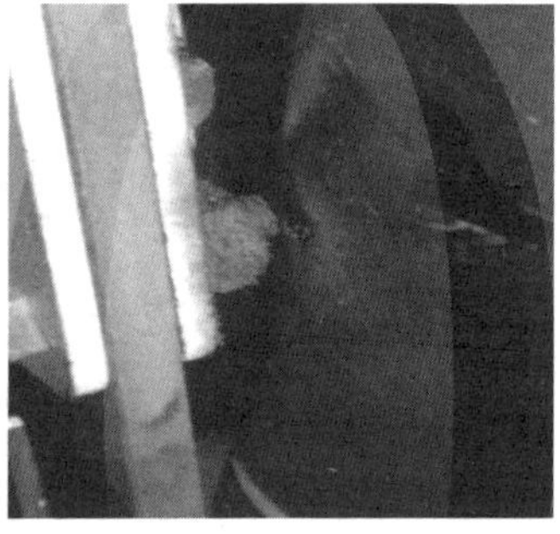

（b）电缆与带电部位距离较近

（c）开关柜内受潮

图 5.41　081 开关柜停电检查情况

直接原因：电缆直接与带电金属部分接触造成外包裹的绝缘皮放电；柜内受潮，加速了绝缘老化。根本原因：①电缆制作工艺不良，未采用热塑电缆提高绝缘强度，未充分考虑柜内空间，电缆弯曲与带电金属部分接触，用外包裹绝缘皮的方式只能短暂增加绝缘裕度，长期受潮湿环境影响下绝缘老化，易造成局部放电甚至绝缘击穿。②电缆沟封堵不到位，现场未根据实际情况增加除湿措施。

受停电时限影响，现场封堵了电缆沟，将锈蚀的金属件进行了更换，擦拭绝缘表面污渍和水分，并调整了电缆与带电部位的距离，重新更换了外包裹的绝缘皮。投运后复测局放信号减小，需跟踪关注局放变化趋势。

（六）预防措施

建议有停电条件下重新制作电缆，采用热塑或冷塑材料加强绝缘强度；在制作电缆时充分考虑柜内空间，合理调整电缆长度，与带电部位保持足够的距离；增加室内除湿机数量，做好高压室防潮措施；在新设备投产前，强化关于电缆制作工艺及室内防潮措施的验收管理。

【案例7】基于局部放电带电测试技术的220 kV××变电站301开关柜穿柜套管内部气隙放电故障状态检修案例

（一）案例摘要

2019 年 6 月 12 日，使用 PDS-T90 局放测量仪测试，发现 220 kV××变电站 220 kV 1 号主变 35 kV 侧 301 断路器开关柜存在特高频局放异常，幅值 63 dB，有内部绝缘放电特征，无超声波局放信号，建议缩短周期持续关注。2019 年 8 月 28 日发生 35 kVⅠ段母线 C 相接地，经试验及解体发现 301 开关柜后柜上部 C 相穿柜套管绝缘击穿，套管在制造过程中存在较大气泡。更换套管后局放信号消失。

通过该案例得到的经验：①特高频局放测试技术可有效发现在运开关柜的内部绝缘类故障；②发现仅有特高频异常的绝缘类局放应重点关注，信号最大幅值 63 dB 时，应进一步进行局放检测和定位分析，并立即停电处理，检查外观的同时应结合绝缘电阻等手段查找问题设备，进行整体更换。

【关键词】特高频；内部绝缘放电。

（二）状态感知与诊断评估

220 kV 1 号主变 35 kV 侧 301 断路器开关柜特高频局放异常。如图 5.42 所示，从后柜检测窗测试幅值最大为 63 dB，幅值大小均有，工频相位的正、负半周较为对称，每周期脉冲次数较少，超声测试无异常，综合分析具有绝缘放电特征。

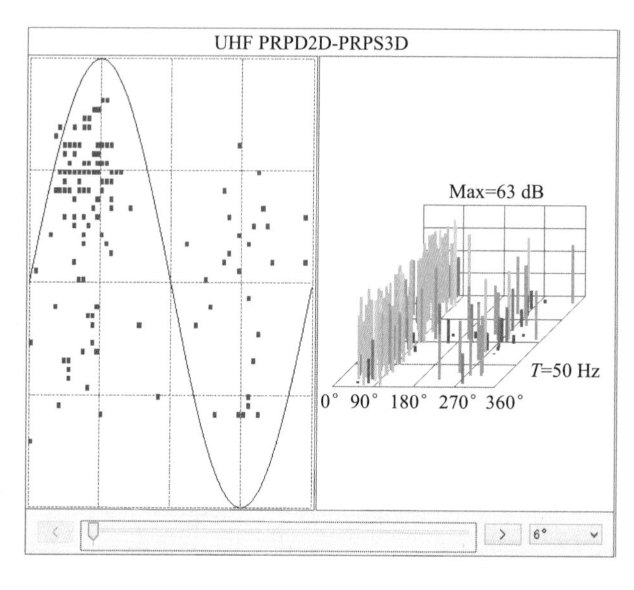

（a）

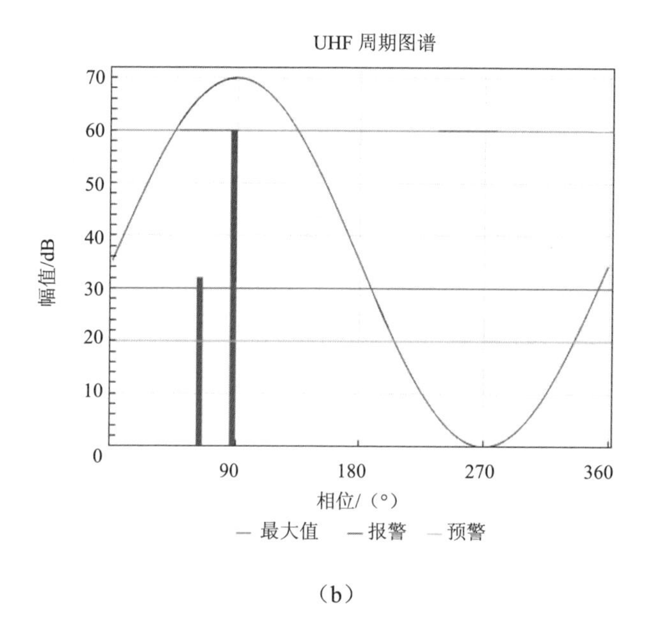

（b）

图 5.42 特高频测试图谱

（三）运检策略

在仅有巡检设备且无超声局放异常的情况下，无法进一步查看局放波形和精确定位，建议跟踪关注局放信号发展趋势。

（四）停电检修

2019 年 8 月 28 日发生 35 kV Ⅰ段母线 C 相接地，根据故障录波图及母线分段绝缘电阻试验逐步缩小范围，发现 301 开关柜后柜 3014 隔离开关 C 相静触头上方穿柜套管的绝缘电阻为 0，开关柜结构如图 5.43 所示。

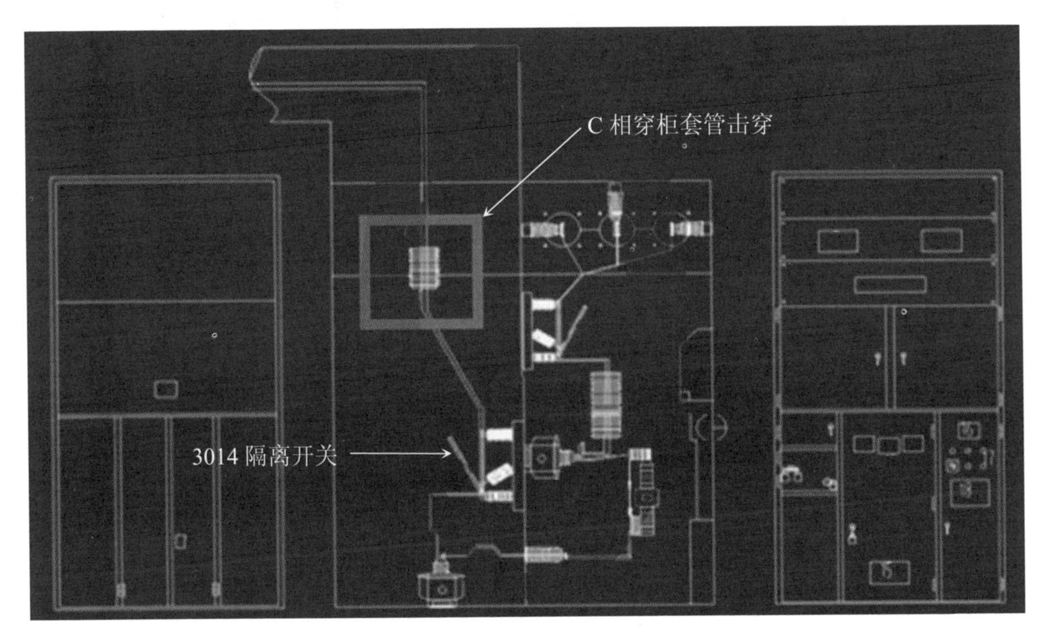

图 5.43　开关柜结构图

套管外观完好，无脏污，未发现放电痕迹。解体后，在套管高、低压屏蔽网间的环氧树脂层内有电击穿烧焦的痕迹及绝缘长期受热发黄痕迹，套管在制造过程中存在较大气泡，套管解体和剖面结构如图 5.44 和图 5.45 所示。对穿柜套管进行了更换，送电后 301 后柜特高频局放信号消失。

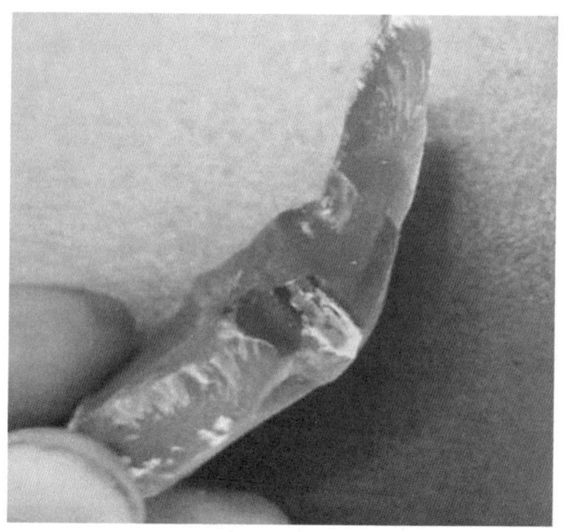

图 5.44　套管解体图

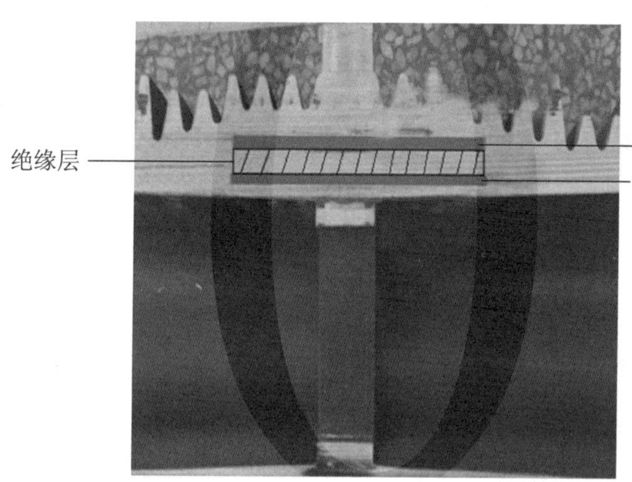

图 5.45　套管剖面结构图

此次故障直接原因：3014隔离开关C相静触头上方穿柜套管绝缘击穿导致35 kV Ⅰ段母线C相接地。根本原因：穿柜套管制造工艺造成环氧树脂中有气泡，电场主要集中在此部分，引起周边绝缘分解、老化、发热，产生局放，发展到一定程度导致绝缘击穿。因缺陷在绝缘内部，超声波局放信号经绝缘介质及空气传播衰减较大，不易被检测，所以通过特高频局放测试技术可有效发现在运开关柜的内部绝缘类故障。

（五）预防措施

发现仅有特高频异常的绝缘类局放应重点关注。本案例发现特高频信号最大幅值为 63 dB， 2 个月左右发生绝缘击穿，可见此时内部绝缘类缺陷发展迅速，应进一步进行局放检测和定位分析，并立即停电处理，检查外观的同时应结合绝缘电阻等手段查找问题设备，进行整体更换。

加强设备前期的选型管理、监造管理、交接验收管理。

【案例8】基于局部放电带电测试技术的110 kV××变电站35 kVⅠ段母线3121隔离手车柜多点混合放电故障状态检修案例

（一）案例摘要

使用 PDS-T90 局放测量仪测试，发现 110 kV××变电站 35 kVⅠ段母线 3121 隔离手车柜存在超声波和特高频局放异常，多点混合放电，建议立即停电检修。两个月后发生 35 kVⅠ段母线 3121 隔离手车柜爆炸烧毁，经试验及解体发现 3121 隔离开关手车柜内静触头盒、绝缘隔板、穿柜套管、支柱绝缘子、金属柜体等多出有受潮锈蚀放电痕迹，其中静触头盒为绝缘最薄弱点，当 35 kV 某线路 C 相发生间歇性弧光接地时，3121 隔离开关手车 A 相、B 相发生闪络接地故障，最终发展成母线的三相接地短路故障。

通过该案例得到的经验：①通过超声波及特高频局放电检测，发现了具有绝缘、沿面、金属悬浮特征的混合局放信号，缺陷的表征和位置验证了局部放电检测的有效性；②当开关柜发生沿面、绝缘、金属悬浮混合放电，且有臭氧气味时，其局部放电发展迅速，应引起重视；③在运行维护中重点检查穿墙套管、楼顶及电缆沟等易漏水、反潮气的部位，从根本上封堵住潮湿来源，并加强高压室内除湿措施，避免开关柜反复受潮导致的绝缘缺陷。④在新设备监造、安装、竣工验收过程中严把质量关。

【关键词】多点混合放电；人机协同；电缆；受潮。

（二）状态感知

35 kVⅠ段母线 3121 隔离手车柜超声波局放异常。如图 5.46 所示。超声波局放

信号幅值 25 dB，频率成分 2＞频率成分 1，超声波相位图每周期两簇信号，呈现双驼峰状特征，幅值有大有小，相位宽度较宽，具有沿面放电特征。

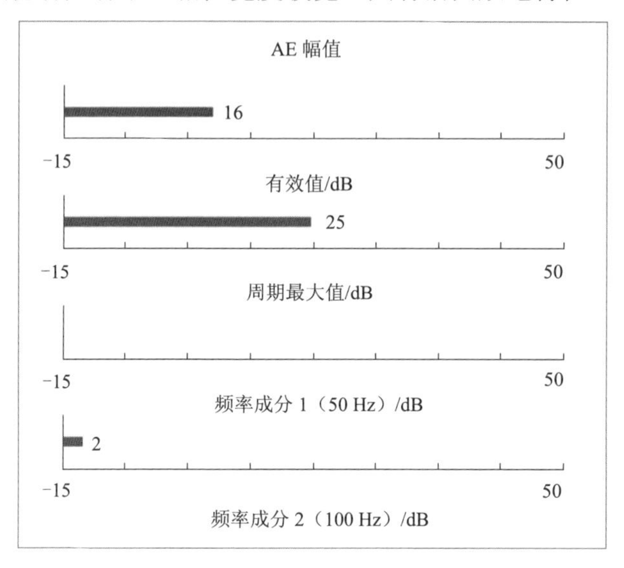

（a）

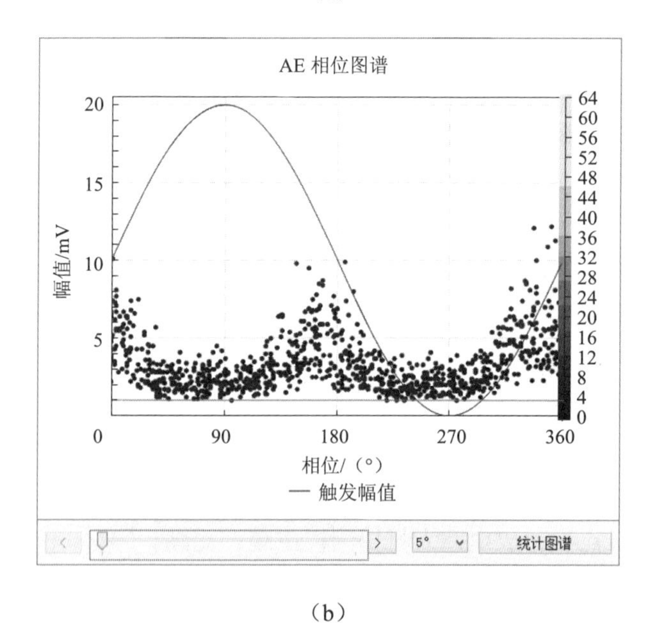

（b）

图 5.46　超声波幅值/相位/波形图谱

35 kV Ⅰ段母线 3121 隔离手车柜特高频局放异常。如图 5.47 所示，特高频信号幅值 60 dB，一种放电幅值大小均有，每周期两簇信号，相位分布较宽，在正负半周有对称性，具有绝缘放电特征；一种放电幅值较大，集中在图谱上部，相位分布较窄，具有金属悬浮放电特征。综合超声波和特高频局放测试结果，判断该柜内存在绝缘、沿面、悬浮混合放电。

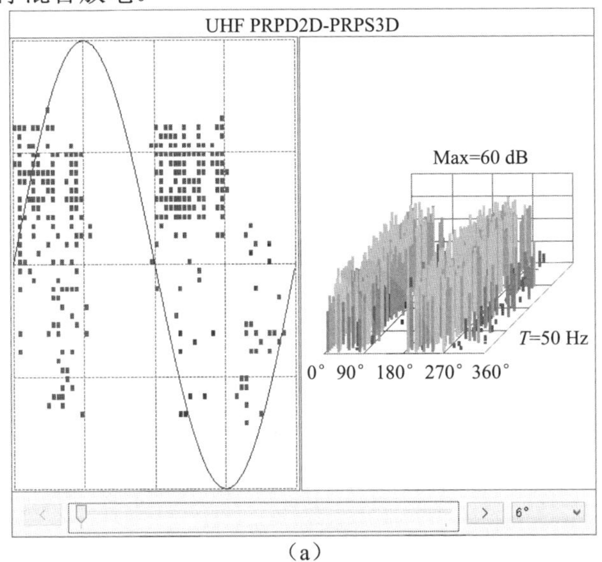

（a）

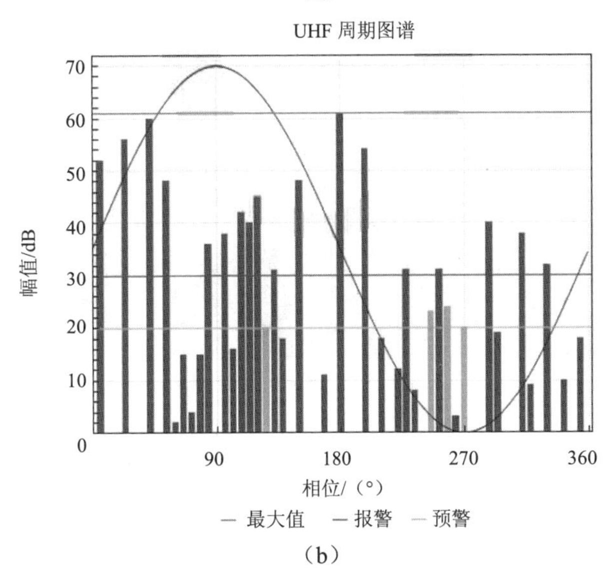

（b）

图 5.47 特高频测试图谱

（三）诊断评估

在仅有 PDS-T90 局放测试仪的条件下进行幅值定位，信号最大位置在 35 kV Ⅰ段母线 3121 隔离手车柜后下柜。

（四）运检策略

建议立即停电检修，全面检查柜内所有绝缘件及金属部件脏污、受潮、放电痕迹，并进行全面清理和绝缘件更换，做好防污防潮措施，检修处理后进行运行状态下的局放复测。

建议未停运前，运行人员缩短周期跟踪巡视，发现异常及时汇报。

（五）停电检修

两个月后发生 35 kV Ⅰ段母线失压，35 kV Ⅰ段母线 3121 隔离手车柜爆炸烧毁。现场检查二次保护正常动作。故障录波图显示 35 kV Ⅰ段母线 C 相接地，A 相、B 相电压升高至 48 kV，接近耐压值。

柜内绝缘隔板、穿柜套管、支柱绝缘子、金属柜体等多出有受潮锈蚀放电痕迹，如图 5.48 所示。

图 5.48　静触头活动挡板、绝缘隔板放电点

35 kV Ⅰ段母线 3121 隔离手车 A 相上触头全部烧蚀脱落，B 相上触头烧蚀严重，隔离手车上导电臂被熏黑，下触指有受潮锈蚀现象，如图 5.49 所示。

图 5.49　3121 隔离手车整体情况

35 kV Ⅰ段母线 3121 隔离手车静触头盒 A 相有严重烧毁痕迹，内部绝缘层烧蚀脱落，触指脱落在盒内；B 相静触头盒内有轻微放电痕迹；C 相静触头盒无烧蚀现象，内部金属片有铜绿为受潮痕迹，如图 5.50 所示。

（a）A 相

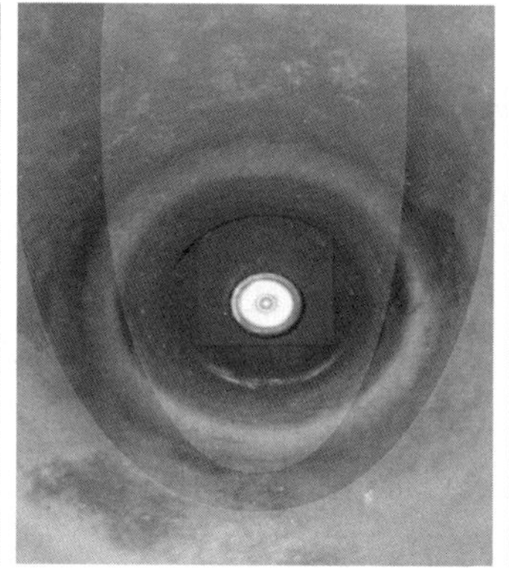

（b）B 相

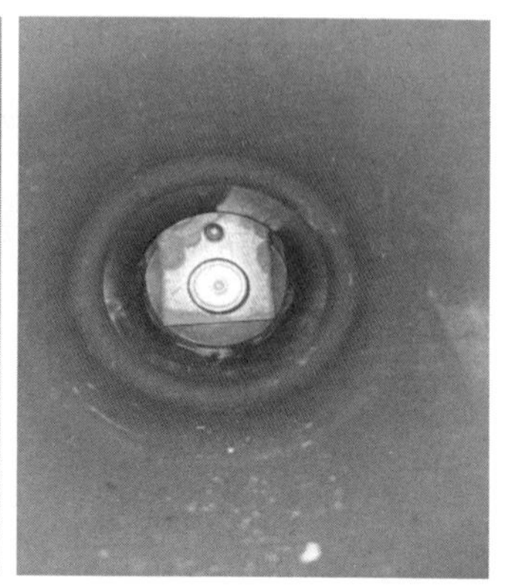

（c）C 相

图 5.50　3121 隔离手车静触头情况

更换 35 kV Ⅰ段母线 3121 隔离手车柜内绝缘件后，进行局部放电复测，局放信号消失。

此次故障直接原因为 35 kV 某线路 C 相发生间歇性弧光接地，A 相、B 相电压升至线电压，此时 3121 隔离开关手车静触头盒因受潮放电，成为绝缘最薄弱点，3121

隔离开关手车 A 相、B 相发生闪络接地故障，最终发展成母线的三相接地短路故障。

根本原因为该变电站环境湿度较大，35 kV 高压开关柜防凝露设计不满足中国南方电网有限责任公司《35 kV 固定式开关柜技术规范书（通用部分）》中 5.1.27 条开关柜应选用凝露和污秽运行条件下严酷等级为 2 级的要求。

（六）预防措施

（1）开关柜发生沿面、绝缘、金属悬浮混合放电，且有臭氧气味时，其局部放电发展迅速，无法承受过电压冲击，需引起重视立即停电处理防止绝缘击穿。

（2）开关柜已经出现过多起因受潮引起的局放异常问题，建议在运行维护中重点检查穿墙套管、楼顶及电缆沟等易漏水、反潮气的部位，从根本上封堵住潮湿来源；加强高压室内除湿措施，开关柜顶部开孔形成空气对流保障内外气温一致，空调出风口设置挡风板或改变朝向，避免空调直吹开关柜引起冷凝现象。

（3）在新设备监造、安装、竣工验收过程中，必须严格按照产品制造质量、施工质量技术要求逐一检查验收，严把质量关。

【案例9】基于局部放电带电测试技术的220 kV××变电站35 kV 2号电容器组352断路器开关柜局放干扰排除状态检修案例

（一）案例摘要

2019 年 6 月 24 日，使用 PDS-T90 局放测试仪，发现 220 kV××变电站 35 kV 2 号电容器组 352 断路器开关柜存在超声局放信号，耳机能够听到内部有明显的“呲呲”放电破裂声，为沿面放电特征，未检测到特高频局放信号。排除除湿机干扰，352 开关柜放电处在断路器 A 相上端头附近。

通过该案例得到的经验：在发现局放异常时，应先排除外界干扰，除常规的室外电晕放电、高压室内灯具、摄像头、空调等设备外，开关柜内电子设备比如除湿机等也应重点关注，防止误判。

【关键词】干扰排除；除湿机。

（二）状态感知

35 kV 2 号电容器组 352 断路器开关柜超声波局放异常。如图 5.51 所示，超声波最大幅值 14 dB，频率成分 2＞频率成分 1；超声波相位图每周期两簇信号，具有驼峰状特征；超声波波形图每周期两组，大小脉冲均有，相位宽度较宽，信号具有沿面放电特征。特高频测试无异常。

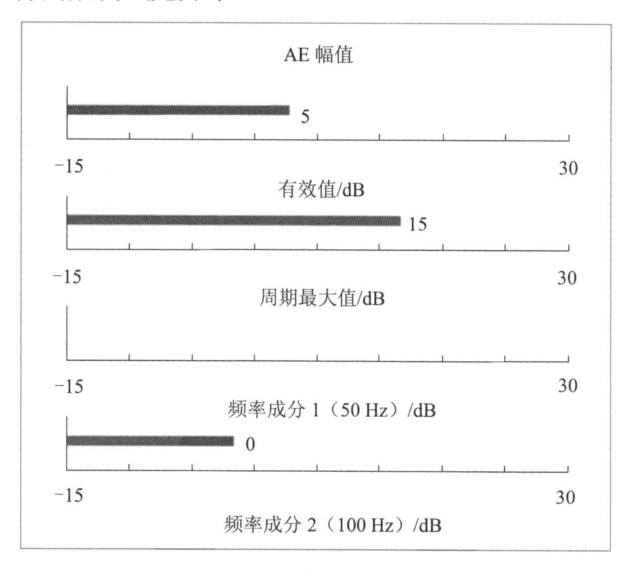

（a）

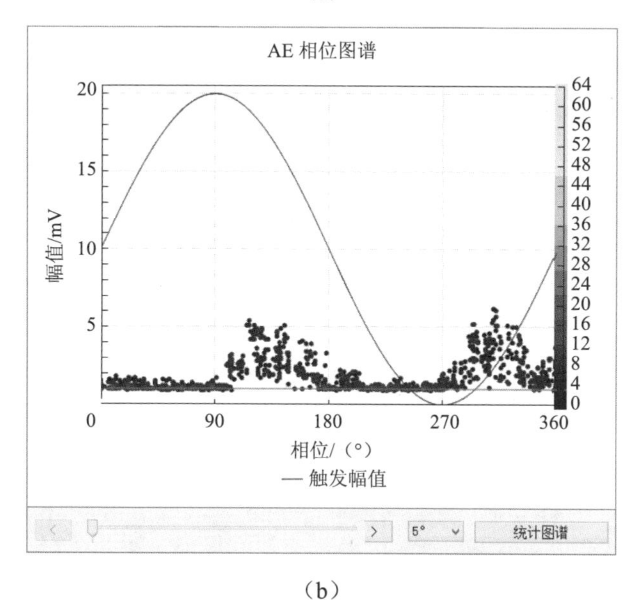

（b）

图 5.51 超声波幅值/相位/波形图谱

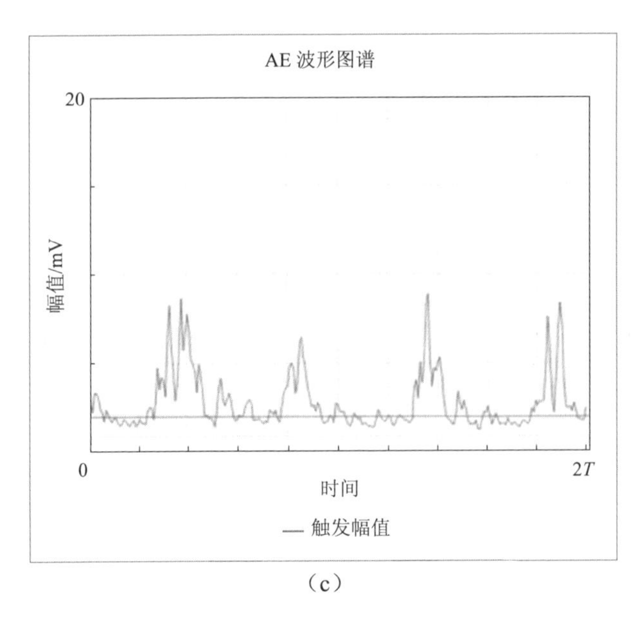

（c）

续图 5.51

（三）诊断评估

在仅有巡检设备的情况下，局放定位采取超声幅值定位法。35 kV 2 号电容器组 352 断路器开关柜局放信号源位于开关柜前柜中右处。通过窗口观察此处有除湿机运行，关闭除湿机排除干扰，超声信号依然存在，可判断柜内存在局部放电。根据开关柜热备用状态及柜内结构，352 开关柜放电处在断路器 A 相上端头附近，如图 5.52 所示。

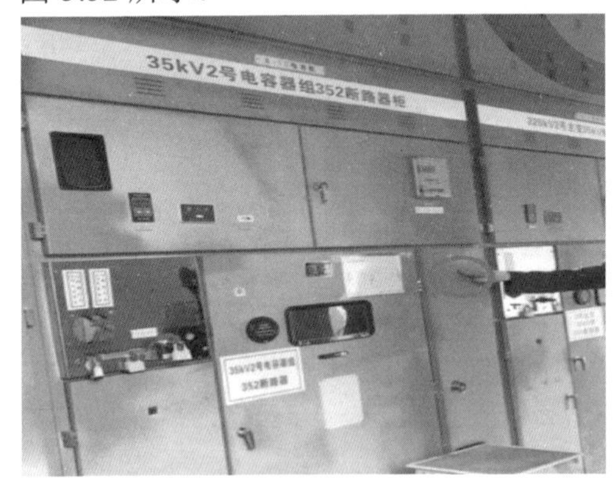

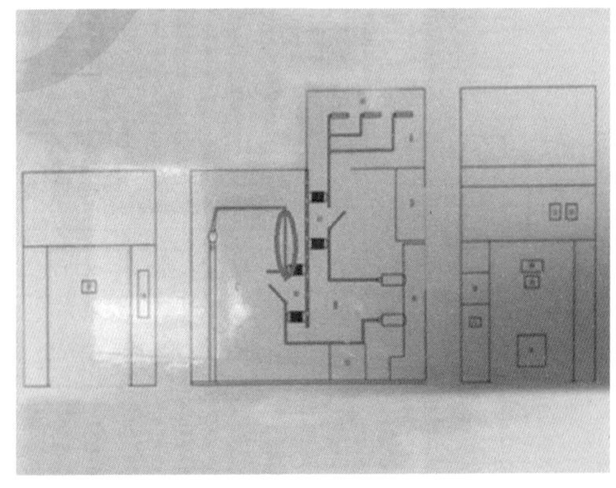

图 5.52　352 开关柜超声幅值定位/放电位置

（四）运检策略

建议立即停电检修，重点检查35 kV 2号电容器组352断路器开关柜内断路器A相上端头附近绝缘件的脏污、受潮、放电痕迹，并进行全面清理，做好防污防潮措施，利用耐压局放试验进行效果验证。

建议未停运前，运行人员缩短周期跟踪巡视，发现异常及时汇报。

（五）停电检修

根据运检策略检修处理后，开关柜在运行状态下局放信号消失。

参 考 文 献

[1] 全国电力设备状态维修与在线监测标准化技术委员会. 输变电设备状态检修试验规程：DL/T 393—2021[S]. 北京：中国电力出版社，2021.

[2] 中国南方电网公司. 电力设备检修试验规程：Q/CSG 1206007—2017[S]. 北京：中国电力出版社，2017.

[3] 全国高电压试验技术标准化分技术委员会. 带电设备红外诊断技术应用导则：DL/T 664—2016[S]. 北京：中国电力出版社，2017.

[4] 全国高压试验技术分标准化技术委员会. 带电设备紫外诊断技术应用导则：DL/T 345—2010[S]. 北京：中国电力出版社，2011.

[5] 中国电器工业协会. 交流无间隙金属氧化物避雷器：GB/T 11032—2020[S]. 北京：中国标准出版社，2020.

[6] 全国电力设备状态维修与在线监测标准化技术委员会. 输变电设备状态检修试验规程：DL/T 393—2010[S]. 北京：中国电力出版社，2010.

[7] 电力行业电力变压器标准化技术委员会. 变压器油中溶解气体分析和判断导则：DL/T 722—2014[S]. 北京：中国电力出版社，2015.

[8] 全国变压器标准化技术委员会. 电力变压器 第 7 部分：油浸式电力变压器负载导则：GB/T 1094.7—2008[S]. 北京：中国标准出版社，2008.

[9] 中国电力企业联合会. 电力设备局部放电现场测量导则：DL/T 417—2019[S]. 北京：中国电力出版社，2021.

[10] 全国电力设备状态维修与在线监测标准化技术委员会. 变电设备在线监测装置技术规范第 4 部分：气体绝缘金属封闭开关设备局部放电特高频在线监测装置：DL/T 1498.4—2017[S]. 北京：中国电力出版社，2018.

[11] 电力行业气体绝缘金属封闭电器标准化技术委员会. 气体绝缘金属封闭开关设备局部放电特高频检测技术规范：DL/T 1630—2016[S]. 北京：中国电力出版社，2017.

[12] 电力行业高压试验标准化技术委员会. 气体绝缘金属封闭开关设备带电超声局部放电检测应用导则：DL/T 1250—2013[S]. 北京：中国电力出版社，2013.

[13] 电力行业高压试验技术标准化技术委员会. 高压开关柜暂态地电压局部放电现场检测方法：DL/T 2050—2019[S]. 北京：中国电力出版社，2020.

[14] 解晓东，牛林. 变电站带电检测人员培训考核规范（T/CEC 317—2020）辅导教材[M]. 北京：中国水利水电出版社，2021.

[15] 中国电器工业协会. 绝缘套管油为主绝缘（通常为纸）浸渍介质套管中溶解气体分析（DGA）的判断导则：GB/T 24624—2009[S]. 北京：中国标准出版社，2010.

[16] 中国电力企业联合会. 绝缘油中溶解气体组分含量的气相色谱测定法：GB/T 17623—2017[S]. 北京：中国标准出版社，2017.

[17] 全国电力设备状态维修与在线监测标准化技术委员会. 金属氧化物避雷器状态检修导则：DL/T 1702—2017[S]. 北京：中国电力出版社，2017.

[18] 全国电力设备状态维修与在线监测标准化技术委员会. 金属氧化物避雷器状态评价导则：DL/T 1703—2017[S] . 北京：中国电力出版社，2017.

[19] 全国变压器标准化技术委员会. 电力变压器第 3 部分：绝缘水平、绝缘试验和外绝缘空气间隙：GB/T 1094.3—2017[S] .北京：中国标准出版社，2017.